Natural Language Processing Series

自然言語処理シリーズ

対話システム

工学博士　奥村　　学　監修

博士（理学）　中野幹生
博士（情報学）　駒谷和範
博士（工学）　船越孝太郎
博士（情報理工学）　中野有紀子
共著

コロナ社

刊行のことば

人間の思考，コミュニケーションにおいて不可欠なものである言語を計算機上で扱う自然言語処理という研究分野は，すでに半世紀の歴史を経るに至り，技術的にはかなり成熟するとともに，分野が細かく細分化され，また，処理対象となるものも，新聞以外に論文，特許，WWW 上のテキストなど多岐にわたり，さらに，応用システムもさまざまなものが生まれつつある。そして，自然言語処理は，現在では，WWW の普及とともに，ネットワーク社会の基盤を支える重要な情報技術の一つとなっているといえる。

これまでの自然言語処理に関する専門書は，自然言語処理全般を広く浅く扱う教科書（入門書）以外には，情報検索，テキスト要約などを扱う，わずかの書籍が出版されているだけという状況であった。この現状を鑑みるに，読者は，「実際にいま役に立つ本」,「いまの話題に即した本」を求めているのではないかと推測される。そこで，これまでの自然言語処理に関する専門書では扱われておらず，なおかつ,「いま重要と考えられ，今後もその重要さが変わらない」と考えられるテーマを扱った書籍の出版を企画することになった。

このような背景の下生まれた「自然言語処理」シリーズの構成を以下に示す。

1. 自然言語処理で利用される，統計的手法，機械学習手法などを広く扱う
   近年の自然言語処理は，コーパスに基づき，統計的手法あるいは機械学習手法を用いて，規則なり知識を自動獲得し，それを用いた処理を行うという手法を採用することが一般的になってきている。現状多くの研究者は，他の先端的な研究者の論文などを参考に，それらの統計的手法，機械学習手法に関する知識を得ており，体系的な知識を得る手がかりに欠けている。そこで，そのような統計的，機械学習手法に関する体系的知識を与える専門書が必要と感じている。
2. 情報検索，テキスト要約などと並ぶ，自然言語処理の応用を扱う
   自然言語処理分野も歴史を重ね，技術もある程度成熟し，実際に使えるシステム，技術として世の中に少しずつ流通するようになってきている

ものも出てきている。そのようなシステム，技術として，検索エンジン，要約システムなどがあり，それらに関する書籍も出版されるようになってきている。これらと同様に，近年実用化され，また，注目を集めている技術として，情報抽出，対話システムなどがあり，これらの技術に関する書籍の必要性を感じている。

3. 処理対象が新しい自然言語処理を扱う

   自然言語処理の対象とするテキストは，近年多様化し始めており，その中でも，注目を集めているコンテンツに，特許（知的財産），WWW上のテキストが挙げられる。これらを対象とした自然言語処理は，その処理結果により有用な情報が得られる可能性が高いことから，研究者が加速度的に増加し始めている。しかし，これらのテキストを対象とした自然言語処理は，これまでの自然言語処理と異なる点が多く，これまでの書籍で扱われていない内容が多い。

4. 自然言語処理の要素技術を扱う

   形態素解析，構文解析，意味解析，談話解析など，自然言語処理の要素技術については，教科書の中で取り上げられることは多いが，技術が成熟しつつあるにもかかわらず，これまで技術の現状を詳細に説明する専門書が書かれることは少なかった。これらの技術を学びたいと思う研究者は，実際の論文を頼らざるを得なかったというのが現状ではないかと考える。

本シリーズの構成を述べてきたが，この構成は現在の仮のものであることを最後に付記しておきたい。今後これらの候補も含め，新たな書籍が本シリーズに加わり，本シリーズがさらに充実したものとなることを祈っている。

本シリーズは，その分野の第一人者の方々に各書籍の執筆をご快諾願えたことで，成功への最初の一歩を踏み出せたのではないかと思っている。シリーズの書籍が，読者がその分野での研究を始める上で役に立ち，また，実際のシステム開発の上で参考になるとしたら，この企画を始めたものとして望外の幸せである。最後に，このような画期的な企画にご賛同下さり，実現に向けた労をとって下さったコロナ社の各氏に感謝したい。

2013年12月

監修者　奥村　学

ま　え　が　き

自然言語で対話する能力は，人間の知能の中でも最も重要なものの一つと考えられている。計算機科学の父といわれる数学者アラン・チューリングは，機械が本当に知能を持っているかどうかを調べるテストとして，チューリングテストと呼ばれるものを考案した。これは，相手が機械か人間かわからない状況で，人間に機械と自然言語で対話をさせるというものであった。そして，対話を行った人間が，機械と対話しているのか人間と対話しているのか判別できなければ，その機械は知能を持っているといってよいというものである。このように，対話能力は知能の代名詞にもなっている。一般の人にとっても，機械と自然言語で対話をしたいという期待がある。これはSFに出てくる機械やロボットが人間と対話する能力を持っていることが多いことからもわかる。

そのような期待に応え，古くから，人間と対話するシステムの研究が進められてきた。近年では，対話機能を持つ電話応答システム，ロボット，スマートフォンのアプリケーション，カーナビゲーションシステムが開発され，実用に供されている。しかしながら，対話システムの基本的な技術がどのようなものであるかは，一般の人のみならず，関連分野の研究者にもあまりイメージが持てないのではないだろうか。この理由の一つは，対話システム技術の解説や研究発表が，自然言語処理，音声情報処理，ヒューマンインタフェース，ロボット工学などの分野に分散していることにあると考えられる。

本書はこのような状況を踏まえて執筆したものであり，対話システムの主要技術と，それが個々の類型の対話システムの中でどのように用いられているかを解説することを目的とした。対象とする読者は，これから対話システムの研究開発を始めようとしている方，および，関連分野の研究・開発者で，対話システムに興味をお持ちの方である。特段の前提知識は仮定しないように努めたが，情報科学や人工知能の基礎知識があると理解しやすいと考えている。本書を読むことで，簡単な対話システムを構築できるようになったり，最新の論文を理解できるようになったりすることを目標とした。対話システム研究者にとって常識となっていることは，最新の論文には書かれないことが多いが，そのような事柄もなるべく丁寧に解説するようにした。

本書の構成は以下のとおりである。まず，1章で対話システムを定義し，対話システムの研究および実用化の歴史について述べる。

2章では，人間どうしの対話の分析に基づく対話のモデルを解説する。すべての対話システムが人間どうしの対話のモデルに基づいているわけではないが，自然言語処理や音声情報処理が品詞や音素などの言語学の概念に基づいているのと同じように，対話システムの技術も対話のモデルが基礎になっている。また，対話のモデルは対話システム研究者共通の常識となっており，技術論文を理解するのに不可欠である。技術系の読者は読み進めづらい場合があるかもしれないが，その場合は，3章を先に読み始め，必要に応じて2章に戻っていただきたい。

3章では，対話システムの基礎技術を解説する。さまざまな対話システムに共通な技術をより統一的な方法で解説するように心がけた。技術の解説だけでなく，対話システム研究に共通の課題は何で，その課題がどのように取り組まれているのかということにも重点を置いた。

4章では，対話システムを設計し構築する手法について述べる。対話システムが扱うタスクやモダリティのバリエーションに応じてどのように対話システムを設計すべきかや，具体的な対話システム構築のプロセスについて解説する。

5章では，対話システムに関する統計的手法や，人間どうしの対話に近い自然な対話の実現など，発展的な技術を解説する。マルチモーダル対話システムや対話ロボット，複数のユーザと対話をするマルチパーティ対話システムなどについても説明する。

本書の執筆は以下の分担で行ったが，著者全員でコメントし合うことで統一のとれたものにするように心がけた。いくつかの節は共同で執筆した。専門用語の定義や対話システムの構成などは，研究者間でもコンセンサスが得られていないものがあるが，著者間で議論することで，なるべく一般的に用いられているものを示すように努めた。

中野 幹生　1，3.1，3.2, 3.3, 3.5，4.1，4.2.1，4.2.2，4.2.4，4.2.5，4.3.1，4.3.4，4.5.1，4.5.2, 4.5.2 のコラム (2)，4.5.3，5.1.1，5.3 のコラム，5.7.1，A.1，A.3，A.4，A.5

駒谷 和範　1.2，3.4，4.4，4.5.4，5.1.3，5.2，5.3，5.6.1〔2〕

船越 孝太郎　2，3.4，5.1.2，5.4，5.6.1〔1〕，5.7.2，A.2

中野 有紀子　4.2.3，4.3.2，4.3.3，4.5.2 のコラム (1)，5.5，5.6.1〔3〕,〔4〕，5.6.2

対話システム技術の発展のためには，実際に対話システムを作って，ユーザに使ってもらい，課題を発見するというサイクルを回すことが重要である。多くの方々が対話システムの構築に携わることで，対話システム技術がより早く発展し，社会の役に立つと考えられる。本書がその一助になれば幸いである。

本書の出版にあたっては多くの方にお世話になった。中でも，監修をしていただいた奥村 学先生，編集作業にご尽力いただいたコロナ社の各位，草稿を詳細に読んでコメントをくださった北岡 教英氏，東中 竜一郎氏，翠 輝久氏，杉山 貴昭氏に心より感謝する。

2014 年 12 月

執筆者一同

目　　　次

1.　対話システムの概要

2.　対話のモデル

3.　対話システムの構成と処理の概要

4. 対話システムの設計と構築

5.　対話システムの発展技術

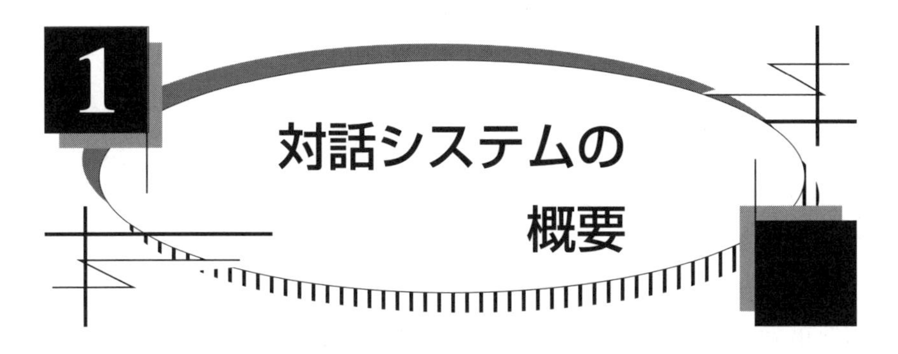

1 対話システムの概要

対話システムとは何だろうか。対話システムにはさまざまな技術分野との接点があるため，対話システムという用語の指す意味が人によって異なる。また，分野によっては，対話システムを別の用語で呼んでいる場合もある。まず，1.1 節で対話システムとは何かを定義し，本書で扱う技術の範囲，およびほかの研究分野との関連を述べる。

1.2 節では，対話システムの類型について述べる。本書では，ここで述べる類型が本書の説明の基礎となる。

1.3 節では，対話システム研究の歴史を振り返る。対話システム研究には数十年の長い歴史があり，その中でさまざまな対話システムが作られ，問題点が発見され，新しい技術が開発されてきた。その過程では，人文科学における人間どうしの対話の分析的研究の成果や，計算機科学，人工知能分野のさまざまな技術が取り入れられている。

対話システムは，学術的研究のみならず，実用化・製品化が行われている。1.4 節では，学術的研究の成果を実用化・製品化に結び付けてきた過程を概観する。

1.1 対話システムとは

自然言語でコミュニケーションを行い，情報を授受することを**対話** (dialogue) という。人間と対話する機械またはソフトウェアを**対話システム** (dialogue system) と呼ぶ。

対話システムは**人工知能** (artificial intelligence) である。それは，自然言語を用いて対話を行うということが，人間の知能に相当するものを必要とするからである。もちろん，現状の技術では，人間と同じような対話を行うことはできない。しかし，対話システム研究が目指すのは，人間と同等の知的な処理を機械に行わせることである。自律性，および人間や他の人工知能との相互作用に焦点を当てるとき，人工知能を**エージェント** (agent) と呼ぶことがある。また，対話システムも**対話エージェント** (dialogue agent) と呼ぶことがある。

対話システムは自然言語を用いてコミュニケーションを行うが，自然言語のみを用いてコミュニケーションを行うものだけを対話システムと呼ぶのではない。コミュニケーション手段の一つに自然言語が用いられていれば対話システムと呼ぶ。例えば，スマートフォン上の対話システムは画面上にシステムからの情報を表示するし，対話ロボットはジェスチャを用いて情報を伝達することがある。さらに，システムがカメラ画像から人間の顔の向きや視線を認識して，だれに話しているかや，話し始めようとしているかどうかなど，人間の意図の推定に役立てることもある。

対話とよく似た用語に**会話** (conversation) がある。両者の区別は曖昧（あいまい）であるが，対話は目的がはっきりしているものを指し，会話は話をすること自体を目的とするものを指す場合が多い。したがって，対話システムというときには，予約や情報検索など目的があって用いるシステムを意味し，**会話システム** (conversational system) というときには，雑談のように目的のないやりとりを行うシステム (1.2.2 項で述べる非タスク指向型対話システム) を意味する場合がある。なお，二人で話をする場合を対話，三人以上の場合を会話といい，両者を区別する場合もある。その場合，会話システムは，二人以上のユーザと話すシステムや，二つ以上のシステムが一緒になってユーザと話すようなもの (1.2.4 項で述べるマルチパーティ対話システム) を指す。

対話システムと似た用語に**対話型システム** (interactive system) がある。ヒューマンコンピュータインタラクションの研究において，人間の操作に対して反応するシステムの意味で用いられるが，自然言語を用いるとは限らないため，対話システムとは定義が異なる。

対話システムと類似したシステムとして，**質問応答システム** (question-answering

きるという点も挙げられる。以下の対話では，一度のユーザ発話からだけではユーザに情報提供を行うのに十分な情報が得られてなかったため，システムは情報要求を行っている。

U1:　個室がある中華料理店を教えて
S1:　どのエリアですか？
U2:　五反田

システムはU2を理解した時点で，その時点までの履歴と合わせてユーザの意図が「個室がある五反田の中華料理店を調べる」ことであることがわかる。さらに，ユーザ発話が理解できなかったときに聞き返したり確認したりするなど，履歴を用いて対話的にユーザの意図理解を行って，適切な発話をすることができる。

対話の履歴に限らず，発話の意味に影響を与える要因を**文脈**（context）と呼ぶ。文脈は，対話の履歴以外に，対話の行われている場所，時間，対話者の社会的関係など，さまざまな要因を含む。これらの要因が変化すれば，発話の解釈や望ましいシステム発話も異なる。対話の履歴以外の文脈のことを**状況**（situation）と呼ぶ。どのように対話の履歴や状況を表現し利用するかは，対話システム研究の中心的課題であるといえる。

1.2　対話システムの類型

対話システムは多種多様であるため，特定の種類の対話システムに言及するときに便利なように，いくつかの観点から分類されている。本節では，以下の四つの観点による分類に基づき説明する。

① 入出力のモダリティ

② 達成すべき目標の有無・種類

③ 対話のドメイン

④ 対話参加者の数

表 1.1 に，さまざまなタイプの対話システムを，本節で述べる観点で分類した結果を示す。

表 1.1 さまざまなタイプの対話システム

システム例	入力モダリティ	出力モダリティ	抽象タスク	タスクドメイン	対話参加者数
ELIZA[375]	テキスト	テキスト	(非タスク指向)	オープン	2
SHRDLU[382]	テキスト	テキスト，物体画像	コマンド&コントロール	クローズド（積木の移動）	2
Hearsay-II[86]	音声	音声	データベース検索	クローズド（文献抄録検索）	2
京都市バス運行情報案内システム[197]	音声	音声	フォームフィリング	クローズド（バス運行情報）	2
MATCH[163]	音声，ペン入力	音声，地図画像	データベース検索	クローズド（街案内）	2
長尾らのシステム[252]	音声	音声，顔画像	協調的問題解決	クローズド（料理）	3
Rea[57]	音声	音声，エージェントの画像（表情，視線，ジェスチャ）	説明	クローズド（不動産案内）	2
Wabot-2[314]	音声	音声，ロボットの移動	コマンド&コントロール	クローズド（移動）	2
Jijo-2[17]	音声，画像，障害物位置情報など	音声，ロボットの移動	データベース検索＋コマンド&コントロール	クローズド（マルチドメイン）	2
ROBITA[231]	音声，画像	音声，ロボットの身体表現	(非タスク指向)	オープン	3

1.2.1 入出力のモダリティ

対話システムは，入出力の**モダリティ** (modality) により分類することができる。モダリティとは，人間が情報伝達を行う際の様式で，発話，表情 (facial expression)，ジェスチャ(gesture)，視線 (eye gaze) などが含まれる†。

入力のモダリティとしては，キーボードからのタイプ入力や音声入力がおもに用いられている。音声入力の場合には，音声をテキストに変換する音声認識が用いられる。これに加え，表情，身振り・手振り，視線などの情報を画像認識を用いて取得するシステムもある。

また，人間どうしのコミュニケーションのモダリティとは異なるが，ポインティングデバイス（マウスによるクリックや，タッチパネルへの接触）を入力として併用することもある。このようなシステムは，画面上のオブジェクトを指し示しながら行った発話を，発話内容とポインティング情報を統合して理解する。例えば，ユーザがディスプレイ上の地図の 2 点を順にクリックしながら「ここからここまでの距離を教えて」と発話したような場合にユーザの意図を理解する。

さらに，ユーザが用いている端末の位置情報や，ユーザとロボットが同時に見ている物体の情報などが，入力モダリティとして用いられる。

出力のモダリティとしては，テキスト出力，すなわち，文をテキストで画面に出力することや音声出力が用いられている。これに加え，画面上のキャラクタエージェントや，ロボットを用いるシステムでは，表情，身振り・手振り，視線などのモダリティを用いる場合がある。

入出力のモダリティがテキストだけのものを**テキスト対話システム** (text dialogue system) と呼ぶ。また，入出力のモダリティが音声だけのものを**音声対話システム** (spoken dialogue system) と呼ぶ。キャラクタエージェントを用いる対話システムを**バーチャル対話エージェント** (virtual dialogue agent)

---

† モダリティと似た用語に**メディア** (media) がある。音声，テキスト，画像などの入出力のチャンネルがメディアと呼ばれるが，これらもモダリティと呼ぶ場合もある。本書では特に区別をせずモダリティと呼ぶ。

または**会話エージェント** (conversational agent) などと呼ぶ (図 **1.1**)。また，対話機能を持つロボットを**対話ロボット** (dialogue robot) または**会話ロボット** (conversational robot) と呼ぶ。

図 **1.1** バーチャル対話（会話）エージェントの例

出力でも，入力と同じように，人間どうしのコミュニケーションとは異なるモダリティも用いられている。例えば，写真や地図などの画像を端末画面に表示させることがある。

テキスト対話システムや音声対話システムなど，入出力のモダリティが一つのものを**ユニモーダル対話システム** (unimodal dialogue system) と呼び，複数のものを**マルチモーダル対話システム** (multimodal dialogue system) と呼ぶ。

1.2.2 達成すべき目標の有無・種類

対話システムは，ユーザが対話を通じて達成したい具体的な**目標** (goal) を持っているかどうかという観点からも分類できる。ここで目標とは，ユーザが対話を通じて達成しようとしていることを指す。例えば，ホテル検索システムでは，ユーザが持っているであろう条件を満たすホテルを見つけることが目標である。なお，上記の議論からは，この概念を目標指向や**ゴール指向** (goal-oriented) と呼ぶのが適当であるが，慣例に従い，本書ではこれを**タスク指向** (task-oriented) と呼ぶ。

目標を持った対話を行うシステムを**タスク指向型対話システム** (task-oriented dialogue system) と呼び，それ以外のシステムを**非タスク指向型対話システム** (non-task-oriented dialogue system) と呼ぶ。タスク指向型対話システムが達成できる目標の集合を，そのシステムの**タスク** (task) と呼ぶ。

タスク指向型対話システムは，タスクの種類によってさらに細分化できる。例えば，システムとユーザの間におもにどのような情報の流れがあるか，つまり，どちらがおもに目標達成に必要な知識を持っているかで，概ね以下の5種類の抽象タスク[13]に分類できる（**表 1.2**）。

- フォームフィリング型
- コマンド&コントロール型
- データベース検索型
- 協調的問題解決型
- 説明型

表 1.2　情報の流れと抽象タスク

情報の流れ	抽象タスク	タスク例
ユーザ → システム	フォームフィリング	テレフォンショッピング オンライン取引
	コマンド&コントロール	ロボット制御
ユーザ ↔ システム	データベース検索	書籍注文 文献検索
	協調的問題解決	列車運行計画立案
ユーザ ← システム	説明	地理案内 操作マニュアル

一般に，空欄がある文書のことをフォームと呼び，その空欄を埋めることを**フォームフィリング** (form-filling) と呼ぶ。このようなタスクを行う対話システムをフォームフィリング型の対話システムと呼ぶ。乗換案内や航空券の予約など，Web ページのフォームにテキストをタイプすることで目標を達成できるようなタスクがこれに相当する。この型の対話システムでは，システムがフォームの内容のうち必須のものを順に尋ねることで目標を達成できる。

コマンド&コントロール (command and control) は，ユーザがシステムに向かって命令をし，システムがその命令を実行する。基本的に，目標達成に必要な新情報はユーザからシステムに向けて流れる。一方で，命令が曖昧な場合やシステムにとって理解不能な場合にシステムが聞き返したり，命令の実行を完了した場合や実行不可能であった場合にそのことをシステムからユーザに伝えたりもする[326]。

データベース検索 (database search) 型対話では，システムとユーザがいくつかの情報をやりとりすることで目標が達成される[30),393]。つまり，目標に達したとする条件は，ユーザの頭の中にのみ，漠然とした希望として存在する。このため，複数ある検索項目のうち，どの項目をユーザが重視しているかはシステムにとっては未知であり，システムから順に質問していくという戦略を採ることはできない。この結果，基本的にユーザの質問（検索要求）に対してシステムが答え，必要な場合にはシステムからも質問する，という流れで対話は行われる。

協調的問題解決 (collaborative problem solving) 型対話では，システムとユーザの両方が部分的にしか情報を持っておらず，情報を提供しあうことで，協力して問題を解決する[89]。

説明 (explanation) 型対話は，情報がシステムからユーザに流れる。つまり，基本的に，システムは事前に用意した説明を進めることで，対話の目標は達成される。一部，ユーザからの質問に対する受け答えが挿入されることもある[59),246]。

1.2.3　対話のドメイン

ドメイン (domain) とは，対話システムが扱う話題の範囲のことを指す。例えば，天気情報検索対話システムは，天気のことのみを話題にする。実際には，システムが行える対話の範囲は，システムが用いている天気情報データベースや，システムが理解できる語彙などによって決まっているが，それはユーザにはわからない。一般に，ユーザは，「日本全国の天気に関して答えられるシステム」といった程度の漠然とした情報を持っており，これがユーザから見た，対話システムのドメインとなる。

このような，話題を限定した対話システムを**クローズドドメイン** (closed domain) の対話システムと呼ぶ。これに対して，**オープンドメイン** (open domain) の対話システムがある。これは，ユーザに対して，どのような話題でも話せるとするシステムである。新聞記事や Web の膨大なテキストを検索してユーザの質問に答えるようなシステムや，どんな話題のユーザ発話に対しても何らかの応答を返すような雑談システムなどがある。

クローズドドメインの対話システムには，一つのドメインの対話しか行わないシステムと，複数のドメインを扱う対話システムがある。前者を**シングルドメイン対話システム** (single-domain dialogue system)，後者を**マルチドメイン対話システム** (multi-domain dialogue system) と呼ぶ。

マルチドメイン対話システムは，一般に別々の話題と考えられている複数の話題を扱えるシステムである。例えば，天気情報，ホテルの予約，レストラン検索など，使われる語彙やデータベースが一般には異なるドメインを扱う。マルチドメイン対話システムは，多くの場合システムの内部に複数のモジュールがあり，その一つ一つが別々のドメインを担当するようになっている (4.2.5 項)。

1.2.4　対話参加者の数

対話システムは多くの場合，一つのシステムと一人のユーザだけが対話を行うことを仮定している。これに対して，三者以上が参加した状態での対話を扱うシステムを**マルチパーティ対話システム** (multi-party dialogue system) と呼ぶ（図 **1.2**）。マルチパーティ対話システムには，対話相手が複数存在することを仮定しているシステム[33),93),231)]や，複数のエージェント（バーチャルエージェントやロボット）を制御するシステム[348),352)]がある。

図 **1.2**　マルチパーティ対話を行うロボットの例

system）がある。単純な質問応答システムでは，ユーザが発話して[†]（またはキーボードから一文を入力して）システムが答える，一問一答式のやりとりが行われる。これに対し，対話システムは，一度のやりとりだけではなく，複数回のやりとりを行う。したがって，対話システムは，**対話の履歴** (dialogue history) を利用する。対話においては，発話の意味が対話の履歴によって変わる。また，どのような発話をすべきかは対話の履歴に応じて変わる。

例えば，つぎのようなやりとりを考える。ここで，U はユーザ発話，S はシステム発話である。U，S のあとの数字は発話番号である。本書を通じてこの表記を用いる。

U1:　品川のベトナム料理店を教えて
S1:　品川のベトナム料理店は 5 軒あります。読みあげますか？
U2:　五反田は？

ここで，U2 の発話は「五反田のベトナム料理店を教えて」という意味であると考えられる。また

U1:　個室がある大崎のイタリアン
S1:　個室がある大崎のイタリア料理店は見つかりませんでした。ほかにご用件はございますか？
U2:　五反田は？

の U2 は「五反田の個室があるイタリア料理店を教えて」という意味であると考えられる。このように発話の意味はそれまでの対話の内容によって変わってくる。

システム発話の内容も対話の履歴によって変えたほうがよいことがある。例えば，上記の例で，S1 ですでに個室とイタリア料理店を理解したことはユーザに伝えているので，U2 に対する応答は「個室がある五反田のイタリア料理店は 8 軒あります」よりも「五反田には 8 軒あります」のほうが簡潔でよい。

対話の履歴の利用の利点として，複数のやり取りからユーザの意図を理解で

---

† 発話の定義は 2 章の冒頭で行う。

1.3 対話システム研究の歴史

対話システムの研究は，おもに自然言語処理を含む人工知能分野と音声処理分野の二つの分野で発展してきた。これらの二つの分野はたがいに影響を及ぼしあい，協力しあいながらも別の研究コミュニティとして存在してきた。そのため，全体の流れが把握しにくいが，ここではなるべく時系列に沿って紹介する。

自然言語を使って人間とインタラクションするシステムの研究は 1960 年代初頭にさかのぼる。1960 年代初頭には，Baseball[114] という，自然言語でデータベース検索ができるシステムが作られた。"Who did the Red Sox lose to on July 5?" のような質問に答えることができる。その後，自然言語入力をデータベース操作言語に変換して回答をする，いわゆる自然言語インタフェースの研究が盛んになり，LUNAR[384]，chat-80[369]，TEAM[120] などの有名なシステムに発展した。自然言語インタフェースは基本的に一問一答式であり，文脈情報の利用は限定的であった。

ユーザと長いやりとりをする対話システムとしては Weizenbaum の ELIZA[375] が最も初期のものである。これは，心理療法士を模擬するシステムを目指したもので，ユーザのテキスト入力に対して応答パターン集合を参照して応答を行うが，データベース外の発話に対しても，その一部の単語を使って簡単な応答を返すことができた。以下に対話例を示す（文献375) の例を翻訳)。

U1: 男はみんな一緒
S1: どんな風に？
U2: いつもいろんなことで，いらいらさせるの
S2: 具体的な例は思い浮かびますか?
U3: うーん，私のボーイフレンドがここに来させたの
S3: あなたのボーイフレンドがここに来させた
U4: 彼は私がたいてい鬱状態だっていうの
S4: あなたが鬱状態と聞いてお気の毒に思います

ELIZA は，（3.5.2 項で述べるような）言語理解をせず，理解をしているふりをして応答をしているので，タスクの遂行はできないが，雑談を続けることは

できる。このようなシステムは前述の非タスク指向型対話システムの一種であるが，特に**チャットボット** (chatbot, chatterbot) と呼ばれ†，現在に至るまで開発が続けられている。

Winograd が構築した SHRDLU[382] は，自然言語入力によるコマンドを解釈してコンピュータグラフィックスで表された積木を動かすことができた。このシステムでは，積木の状態に合わせた解釈が行われている。すなわち，積木の状態を文脈情報として用いる。また，対話や操作の履歴を用いた応答もできる。以下がやりとりの例である（文献382) の例を翻訳)。

U1:　大きい赤いブロックを持ち上げて
S1:　わかりました
U2:　ピラミッドをつかんで
S2:　どのピラミッドかわかりません
U3:　いま持っているのよりも背が高いブロックを見つけて，それを箱の中に入れて
S3:　「それ」は私がいま持っているのより背が高いブロックを意味していると仮定します

その後，フレームというデータ構造で，対話の状態，すなわちユーザの意図や文脈を表現した対話システム GUS が作られた[30]。このシステムでは，ユーザの入力の意図理解に応じてフレームを更新し，フレームの状態に基づいて応答が行われる。これにより，見通しの良いデータ構造で対話の状態を表現できるようになった。以下に GUS の対話例を示す（文献30) の例を翻訳)。

S1:　こんにちは。私の名前は GUS です。飛行機での単純な旅行の計画をお手伝いします。どこに行きたいですか？
U1:　5 月 28 日にサンディエゴに行きたい
S2:　何時に出発したいですか？
U2:　午前 10 時までにはサンディエゴにいないといけない
S3:　午前 9 時 15 分に到着する P.S.A.102 便はいかがですか？
U3:　そのつぎの便は何？
S4:　午前 8 時 30 分に出発して午前 10 時に到着するエアーカリフォルニア 310 便です

† **人工無能**と呼ばれることもある。

GUS が作られたのと同じころ，Cohen，Perrault，Allen らは，人工知能におけるプラン認識・プランニングの研究と言語学における発話行為論を統合した理論を構築した[5),66),67)] (2.4 節)。すなわち，発話を行為としてとらえ，対話参加者は相手の発話から相手のプランを認識するとともに，自分の発話をプランニングするというモデルをたてた。これにより，下記の例 (文献 5) の例を翻訳) のような，相手の聞いたことに直接答えるだけではなく，プランを認識して協調的に応答するシステムの研究が進められた[52)] (2.4.2 項)。

乗客:　モントリオール行きの電車は何時に出発しますか？
駅員:　3 時 15 分に 7 番ゲートから出ます

1990 年代前半には，Traum が Clark らの情報基盤化理論[64)] に基づく相互信念の形成の計算モデルを構築した[351)](2.3 節)。この基盤化の概念は，音声対話システムにおいて，音声理解誤りがあっても対話によりユーザの意図理解を行う手法の構築の理論的なベースになった。音声理解誤りなどの原因で生じた誤解や理解不可能な発話への対処はエラーハンドリング と呼ばれ，対話システムの中心的な課題の一つと認知された (4.4 節)。

Traum らの計算モデルは，Allen らが進めてきたプランに基づく対話管理の研究とともに，ロチェスター大学の列車の運行計画を人間と共同で立てるシステム TRAINS[6)] に導入された。さらに，より複雑をタスクを扱う TRIPS システムへと進化した[89)]。

TRIPS とほぼ同時期にプランニングを用いた説明対話システムの研究が発展した[59),246)](4.2.3 項)。手順や操作方法などの説明を対話的に行おうとするシステムでは，システムが主導権をもって一貫性のある対話を生成する必要がある。しかし，ユーザがどのような応答をするかわからない状況において，対話のプランをあらかじめすべて決めることは不可能である[333)]。そこで，一貫性のある説明を生成するためのプランと，対話を管理するためのプランをうまく組み合わせることにより，ユーザからの質問にも答えつつ，一貫性のある説明を行うシステムが提案された。

音声処理研究分野では，人工知能分野とは別に音声対話システムの研究が発展してきた。1970 年代後半にはカーネギーメロン大学で音声理解システム Hearsay-II[86] が作られた。Hearsay-II は，黒板モデル (blackboard model) というモジュール間通信のモデルを採用しており，音声言語処理だけでなく，人工知能研究全体に大きな影響を与えた。1980 年代には音声入出力を用いた対話システムが開発されるようになってきた。ケンブリッジ大学の Young らのシステムは，音声対話によりデータベース検索を行うことができた[393]。

1980 年代後半から米国では DARPA (米国国防高等研究計画局) のファンドのもと，ATIS と呼ばれる音声理解研究のプロジェクトが行われた。これはフライト情報を尋ねる音声の理解を共通タスクとしたものである。ATIS には米国の著名な大学や研究機関が参加し，音声認識と言語理解の発展に寄与した。この成果をもとにフライト検索を行う音声対話システムが作られた[396]。ヨーロッパでは，電車の時刻を答えるシステムが開発された[18]。

音声認識技術の発展は，人工知能系の対話システム研究にも影響を与えた。TRIPS は音声認識と結合され，実際に人間のユーザに使ってもらって評価された[4]。このころから，人工知能系の対話システム研究でも音声認識を用いるようになってきた。音声認識が完全であるという仮定を捨て，音声認識誤りに対処するようになってきた。これには人工知能研究で確率・統計モデルを使った大量データに基づく手法の研究が盛んになったのも影響している。

1990 年代後半には音声対話システムと人間との対話データが収録されるようになってきた。AT&T のグループは，音声対話システムと人間との対話データから，機械学習技術を用いて，訂正発話の検出や[218]，うまく進行しない対話の検出[366] などのための規則を自動構築する研究を行った (5.3 節)。このように対話ログから知識を獲得する研究手法は，いまでは一般的である。

1999 年には，DARPA の Communicator というフライト予約を共通タスクとした電話音声対話システムのプロジェクトが始まった。MIT の Galaxy[106] が共通のフレームワークとして採用された。人間のユーザによる評価・対話データ収集も行われた[367]。音声処理の研究者・人工知能系対話研究者が両方とも参加したため，音声対話システムの構築・研究スタイルが双方に広まった。

1990 年代半ばから音声言語以外の入出力も併用する対話システム（マルチモーダル対話システム）の研究が盛んになった (4.3.2 項)。例えば，ペン入力と音声入力を組み合わせて入力をマルチモーダル化したシステムや[162]，ディスプレイ表示と音声合成を組み合わせたマルチモーダル出力を行うシステムなどが提案された[105]。さらに，1990 年代後半になると，コンピュータグラフィックスの発展により，音声言語に加え，身振りや視線などの身体表現を表出することができるバーチャルエージェントが作られた[57),122),252] (4.3.3 項)。また，2000 年前後からは対話を行うロボットが作られるようになった[17),231] (4.3.4 項)。対話ロボット自体は 1980 年代から研究されているが[314),316]，対話システム研究と結びついたのはこの時期だといえる。

開発者以外の人が使ってタスクを遂行できる対話システム技術の基本は 2000 年前後には確立されたといってよい。しかし，製品化という観点から考えると，できることや使い勝手に，まだ制限があった。つまり「使える人には使える」システムはできたが,「多くの人が使いたいと思う」システムはまだできていない。2000 年以降の研究は，この点に焦点があたっているといってよい。

一つには，ユーザ意図の理解やシステム発話の決定をデータに基づいて最適化する研究である (5.1 節，5.2 節)。また，システムがいつ発話を開始すべきかを適切に決定することでユーザ発話とシステム発話の衝突を避ける方法などが研究されている (5.4 節)。

マルチモーダル対話システムや対話ロボットでは，対話履歴以外の文脈，すなわち状況に依存したユーザ発話の理解やシステム発話の選択が重要であるが，このような状況に依存した対話を行う技術の研究も近年の主要な研究トピックとなっている (5.5 節)。また，マルチパーティ対話システムの研究も盛んになってきている (5.5 節)。

以上に述べた歴史からわかるように，対話システム研究は，さまざまな技術分野と関連する総合的・学際的な研究分野である。**表 1.3** に，対話システムに関係する研究分野を列挙する。

表 1.3　対話システムに関係する研究分野

分　野	関係する対話システムの技術	関連する節，項
言語学	発話行為の理論，対話の構造	2.2
言語心理学	対話のモデル。特に基盤化や参加構造など	2.3, 2.5
社会言語学	対話のモデル。特に隣接ペアなど	2.2
認知科学，心理学	人間の学習･推論能力，対話システムの行動に関して人間が持つ印象	2.4, 2.5, 5.6
自然言語（テキスト）処理	入力の言語理解，出力の言語生成，ドメイン知識・対話コンテンツの自動構築	3.5, 5.7.1
音声情報処理	発話区間検出，音声認識，韻律抽出，音声合成	4.3.1, 4.4.3, 5.3, 5.4, 5.5
機械学習	意図の推定，行動選択の最適化，対話知識獲得	5.1, 5.2, 5.3, 5.4, 5.7.1, A.1
知識表現，プランニング，プラン認識	発話の意味の表現，意図の表現，推論，ドメインプラン，談話プランの認識と生成	2.4, 3.1, 3.2, 3.3, 4.2.3
情報検索	ユーザの要求する情報の検索	4.2
画像認識	対話が行われている状況の把握やユーザの表情からの意図推定など	4.3.2, 4.3.3, 4.3.4, 5.5
コンピュータグラフィックス	バーチャルエージェントの表示，ジェスチャ生成，表情の変化	4.3.2, 4.3.3, 5.5
ロボティクス	ロボットの移動，ジェスチャ生成	4.3.4, 5.5, 5.7.2
ヒューマンコンピュータインタラクション，ヒューマンロボットインタラクション	人間の認知・心理を利用した対話システムの行動生成	5.6

1.4　対話システム実用化の歴史

さまざまな人工知能技術の中でも，対話システムは，研究成果を実用化に結びつけるのがあまり容易ではない。それは，ユーザの意図理解や応答の生成などに必要な，対話のドメインに応じた規則や知識ベースが一般に手作業で構築されているからである。規則や知識ベースを自動的に構築する研究も行われているが，自動で構築したものが実用的なシステムで利用可能なレベルにまでは達していない。また，以前は音声認識の精度が不十分であり，扱える語彙サイズも小さかった。このような状況から，扱えるユーザ発話や話題が限定的なシステムのみが用いられてきた。具体的には，ユーザの発話が単語レベルのコマンド発話（レストラン検索であれば「イタリアン」や「新宿」など，ジャンルやエリアを表す言葉を単独で発声する発話）であることを前提にしたようなシステムである。

1990年代半ばにはカーナビゲーションを対話的に音声で操作できるシステムが製品化された。また，音声でさまざまな情報を引き出せるボイスポータルなども製品化された。フライト情報を答えたり，特急券の予約が行えたりする電話応答システムも実サービスとして提供された。

実用化を強く意識した研究も盛んになってきた。CSLUツールキット[336]は単純な音声対話システムを専門知識がなくても作れるようにしたツールである。その後，VoiceXML[361]など，プログラミングをせずに音声対話システムを構築するための記述言語が策定された。

2000年前後では，コマンド発話を仮定せず，文章を発話しても受け付ける，いわゆる自由発話システムはまだ研究段階だった。しかし，そのようなシステムも一般のユーザに公開され，評価とデータ収集に用いられるようになった。実験室レベルでのユーザ実験と異なり，よりリアルなデータが研究に用いられるようになった[218),395]。

この頃，チャットボットが広く使われ始めた。A.L.I.C.E.[368]やcleverbotのような，Web上のキャラクタエージェントでテキスト入出力で対話ができるものが作られた。企業のホームページ上で商品の説明をするキャラクタエージェントも作られている。このようなものが普及したのは，チューリングテストを指向したコンテストであるローブナー賞 (Loebner Prize)（4.5.4項）で成績の良いシステムが出てきたことにもよる。

このような状況で，2011年頃から，スマートフォン上のアプリケーションで，自由発話を理解し，スマートフォンの操作や情報検索を可能にするシステムが一般に公開された[24),152),341]。これらは音声対話技術の認知度を上げた。これらのシステムは，一問一答のやりとりが主であるが，タスクによっては2回以上のやりとりを行う場合もある。

今後はさまざまな対話技術が実用に用いられるようになっていくと考えられる。一つの問題点として，対話システムの開発コストが高いことがあげられる。製品またはサービスとして提供するためには，開発コストを下げること，および投資額に見合うだけの魅力ある製品・サービスを開発することが必要である。

文献案内

対話システムに関しては，これまでにもさまざまな教科書で解説されているので本書とあわせて参考にされたい。

音声対話システムに焦点をあてたものとしては180) があり，音声対話システムの構築の観点から解説が行われている。音声認識に関する説明も詳しい。235) は音声対話システム全般を扱っているが，特に対話管理技術に焦点があたっている。165) は初学者向けの音声対話システムの教科書である。音声対話システムに関する基本的な事柄が述べられている。人間どうしのような対話を行う話し言葉対話システムの構築を目指した技術を解説しているものとして313) があり，対話のモデルの解説もある。対話のモデルに関して詳細に解説したものとして151) がある。また音声対話システムとマルチモーダル対話システムに焦点をあてたものとして71) がある。

対話システムより広い範囲を扱う教科書にも対話システムについて触れているものがある。例えば，自然言語処理の教科書で対話システムに関して説明しているものとして2), 253) がある。音声言語処理全般を扱った教科書でも対話システムについて述べられている[143), 167), 256), 315)]。

2 対話のモデル

本章では，対話システムを開発する際の理論的な背景となる「対話のモデル」について解説する。3 章以降の説明は本章の内容をベースにしているが，本章の内容をすべて理解しないと 3 章以降を読み進めないわけではないので，適宜飛ばして読み，必要に応じて本章に戻られたい。

対話のモデルとは，人間どうしの対話を観察し，そこに見いだされる現象を説明するために研究者が考えだした仮説である。1.1 節で述べたように対話とは，二人以上の主体（人間どうし，あるいは人間とエージェント）が自然言語を用いて情報の授受を行う活動のことで，特に，ある瞬間に提示される情報の内容やその表現がそれまでのやり取りの履歴（対話の履歴）を前提としている場合（すなわち，それまでの履歴を知らなければ，提示された情報の意味や提示の意図を解釈できない場合）を指す。本章での説明は，情報の授受が自然言語，特に音声言語によって行われる場合を前提に進める。音声言語によって情報（言葉）を発すること，そしてその発せられたまとまりを**発話** (utterance) と呼ぶ。

対話研究においては，前述の対話の履歴のことを**談話** (discourse) とも呼ぶ。特に，単に表面的に観察できる発話の時系列としてではなく，その背後の発話間のさまざまな関係まで意識する場合に談話と呼ぶ。この談話を指して**文脈**と呼ぶこともあるが，1.1 節で述べたように文脈は談話だけでなく状況（物理的な周辺情報，社会情勢，対話者の属人情報など）も含む。

同じく 1.1 節で述べたように，対話と会話の違いは曖昧である。本章では両者を同義と捉えたうえで，基本的に「対話」を使うが†，違和感を覚えるところがあれば適宜「会話」と読み替えていただいても差し支えない。

† ただし，後述する会話分析のように慣例的に「会話」という語を用いている用語，研究分野および研究者グループを指す場合や，「日常会話」のような慣用表現などにおいてはその限りではない。

2.1　対話のモデルとは

モデル（模型）とは，研究者が関心を持つ対象（現象）を抽象化・単純化することで，明確で客観的な対象の記述と分析を可能にし，陽には見えない隠れた構造（現象を構成する要素の間の関係と相互作用）を明らかにするための学術的な道具である。

モデルを作るには，まずその構成要素を明らかにして，つぎにその要素の間にどのような関係が成り立ち得るのかを与える必要がある。

例えば，初等物理で習うニュートンの「万有引力の法則」は，重力の「モデル」である。

$$F = G\frac{Mm}{r^2} \tag{2.1}$$

このモデルは，モデルの構成要素が二つの物体の質量（M と m），両物体の間の距離 r，その間の力に働く引力 F，およびある定数 G だけであって，大きさや材質は要素に含まれない（影響しない）ことを意味しており，構成要素の間の関係を数式という形で表している。

適切なモデルを作ることができれば，ある条件のもとでデータがどうしてそういう振舞いをしているのかを説明することができるし，これから採るデータがどういうものになるのかを予測することができる。対話モデルも対話という現象を抽象的・客観的に記述するための道具である。言語学者は，対話モデルによって，彼らが関心を持つ言語現象を記述し，そこに潜む構造や人間の認知・行動の原理を明らかにしようとする。対話モデルの予測能力を利用すれば，適切な振舞いをする対話システムを構築することができる。対話システムの研究者・開発者は，言語学者が提唱するモデルを基にして（必要であれば数学的に定式化して）対話システムを実装することで，より的確で高度な対話を行うシステムを，より低いコストで開発・保守することを狙う。対話モデルが説明しようとするデータは，人々の実際のやりとりを記録した音声・言語データである。この音声・言語データを**コーパス** (corpus) という[†]。

対話システムの本体はコンピュータプログラムである。プログラムはデータ構造とアルゴリズムによって規定される。対話システムにおいては，対話モデルの構成要素とそれらの間の静的な関係がデータ構造として，要素間の動的な関係（相互作用）がアルゴリズムとして，その実装に組み込まれる。

以降では，本章の前半の二つの節で 3 章以降を読むにあたって知っておくべき基本的な概念を説明する。まず，対話のモデルに関する基本的な五つの概念（発話行為，談話構造，隣接ペア，話者交替，発話単位）を説明する（2.2 節）。ここで述べる概念は，対話システムに関する技術論文を理解するのに不可欠である。つぎに，基盤化という，話者間における情報の共有化のプロセスに関する理論を解説する（2.3 節）。基盤化は 3 章以降でも頻繁に言及される重要な概念であり，一節をあてて説明する。**表 2.1** に，2.2 節および 2.3 節で説明する諸概念と 3 章以降の関連を示す。

表 2.1 対話に関する理論的概念と対話システムに関する技術要素との対応関係 (1)

節，項	概　念	関連する 3 章以降のおもな節，項
2.2.1	発話行為	3.1 対話システムのアーキテクチャ
2.2.2	談話構造	3.2 対話管理の基礎概念，4.2.3 説明対話システム
2.2.3	隣接ペア	3.4 対話の主導権
2.2.4	話者交替	4.3.1 音声対話システム，5.4 話者交替，5.5 マルチモーダル・マルチパーティ対話技術
2.2.5	発話単位	4.3.1 音声対話システム
2.3	共通基盤	3.2, 3.3 対話管理の基礎概念・基礎的な手法，4.4 エラーハンドリング，5.3.2 訂正発話検出，5.1.2 ベイジアンネットワークに基づく意図理解，5.5 マルチモーダル・マルチパーティ対話技術

本章の後半では，推論という人間の重要な認知機能をもとにした対話モデルについて説明する（2.4 節）。「まえがき」でも述べたように，対話する能力は人間の知能の代名詞ともなっているが，その背後にあるのは推論の能力である。したがって，推論をもとにした対話のモデルは古くから多くの研究者の関心を

† 講演や，新聞記事，ブログなどを集めたものもコーパスと呼ぶ。対話を集めたコーパスを特に対話コーパスという。そこに対話者の映像なども含まれると，マルチモーダル対話コーパスと呼ばれる。

集めてきたが，その実用化・実装の困難さから，残念ながら現在では対話システム研究の主流から遠ざかってしまっている。しかしながら，温故知新という言葉もあるように，かつて研究の一角を占めたアプローチを知っておくことは，これから対話システムの研究を始める読者にとっても重要であると考える。最後に 2.5 節で，対話の背景となっている三つの概念（共同注意，参加構造，同調）を説明する。これらの三つの概念は，対話という活動を成り立たせる，より基本的な概念ともいえるが，電話のような 1 対 1 の音声言語による対話を基本形とする対話システムの研究からみると，どちらかといえば発展的な側面になる。**表 2.2** に，2.4 節および 2.5 節で説明する諸概念と 3 章以降の関連を示す。急ぐ読者は，後半の 2.4 節，2.5 節を飛ばして 3 章に進んでもよい。

表 2.2　対話に関する理論的概念と対話システムに関する技術要素との対応関係 (2)

項	概　念	関連する 3 章以降のおもな節，項
2.4.1	プランと問題解決	3.2 対話管理の基礎概念，3.3 対話管理の基礎的な手法 3.4.3 混合主導，4.2.3 説明対話システム
2.4.2	共有プラン	（なし）
2.4.3	談話義務	3.2 対話管理の基礎概念
2.4.4	BDI モデル	（なし）
2.5.1	共同注意	5.5 マルチモーダル・マルチパーティ対話技術
2.5.2	参加構造	5.5 マルチモーダル・マルチパーティ対話技術
2.5.3	同調	5.2.5 ユーザの振舞いのモデル 5.6 人間と対話システムのインタラクション

2.2　対話の基本構造

本節では，対話を分析するうえで基本となる五つの概念を説明する。対話の分析はまず,「発話」を単に音を出すという物理的な行為ではなく，さまざまな目的を持った心理的・社会的な行為として捉えるところから始まる。これが「発話行為」(2.2.1 項) の理論である。つぎに，連なる発話行為がたがいに持つ関係性を分析するにあたって,「談話構造」(2.2.2 項) と「隣接ペア・交換」(2.2.3 項) を考えることになる。談話構造は対話の目的と共同作業の進行によってトップダウン的に導かれる，背景的・大局的・熟考的・意味的な構造であり，隣接ペアおよび交換は話者の呼応関係によってボトムアップ的に発生する，表面的・局所的・反射的・文法的な構造である。対話は，この2種の構造がたがいを制約するなかで，さらに時間（タイミング）の制約を受けながら展開されていく。この時間的制約の中での対話の展開に関する基本概念が「話者交替」(2.2.4項)である。最後に，対話の単位として本章の冒頭で定義した「発話」そのものについて見直し，対話の分析を精密化する際に欠かすことのできない「発話単位」(2.2.5項）の概念について説明する。

2.2.1 発話行為

「話す」という活動は，単に物理的に音を発しているだけではなく，話し手や聞き手にとって具体的な意味（効果）を持つことを期待して行われる。例えば「約束をする」という行為は，即座に物理的な結果が確認できるものではない。しかし，話し手が聞き手に向かって「○○をする」と言明（発話）した瞬間に，話し手は聞き手に対して果たさなければならない義務を負うことになり，果たさなければ話し手は何かしらの処罰・不利益を受けることになる。このように「話す」ことによって心理的・社会的な何らかの効果を引き起こすことを行為として捉え，**発話行為** (speech act) と呼ぶ（**言語行為**とも呼ぶ)。発話行為に関する初期の理論的な考察は，おもにAustin[19]とSearl[307),308]によってなされた。

発話行為には，**発語行為** (locutionary act)，**発語内行為** (illocutionary act)，**発語媒介行為** (perlocutionary act) の3種がある。発語行為は，音声を発する，あるいは板書するという，心の中で言語情報を生成し，それを物理的に伝達する一連の心的・物理的活動そのものを指す。発語内行為は，先に例に示した「約束」のように発話内容によって効果を引き起こす行為で，特に言語的な「慣習」によって効果が定められている行為を指す。発語媒介行為は，発語行為および発語内行為を利用して，聞き手にさまざまな影響を与える行為全般を指す。例えば，できそうもないことを約束することで「楽しませる」(冗談をいう)，聞き手の身に危険が及ぶことを示唆する事態の発生を宣言することで「怖がらせる」（脅迫する），聞き手に有利な情報をたくさん伝えて「納得させる」（説得する）といった行為はすべて発語媒介行為とされる。慣習化されている発語内行為に対し，聞き手の推論（解釈）によって効果が発揮されるという点が発語媒介行為の特徴である。発語内行為が持つ慣習的効果を，**発語内効力** (illocutionary force) と呼ぶ。

自分より窓の近くにいる人に窓を開けて欲しいとき,「窓を開けて」と依頼の発語内行為を直接行う代わりに,「窓開けられる？」と質問の発語内行為を行うことで，依頼の発語内行為を行ったのと同等の効果を間接的に得ようとすることがある。これは**間接発話行為** (indirect speech act) あるいは**間接発語内行為** (indirect illocutionary act) と呼ばれる。間接発語内行為は，もともと推論を経て解釈されていた発語媒介行為が慣習化され発語内行為となったものである。

対話システムの振舞いを記述するにあたっては，ユーザとシステムがたがいに対して行う発話行為（発話の意図）の分析が基本となる。対話においてこの発話レベルでの意図分析を行う際には，発話行為を**対話行為** (dialogue act)，**伝達行為** (communicative act)，**対話ムーブ** (dialogue move) [203] と呼ぶこともある。

Austin や Searl などの言語哲学者によって提唱された発話行為の分類体系（**発話行為タイプ**[†1]の体系）は実際の対話の分析にはそのままでは不十分であることが知られており，DAMSL[68] や DIT++[49] といった，対話の分析に向くように調整された行為のタイプの集合およびそれを用いた分析の枠組み（両者を併せて**アノテーションスキーマ** (annotation schema) と呼ぶ[†2]）が提案されている。DIT++を基にした ISO の規格 (ISO 24617-2) も承認されている[50]。ISO 24617-2 では，対話行為集合と修辞関係（後述）が DiAML という XML ベースのマークアップ言語として定義されている。

---

†1　発話行為は,「約束」「依頼」などの「発話行為タイプ」とその「意味内容（命題内容）」の組として記述される。

†2　一般に対話行為の分析は，対話を書き起こしたテキストデータに対して対話行為タイプの注釈（ラベル）を付与（アノテーション）することで行う。

冒頭の発話行為の説明では，ある発話によってその後にどのような効果が得られるかという前向きの視点で発話の意図を捉えてきた。しかし，対話は二人以上の話者の間の「呼応」によってなされるものであり，先行する発話（呼）に対してどのような役割（応）を持つか，（例えば「質問」に対する「回答」の役割）というう しろ向きの視点での分析も重要になる。また，一つの発話が約束をすると同時に，聞き手に対して新規な情報の伝達を行っていたりする。対話行為による実際のデータの分析では，このような複層的な観点が必要になる。

2.2.2 談話構造

対話の履歴，すなわち談話は，過去になされた発話の集合である。対話の場合には複数の話者の発話が時間的に重なることがあるので，談話を構成する発話は厳密に時間軸上に一列に並ぶわけではないが，対話中のほとんどの時間では，あとで説明する話者交替によって，発話が交互になされている列とみなせる。したがって，多くの対話の研究では談話を発話列として捉えてモデル化し，本書においてもそのように説明を進める。

談話を観察すると，その談話中のそれぞれの発話は同じ談話の中のほかの発話となんらかの関連性を持っていることがわかる。その関連性は直前・直後の発話だけでなく，少し離れたところの発話との関連性であったりするので，関連性のある発話どうしを線でつなぐと，表面的には発話の “列” にすぎなかった談話の中から，網目状の構造（ネットワーク構造）が浮かび上がってくる。例えば，**図 2.1** に示す対話で発話の間の関係（情報伝達におけるそれぞれの発話の役割）について見てみると，S1, U2, S2 のそれぞれの発話は一つ前の発話に対して「応答」の関係を持っているが，S2 は U2 に対する「反証」という関係

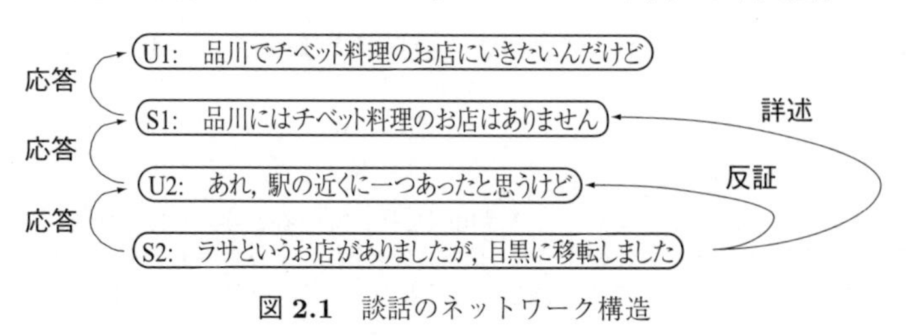

図 2.1　談話のネットワーク構造

を持つと同時に，自身の S1 に対してその「詳述」という関係も持っている。

関係にはさまざまなものがあるが，大きく意味レベルの関係（**首尾一貫性** (coherence)）と表現レベルの関係（**結束性** (cohesion)）に分けられる[124]。上の例で示した論述に関する関係は**修辞関係** (rhetorical relation)[16),224)] と呼ばれる関係で，意味レベルでの関係である。一方，U2 では先行する U1, S1 を受けて「チベット料理のお店」が省略されている。また，ここでの「駅」は同じく U1, S1 で言及された「品川」を指示（**照応** (anaphora)）している†。このような省略・照応は表現レベルの関係である。当然ながら，意味と表現はたがいに密接に関係するので，意味レベルでのつながりがあるところには表現レベルでのつながりが生じる（表現レベルのつながりを生じさせることができるし，生じさせることが望まれる）。表現レベルのつながりは意味レベルでのつながりを示唆するので，表現レベルでのつながりを手がかりに意味レベルでの関係を推論できる。

また，通常，対話は何らかの主題（話題）に関して行われ，主題は時間を追って変遷していく。したがって，談話を個々の発話の列としてではなく，主題ごとにまとまった固まりの列としても捉えることができる。このような固まりを一般に**談話セグメント** (discourse segment, **DS**) と呼ぶ。

談話セグメントは一列に並ぶだけでなく，異なる粒度の単位が包含関係を作り，階層構造をなす。下の対話例では，U1 から S2 は「品川」について，U2-S4 は「五反田」について話しており，談話セグメントと呼べそうな二つのまとまりの存在が見て取れる。一方で，U1-S4 は「沖縄料理店」について話しているという点で共通しているので，U1-S4 も一つの談話セグメントを構成していると考えられる。最上位の階層以外の談話セグメント一つに相当する部分を，全体の対話の中のまとまった一部分という意味で**副対話** (sub-dialogue) と呼ぶ。

† 厳密にいえば，品川から連想される品川駅を指していると考えるほうが適切で，これを間接照応と呼ぶ。また，このように明示的に言及されていないものを介して，二つの発話で述べられているものごとを結びつける推論を**ブリッジング** (bridging) と呼ぶ。

U1:	品川で個室がある沖縄料理店を教えて
S1:	個室がある沖縄料理店は 1 軒あります
S2:	残念ながら今日は定休日です
U2:	五反田は？
S3:	五反田には 2 軒あります
S4:	お店の情報を読みあげますか？

このような，談話内の発話間の関係性（ネットワーク構造）や談話セグメントの包含関係（階層構造），さらにはそれらの背後にある話し手の意図（課題遂行や論述のプラン）を総称して，**談話構造** (discourse structure) と呼ぶ。

談話構造に関する代表的な理論として，Grosz と Sidner による理論[119)]がある。この理論では，談話構造は言語構造 (linguistic structure)，**意図構造** (intentional structure)，**注意状態** (attention state) の三つの要素からなる。言語構造は先に述べた談話セグメントの階層構造のことである。意図構造はその裏にあるそもそもの対話の目標（原論文[119)]では熟練者が初心者に教示しながら機械を分解するという目標設定）を達成するための手順（上位目標 – 下位目標の形で木構造として表現される対話行動プラン）のことを指す。Grosz と Sidner の理論によれば，意図構造中の目標の木構造は，談話セグメントの階層構造と対応関係を持つ。各談話セグメントに対応する意図構造中の目標を**談話セグメント目的** (discourse segment purpose, **DSP**) と呼ぶ。注意状態は，談話セグメント目的と，対応する談話セグメント中に出現した指示（参照）可能な要素と談話セグメント目的をひとまとまりに表現した**焦点空間** (focus space, **FS**) のスタックである。理論では注意状態（焦点空間スタック）に対する操作が規定されており，それが言語構造および意図構造の認識（構築）を制御する。注意状態によって，照応の解釈も説明される。

先の対話例について，言語構造，注意状態，意図構造それぞれを図 **2.2** に示す。図 (a) が，ユーザが U1 を発話したときの談話状態で，図 (b) が，ユーザが U2 を発話したときの談話状態である。ここでは，ユーザがまず「個室で食事をできる場所を見つける」ということを一番の大きな目的（DSP1）として，

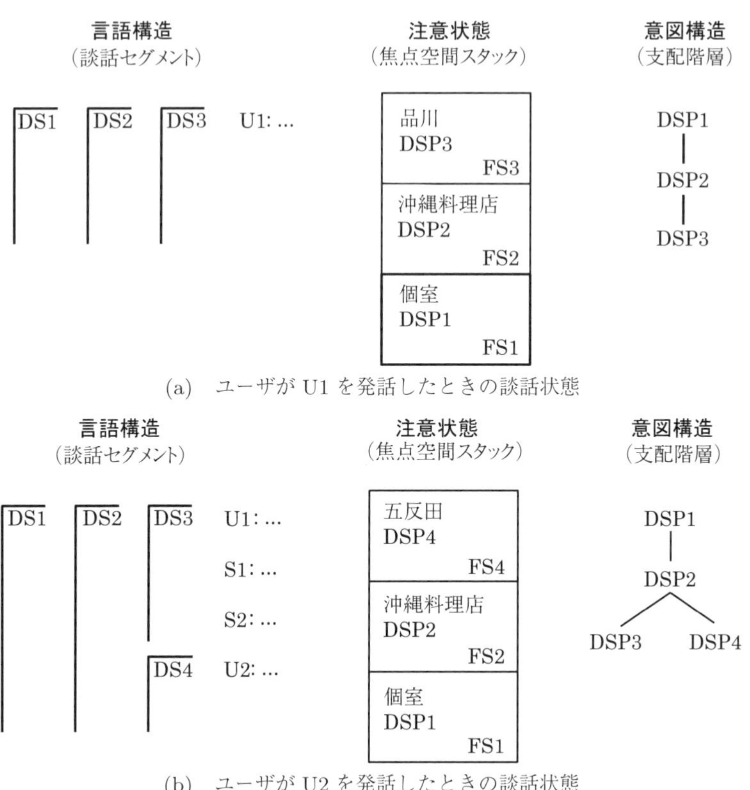

(a)　ユーザが U1 を発話したときの談話状態

(b)　ユーザが U2 を発話したときの談話状態

図 2.2　言語構造，注意状態，意図構造

その下で「沖縄料理店を見つける」ことをつぎに高い優先順位を持つ下位の目的（DSP2）とし，さらに「品川で店を見つける」ことをそのつぎの優先順位を持つさらに下位の目的（DSP3）として持っていると考えている。発話 S2 によって品川では目的を達成できないことが示されたとき DSP3 は放棄され，焦点空間 FS3 はスタックからポップされる。そして，発話 U2 でユーザは DSP4 を提示することで，新たな焦点空間 FS4 がスタックにプッシュされる。このとき，発話 U2 は FS1, FS2 を前提としているため，個室や沖縄料理ということに再度言及しなくても（省略しても）対話を続けることができる。

図 2.2 では U1 だけで突然三つの談話構造が導入されているが，聞き手（シ

ステム）がいきなりこの談話構造を正確に把握することは難しい。個室であること，品川であること，沖縄料理であること，これらのどれが優先する事項なのか，U1 にはまったく手がかりがないからである。この Grosz と Sidner の理論に則ったシステムを設計するのであれば，U1 の時点では複数の支配階層の可能性を考慮しておき，U2 の時点でその中から場所が最も優先度の低い目標となっている可能性（ユーザの意図構造に関する仮説）だけを残すような処理をするシステムとなるだろう。しかしながら，そのようなシステムは非常に複雑になるので，実際の対話システムの設計としては一般的ではない。一方で，注意状態の概念は照応の処理に対して有用であるため，（簡略化したうえで）しばしば対話システムの設計に取り入れられる（3.2 節）。

2.2.3 隣接ペア・交換

隣接ペア (adjacency pair) は対話中に頻出する呼応関係を持つ発話のパターンのことである[305]。例えば，挨拶 – 挨拶，質問 – 回答，依頼 – 受諾，依頼 – 拒否といった関係が隣接ペアと呼ばれる。隣接ペアを構成する二つの要素（発話）のうち先にくるものを**第一ペア部** (first pair part)，あとにくるものを**第二ペア部** (second pair part) と呼ぶ。隣接ペアは対話中のやりとりの分析をするための概念であるから，第一ペア部と第二ペア部は異なる話者が生成すると定義されている。隣接ペアの種類は**ペア型** (pair type) と呼ばれる。先に挙げた，挨拶 – 挨拶，質問 – 回答などがペア型の例である。

生徒: [挨拶] 先生，おはようございます
先生: [挨拶] おはよう

生徒: [質問] 今日の講義室は二階ですよね？
先生: [回答] 二階は来週で，今日はいつもの三階だよ

対話を第三者的な視点から眺めると，第一ペア部がくれば近いうちに第二ペア部が発生することが予測できる。例えば，依頼が発生すればつぎにくるのは

挨拶より受諾や拒否である可能性が高い（ただし，あくまで可能性であって絶対ではない)。対話システムはこのことを利用して曖昧なユーザの発話を解釈できるし，つぎにシステムが行うべき発話を選択する手がかりにできる。

隣接ペアに類似する概念として，**交換** (exchange)[234)] がある†。交換では，隣接ペアの第一ペア部に相当する要素を**開始** (initiation)，第二ペア部に相当する要素を**応答** (response) と呼ぶ。交換においてはさらに**補足** (follow-up) と呼ばれる第三の要素が続き得るとされている点が，隣接ペアと異なる点である。また，これらの開始・応答・補足は，**ムーブ** (move) と呼ばれる。この下にさらに**アクト** (act) と呼ばれるやりとりを行ううえでの機能に着目した下位単位が設定されていて，発話をアクトに分解して談話構造を分析する。これはしばしば一つのムーブが，機能的に異なって見える複数の要素から構成されているように見えるという観察に基づく。例えば「あのー」といった間投詞は，**標識** (marker) と呼ばれる種類のアクトとされる。つぎに示す例では，各行で一つのムーブを表し，そのなかにあるアクトを波括弧 { } で注記している。

生徒:　[開始] 今日の講義室は二階ですよね？{ 誘出 }
先生:　[応答] 二階は来週で，今日はいつもの三階だよ { 情報 }
生徒:　[補足] あ { 標識 }，そうでしたね { 認定 }，勘違いしていました { 評言 }

2.2.2 項で述べた談話構造は，課題遂行や情報提示を行う際の一連の意図によって形作られる大局的な構造であった。一方，ここで述べている隣接ペア・交換は，どちらかといえば反射的な，局所構造である。後述するプランに基づく対話モデル (2.4 節) に従う対話システムでは意図に基づいて対話を管理するが，じつは意図だけでは隣接ペア・交換が捉えている局所的な構造を発生させることが難しい。そこで Traum と Allen[353)] は，**談話義務** (discourse obligation) と呼ぶ概念（2.4.3 項）を導入することで，意図に基づく大局的な構造の中に，隣接ペアのような局所的構造がうまく発生する仕組みを提案している。

† 隣接ペアが**会話分析** (conversation analysis) と呼ばれる分野で提唱されているのに対し，交換は**談話分析** (discourse analysis) と呼ばれる分野で提唱されている。会話分析と談話分析の関係については151) を参照されたい。

2.2.4 話者交替

話者交替 (turn-taking) とは，対話の参加者が順番に発話を行う現象のことである。文献間で表記の揺れが多く，ターン・テイキングと片仮名で書かれる以外にも，発話交替，話者交代，順番交替などとも呼ばれる。実際の人間どうしの対話では，ある時間に話している人間が必ず一人になるように厳密に交替を続けることは少なく，ある話者の発話の末尾とつぎの話者の発話の先頭は頻繁に，数十から数百ミリ秒の幅で時間的に重複する[254]。また，重複しない場合も，同じ程度の時間幅でつぎの話者が発話をつなぐことが多い。この時間幅を**交替潜時** (switching pause) という。特別な調停装置もなしに，また特別意識することもなく，わずかな時間幅で交替を続けられることは驚くべきことであろう。この現象の観察から，人間は日常会話においても無意識のうちに（もちろん意識して相手の発話の終了を待つこともあるが）抑揚や発話内容から相手の発話の終了を予測していると考えられている。話者交替に関する主要なモデルとして Sacks らにより提案されたモデルがあるが，詳しくは151),302) を参照されたい。

話者交替を分析したり，対話システムに実装したりする際は，**ターン** (turn) が基本単位となる。ターンの定義は，対話の参加者のうち一人が話し続けている時間軸上の区間である。一つのターンは一つ以上の発話と発話間の休止時間からなる。ただし，休止時間および発話に並行してほかの話者による相づち（後述）がなされたとしても，話者交替が起きたとみなさないことが多い（話し手のターンを聞き手が共同構成 (co-construct) する，つまりターン開始を辞退し話し手のターン継続を促すもの[304,390] と捉える）。ターンという概念を物理的に厳密に定義することは困難であり，これ以上に詳細な定義は個々の研究によるところが大きい。例えば，話者交替が起きたときの重複区間をどちらのターンと捉えるか，あるいはターンが重なっているとするのかは，研究の目的やアプローチないし対話システムの設計要件に依存する。また，喧嘩をしているときなど双方が譲らず話し続けることもあり，このときターンをどう考えるかはどのような分析を行いたいか，どういうシステムを作るのかによるだろう。

相づちは，**バックチャネル** (backchannel) †，reactive tokens あるいはそのままに aizuchi と訳される現象で，日本語母語話者の対話に特に特徴的である（多用される）ことが知られている[101]。相づちには，聞き手の了解を話し手に伝え，話し手の発話の進行を促す効果がある。文法的，意味的な区切りのあるところ（そのようなところでは韻律的にも特徴的な傾向が現れる），特に話者交替の起こりやすい場所（**移行適格場所** (transition relevance place) と呼ばれる）で発生することが多い。日本語では,「はい」「ええ」といった間投詞と呼ばれる表現を発話者が発声することによりなされる。あるいは口唇の運動を伴わずに，一般に生返事と呼ばれるような声帯で発声させた音を口蓋や鼻腔で鳴らすような音を発するだけで行うこともある。英語では，ンーフーあるいはアーハーのような発声（どちらも uh-huh と表記される）によって行われる。余談ながら，日本人が英語を話すときに犯しやすい誤りとして uh-huh を使うべきところで yes を使ってしまうというものがあるが，これは日本語では目上の人などに対して相づちを打つときはおもに「はい」を使うことから生じていると推察される。

相づちとしばしば同期して現れる非言語的な現象として**頷**(うなず)**き**がある。頭部を縦に振る動作であり，相づちの持つ肯定の機能を補強する役割があるが，話し手に対する聞き手の同調現象（引込み現象）としての側面もあると考えられている[370]。一方で，頷きは必ずしも聞き手だけが行うわけではなく，話し手自身も話しながら（話者にもよるが）頻繁に頷きをすることが知られている。この話し手による頷きにはいくつかの機能（目的，意味）があると考えられているが，聞き手からの応答を促す機能もその一つである[233]。

話し手が話している最中に，唐突に聞き手が話し手を遮って話し始めることがある。典型的なのは，先行する話し手が話す内容が理解できなかったり同意できなかったりした場合に，聞き手が説明や訂正を求めたり，質問や反論を行ったりするといった場面である。このように話し手を遮って話し始めることを，

† ただし，後述するようにバックチャネルは相づちよりも広い概念である[157]。

バージイン (barge-in) と呼ぶ。バージインとバックチャネルを，話者交替の有無で区別する見方もあるが，言語学的には必ずしもそのように定義されるわけではない。Iwasaki[157] が示す定義に従えば，発言の明確化を求めるようなバージインはバックチャネルの一種となり，相手の発言を否定・訂正するようなバージインはバックチャネルではないことになる。バージインのことを**割込み・中断** (interruption) といっても間違いではないが，これらの語はより一般的で，指示する状況が曖昧である（例えば，話し手が自分で発話を中断して別の話題を挿入的に話し始めることも「割込み」・「中断」といえる）。バージインが発生すると，一般に先行する話者は話すことを止めることが多いため，話者交替が起きやすいが，必ず発話を止めるわけではないので，人間どうしの対話ではバージインが必ず話者交替を起こすわけではない。一般に，対話システムの場合，ユーザからのバージインに対しては，システムが発話を中断してターンをユーザに渡すか，あるいはバージインをまったく受け付けないように実装される。

ここまで見てきたように，話者交替は多くの場合，対話参加者集団が反射的・無意識に行っており[†1]，話し手の韻律や発話内容からある程度予測可能な現象であるが，話し手・聞き手の意志によって話者交替が起きないように操作することも可能であり，本質的には，ある程度（数秒間以上）の時間が経ってから事後的に認定することしかできない現象である。

ターンと強く関係するもう一つの概念として**フロア** (floor) がある。フロアとは，発言権，あるいは一人の話者が発言権を持ち続けている時間区間[†2]のことであり，ある時点でだれが発話をする権利を有するかを意味する。司会が発言者を統制するような場合には毎回明示的に言明される（司会者が発言者を指定する）こともあるが，そうでない場合は暗黙的であることが多い。ただし，同時に話し始めてしまった場合などに目配せやジェスチャなども併用して明示的

---

†1 無意識的か意識的かは程度の問題である。バージインの場合などはどちらかといえば意識的に行われることが多いように思われる。

†2 二人以上の人間が共同でフロアを保持していると考える場合もある。例えば，夫婦が共同で第三者に説明している場面など[157]。

に発言権を譲りあうことは日常会話でも頻繁に観察される。その定義からすれば当然ともいえるが，フロアが移れば一般に話者交替が起きる。このため，フロアとターンは混同されがちである[157)]。

多くの対話システムは，複雑な話者交替のモデル，認識メカニズムを持たない。特に一人のユーザとの1対1の対話を仮定する対話システムでは，ユーザの発話のあとに数十〜数百ミリ秒の休止が入ればシステムのターンに移行したと認識し，システムの発話が終了すればユーザのターンに移行したと認識することが多い（4.3.1項，5.4.1項参照）。このような対話システムにおいては，ターンとフロアは同じ意味を持つことになる。

2.2.5 発 話 単 位

ここまで「発話」という概念について，明確な定義を与えず，曖昧なままに説明をしてきた。実際のところ,「発話」という概念は,「生命」や「知能」といった用語と同様，一般的かつ明確に定義することが困難な概念である。

対話および対話システムの研究において問題になるのは，発話とはどういうものか，ということよりも，音声区間上のどこからどこまでが一つの発話か，すなわち発話とはどういう単位かである。

直感的には，発話は書き言葉における「文」に相当する文法的・意味的に一つのまとまりをなす概念として捉えられる。ここまでの説明でも，そのような捉え方で，対話例を示してきた。現代の書き言葉では，書き手が句点を用いて文の区切り（文末）を明確にするので，詩のような例外を除けば,「文」の単位の認定はあまり問題とならない[†]。しかし，発話では話し手によるこのような明確化がなされないため，どこで発話を区切るかが聞き手・観察者の主観にまかされることになる。

† 書き言葉においても，機械にとっては文境界の認定はそれほど単純ではない。例えば，英語では文末を示すのにピリオド用いるが，単語の短縮形（“etc.”, “e.g.” など）の標示としてもピリオドを使用するため，単純にピリオドの存在を文の境界と考えることはできない。しかしながら，人が読めば文末を示すピリオドかそうでないかは（ほぼ）一意に判定できるので，発話の場合とは問題の根深さが本質的に異なる。

例えば,「はいおーけーです」と文字にできる内容の音声を話し手が産出したとする。この音声には「はい」「おーけー」「です」の三つの単語が含まれているが,文法的・意味的なまとまりから,「はい (休止) おーけーです」のように「はい」と「おーけーです」の二つにまとめられ,その間に音声休止が挟まれることが一般的である。ここでこの休止が数十ミリ秒程度のわずかな時間であれば,この音声を一つの発話として認定し,書き言葉としては「はい,オーケーです」のように一つの文として表記するのが普通である。しかし,この休止が数秒間も続くと,二つの発話として認定し,「はい。オーケーです。」のように二つの文として表記するのが自然であるように思えるだろう。では,この休止がどれ以上の長さになったら二つの発話として認定するべきなのだろうか?いまのところこの長さを客観的に決める普遍的な原理は見つかっていないし,おそらく見つからないであろう。

そこで,対話の定量的な分析や対話システムの設計を行う際には,一般的な「発話」の定義はいったんあきらめ,客観的な基準を用いて,より少ない主観的な揺れで認定できる下位の単位(一般に発話より短くなる単位)を用いる。この単位はしばしば**発話単位** (utterance unit) や**処理単位** (unit of processing) とも呼ばれている†。具体的な発話単位としては,後述するいくつかの分析単位が使用できる。

上の例では,一つの発話にまとめることもできるし,二つの発話と捉えることもできるが,どちらにするべきか客観的に決めることができないということが問題であった。一方,機械的に得られる情報で発話単位の認定を行うようにすると,今度は分割すべきところで分割できなかったり,分割すべきでないところで分割してしまったりする問題が生じる。人間はしばしば考えながら話すので,思考が発話に追いつかず,明らかに文としては一つであっても,間に長い休止を挟んでしまうことがある(**言い淀み**(よどみ) (hesitation, disfluency))。また,文としては明らかに二つに区切られるべき場合であっても,二つの文の間には非常に短い休止しかない場合もある。この短い休止は,「かっぱ」などの単語中

† 特定の研究・論文の範囲に限って,下位の単位を「発話」と呼んで議論することもある。

に挟まれる促音（「っ」で表される一拍分の休止）よりも短い場合もある。そのため休止だけで発話単位を認定すると，意味的におかしなところで分断したり，あるいは結合してしまったりすることになる。

このような分割を防ぐには，単語の境界情報，文末に特徴的な表現の出現，**イントネーション** (intonation)（抑揚 – 語調）のパターンなどを使うことが有用である†。これらの情報を用いた分析単位として，**節単位** (clause unit)[228]，**アクセント句** (accent phrase) と**イントネーション句** (intonational phrase)[282]，**イントネーションユニット** (intonational unit)[60]，**短い単位** (short-utterance unit) と**長い単位** (long-utterance unit)[73)~75]，などが提案されている。対話システムを設計する際には，機械処理のしやすさを決める要因，具体的には，対象とする対話の特徴（文末表現が多用されるかどうか）や環境要因（想定する音声認識の精度など）などを考慮して，これらの単位の基準を参考に発話単位を設定する。

2.3 共通基盤と基盤化

共通基盤とは，ひらたくいえば対話者間の合意事項の集まりである。最初に共通基盤について説明し，つぎに対話を通じて共通基盤を積み上げていくプロセス，すなわち基盤化の二つの理論モデルを説明する。

2.3.1 共通基盤

人間が普段行っているような対話をするためには，たがいに知っていること，信じていることなど，さまざまな情報が対話参加者の間で共有されていなければならない。また，共有されていることを前提として対話を行わなければならない。そうでなければ，何かを伝えようとするたびに，大量の情報をいちいち

† イントネーションなど，文字にならないが語の意味（例えば「橋」か「箸」か）や文の意味（「断定」か「疑問」か）に関与する情報を**パラ言語情報** (para-linguistic information) という。表情など，発話の意味解釈（相手の意図の理解）に影響を与えるが，言語とは独立して存在する情報を**非言語情報** (non-verbal information) という。

授受しなければならないことになる。

例えば，ある人 A が別の人 B に電話で A のところにくるように依頼するとする。B が A の居場所をすでに知っていれば，通常「ここにきて」などというだけで用は済む。このときもし，B が A の居場所を知らないとすれば，A は B に自身の居場所を説明しなければならない（「東京駅にきて」）。これくらいのことはよくあるだろう。しかし，もし B が A の居場所への行き方を知らなければ，その行き方を説明しなければならない（「そこから品川駅まで歩いて行って，山手線に乗って，東京駅にきて」）。さらに，もし B が山手線の乗り方を知らなければ，切符の買い方など，ここには書ききれない情報を伝えなければならない。一つ前の発話で説明したことも共有されず前提にできないとしたら，その書ききれない情報を一つの発話の中で説明しつくさなければならない。そのようなことは不可能である。

このように対話を行うためには，多くの情報が共有され，それがその時々の発話の理解に際して前提となる必要がある。この共有されている情報の集合を**共通基盤** (common ground) と呼ぶ。共通基盤は，共有の信念 (**相互信念** (mutual belief) と呼ばれる)[†1]，共有の知識，共有の前提，共通の認識など，あらゆる事柄を含む。日常社会で常識や慣習，共通理解，合意と呼ばれるものも共通基盤の一部である。

対話が成立するためには，言葉の意味も含め膨大な情報が共通基盤として共有されていることが必要である。しかしながら，先の例（A の居場所）で見たように，対話に際して参加者の一方が知っていても一方が知らないということは同じかそれ以上に膨大にある。知らないことは一方から他方に言葉で伝えられることで共通基盤となる。また，多くの言葉の意味も対話の中で合意され，共通基盤に含まれる。この対話によって情報を共通基盤に加えていく作業を**基盤化** (grounding) と呼ぶ[†2]。

[†1] 相互信念において重要なことは，それぞれがある事実 F を知っているというだけでなく，相手が F を知っていることをたがいに知っているということである。

[†2] 人工知能において，記号 (symbol) がどのように「意味」と呼ばれるものを持ち得るのか，記号の意味とは何か，ということに関する**記号接地** (symbol grounding) の問題においていわれる grounding（接地）とは異なる概念である。

共通基盤について議論する際には一人称視点をとる場合と三人称視点をとる場合がある。そのため混乱を起こしやすいので注意が必要である。三人称視点を取るのは，収録した対話のデータを第三者の立場で客観的に分析する場合に多くみられる。ここまでの共通基盤の説明もどちらかといえば三人称視点で，あたかも二人の対話者の間に共有の一つの情報のプールが存在しているような説明をしてきた。このように三人称視点で考えると説明を簡潔にできるため便利である。

しかしながら，このような共有の一つの情報のプールという考えはあくまで近似的な仮定である。本当の共通基盤は，それぞれの対話参加者の心の中にあって自分だけがアクセスできる非共有の情報のプールであり，対話参加者の数だけ存在する。共通基盤の中にある情報がすべてほかの対話参加者にも等しく共有されていると参加者が考えるのは，その参加者がそう信じているというだけのことである。共通基盤は本質的に普遍的・客観的な事実とはなり得ない。

例えば先の例の「A の居場所」にしても，A は B が A の居場所が東京駅だと知っている（つまり A の居場所は東京駅であるという共通基盤が A と B の間にある）と思っていても，B は A の居場所を新宿駅（つまり A の居場所は新宿駅であるという共通基盤が A と B の間にある）と思っているかもしれない。このようなたがいの持つ共通基盤の齟齬（そご），つまり誤解の解消も基盤化の重要な一部である。したがって，本来であれば，つねに対話する二者の持つ共通基盤のイメージを別々に図示しながら説明するべきであるが，そうすると重複が多くたいへん冗長になるため，本章でも第三者視点を基本に説明をすすめるので注意されたい。

基盤化の重要な特性の一つに階層性がある。一般に，行為には階層性がある。例えば「銃で的を撃った」という行為について考えると，この行為は実際には「弾丸を発射した」,「引き金を引いた」,「人差し指を動かした」というより低いレベルの行為を同時・多層的に行っている。対話についても同様で，コミュニケーションには少なくとも以下の三つのレベルが考えられる[62]。基盤化は，これらの三つのレベルすべてで起こり得る†。

① 話し手が話しかけてきていることがわかったというレベル（通信路レベル）

② 話し手の発話を聞き取れたというレベル（信号レベル）

③ 話し手が発話によって何を意味・意図しているのか理解できたレベル（意図レベル）

共通基盤の考え方を考慮した対話システムを構築する際には，対話システム内の知識の一片一片に「基盤化されているか否か」を表すフラグを付属させて管理するという方法が基本的であるが，これは一人称視点での共通基盤の捉え方になる。対話の過程でもしあるフラグが間違っていることがわかれば，反転させて修正する。

以下では，基盤化に対する二つのモデルを示す。一つ目は Clark らによる貢献[64),65)]で，先に述べた三人称視点での客観的（事後的）分析に使われたモデルである。二つ目は Traum による基盤化アクト[353)]で，貢献モデルの不足を補い，実際に基盤化を行いながら対話をするシステムの基礎となるモデル（計算モデル）を目指したものである。

2.3.2 貢献に基づく基盤化のモデル

先ほどの A と B が以下のような対話をしたとしよう。

A1: いま東京駅にいるんだけど
B1: うん
A2: こっちにこれる？
B2: わかった

共通基盤の考え方によれば，A2 の発話がなされる時点では「A がいま東京駅にいる」という情報が A と B の共通基盤に含まれていることになる。つまり，「A がいま東京駅にいる」という情報を A も B も持っており，かつ『A も B も「A が東京駅にいる」と知っている』と A も B も考えている，という状況であ

† ここでは三つのレベルの行為を聞き手側の行為としてだけ述べているが，本来はすべて対になる話し手側の行為が存在する**共同行為** (joint action) である。

る。A の発話 A1 によって情報が示され，B の発話 B1 によってそれに対する理解が表明されるという二つの段階によって「A がいま東京駅にいる」という情報が基盤化されたわけだが，この二つの段階をそれぞれ，**提示** (presentation) と**受理** (acceptance) と呼ぶ。そして，この提示と受理からなるやりとりの組を**貢献** (contribution) と呼ぶ。貢献は基盤化がおきる一つの例であり，貢献だけが基盤化をなすわけではない。例えば，二人が一緒にテレビを見ていて，片方が「ねえ，なんであの人いま逃げたの？」などと唐突にもう一人に質問できるのは，「テレビを一緒に見る」ことで多くのことが二人の間で基盤化されているからである（もちろん基盤化されたと一方が勝手に信じているだけで実際は基盤化されていなかったということはよくある）。また，A1 のような命題的な情報を発話する場合に限らず，A2 のように質問（要請）を行う場合も提示である。ここでいう「提示」はあくまで対話的な基盤化の過程における第一の段階の名称（専門用語）であることに注意されたい。2.2 節でも「提示」という表現を使っているが，そこでは専門用語ではなく一般的な用語として使っている。

A1 から B2 までの貢献の構造を図示すると，**図 2.3** のようになる。この構造を**貢献木** (contribution tree)[65] と呼ぶ。C が貢献，Pr が提示，Ac が受理を表す。ここで注意が必要なのは B1 と B2 の違いである。B1 は単純に A1 の内容を理解したことを表明している。一方，B2 は，「A2 を理解した」という基盤化のレベルでの受理の表明を行うと同時に，A2 の移動の要請に対して了承を表明している。例えば，B2 で「いま忙しいから無理」といって A のもとへ行くことを「拒否」したとしても，基盤化のレベルでは元の場合と同じく「A2 を理解

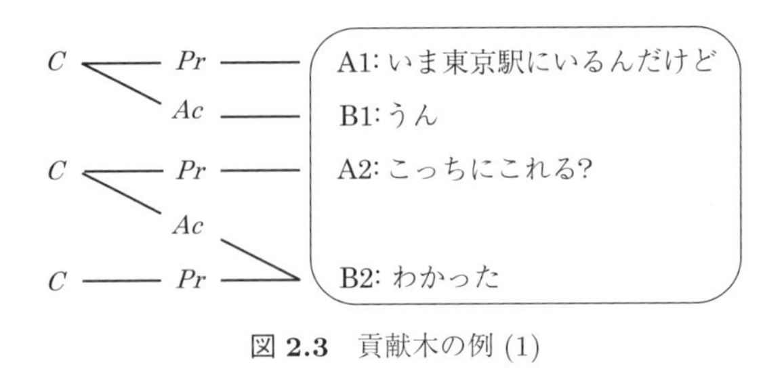

図 2.3　貢献木の例 (1)

した」という表明を行って「受理」していることに変わりないのである。このように基盤化に関していう「受理」は,「提示」の場合と同様，一般にいう「受理」の意味とは異なることに気を付ける必要がある。

受理の仕方は一つではない。**図 2.4** に示すように，提示の内容の理解を前提とした新たな提示によって暗黙的に受理を行うこともできる。図に示しているように，発話 B1 と A2 はそれぞれ一つ前の提示に対する受理であると同時に新たな提示になっている。

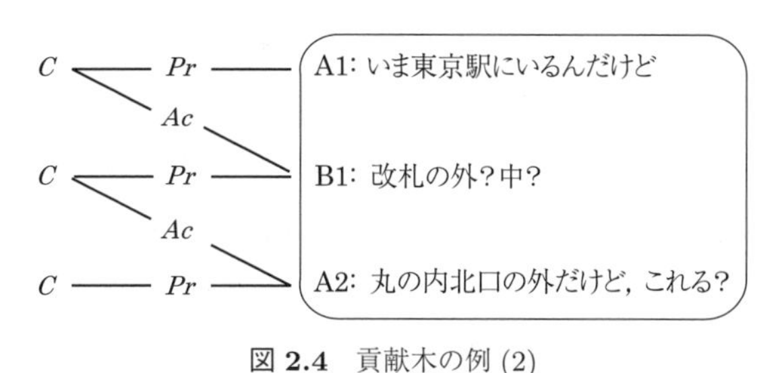

図 2.4 貢献木の例 (2)

貢献木による分析が際立つのは，**図 2.5** に示すようなケースである。図 2.4 と図 2.5 の中の対話の内容はよく似通っているように見える。しかし，木の形を見ればわかるように，この二つの対話は実は基盤化の観点では大きく異なっている。図 2.4 と図 2.5 の中の 2 番目の発話 B1 は，どちらも A1 を受けて質問をしている。図 2.4 では A1 の内容を了解したうえで，関連する質問を B1 として行っている。しかし，図 2.5 では A1 の内容を了解できず（どの改札かわからない)，A1 を了解するのに必要な質問を B1 で行っている。このため図 2.5 の B1 および A2 は，A1 でなされた提示に対する受理の段階 (phase) に「埋め

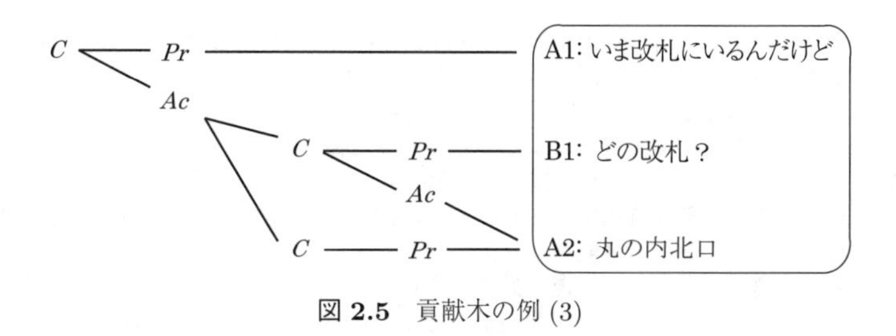

図 2.5 貢献木の例 (3)

込まれた貢献」となるのである。この埋め込まれた貢献を**付帯的コミュニケーション** (collateral communication)[64] と呼ぶ。

図 2.4 の B1 も，A1 および A2 の後半からなる「いま東京駅にいるんだけど，これる？」という要請の中に埋め込まれた対話であり，B1 および A2 前半からなる部分は副対話である。図 2.5 の埋込み部分も副対話であるが，異なるレベルでの副対話であることに注意が必要である。図 2.4 と図 2.5，どちらの場合でも，B1 は**明確化要求** (clarification request) と呼ばれる。ただし，図 2.5 の B1 だけが**修復** (repair)（より正確には「第二ターンでの修復」(second-turn repair)）と呼ばれる。修復とは，付帯的コミュニケーションにおける訂正や確認によって，対話中に発生した（あるいは発生している可能性のある）**誤解** (misunderstanding)・**無理解** (non-understanding) を解消するやりとりの総称である。誤解とは提示された内容やその背景にある提示者の意図を受理者が間違えて理解することである。無理解とは提示された内容やその背景にある提示者の意図を受理者が理解できなかった（と受理者が自分で認識し，それが当面の対話をするにあたって問題であると考えた[†1]）場合である。「第二ターンでの修復」のほかにも，「第一ターンでの修復」,「第三ターンでの修復」および「第三ポジションでの修復」などがある。第一ターン，第三ターンでの修復は提示した側による修復のため**自己修復** (self-repair) と呼ばれる[†2]。第二ターンでの修復は受理する側によって直接修復されるか，あるいは「えっ？」のような聞き直しによって修復を要求されることで修復の過程が開始される。前者の場合を**他者修復** (other-repair) と呼び，後者を**他者開始修復** (other-initiated repair) と呼ぶ。第三ターンでの修復は第一ターンで自分自身が犯した誤りを聞き手側

[†1] 受理者がつねに提示者の背景意図まで理解して対話しているわけではない。背景の意図をどこまでさかのぼって推測するかはそのつど異なるし，受理者が提示者の指示にただ従って行動することになっている場面では，意図がまったくわからないままでも表面的に対話は進行していく。場合によってはわかった振りをして対話を進めることもある。

[†2] 第一ターンでの修復は一般に「京都，いや東京まで」のように発話の中での言い直しとして現れるため，**発話修復** (speech-repair) と呼ばれることがある。発話修復が発生すると発話が単語の途中で分断され,「えっ？」というような間投詞が挿入されることが多いため，言語理解だけでなく音声認識の結果にも大きな影響を与える。発話修復の処理は，対話システムの音声言語理解機能を実現するうえで重要な課題の一つである。

の受理後に訂正する修復で，第三ポジションでの修復は第二ターンでの受理発話によって判明した受理側の誤解を訂正する修復である[319)]。第三ターンでの修復と第三ポジションでの修復が区別されずに「第三ターンでの修復」としてまとめて説明されることも多い（例えば,65),151),322) など）。

最後に**図 2.6** に，先ほど説明した誤解が発生した場合の例を示す。この例では，B1 は改札を会社と聞き間違え，まだ会社にいる理由を問うことで A1 に対する理解を提示し，A1 に対して受理を行おうとした。これが正しい理解に基づく問いであれば，B1 は A1 と同じレベル（トップレベル）での貢献を開始する提示になる。しかし，会社にいるという理解は誤りであったので，これに対して A2 によって修復がかかり，A1 に対する受理段階が継続することになる。このため B1 は A1 と同じレベルでの新しい貢献をまだ開始することはできない。図ではこのことが，B1 による貢献がトップレベルにもなく，上位のレベルに属するのでもないことによって表現されている。A2 による修復は B1 によって開始された貢献ではなく A1 によって開始された貢献の受理に関わることであるので，A1 による貢献の受理段階に含まれる。同時に，A2 による修復は B1 の内容を理解したうえで行われるのであるから，B1 に対する受理にもなっている。

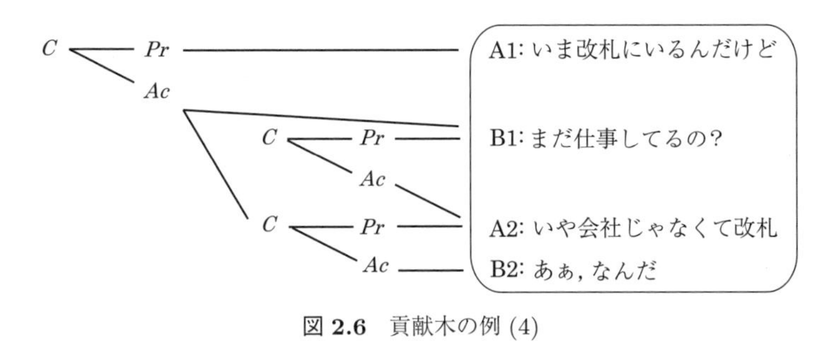

図 2.6　貢献木の例 (4)

ところで，この図 2.6 で示した貢献木は，対話を事後的・第三者的に観察し「結果的に正しかった」ことを表している。発話 B1 の時点での B の視点での貢献木を表すと，**図 2.7** のようになる。B には A1 は「いま会社にいるんだけど」に聞こえていて，B は発話 B1 を発した段階では誤解をしたと思っていな

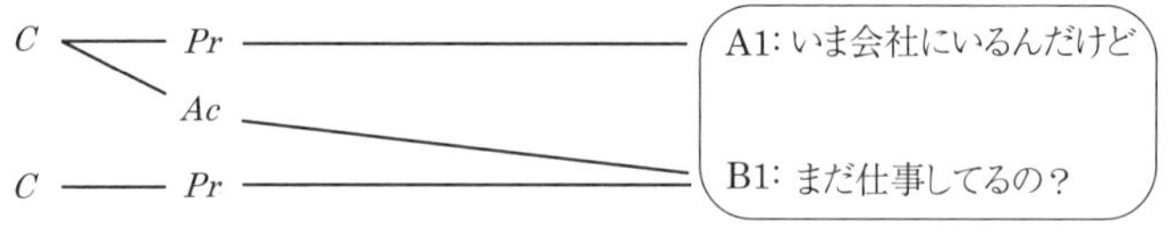

図 **2.7**　B1 の段階での B の視点での貢献木の例 (4)

いのであるから，B1 による貢献は A1 と同じトップレベルに位置付けられることになる。この貢献木はあとに続く修復を受けて，最終的に図 2.6 の形に修正されることになる。

前述の図 2.6 の説明では，B1 は「まだ会社にいる理由を問う」という意図でなされたと説明した。しかし，実際は B は A1 を正しく理解できたか自信がなくて「本当に会社にいるのか」を確認しようとした，つまり A1 に対する修復のつもりで発話したのかもしれない。その場合は，図 2.5 と同じ構造（**図 2.8**）が貢献木として正しいことになる。

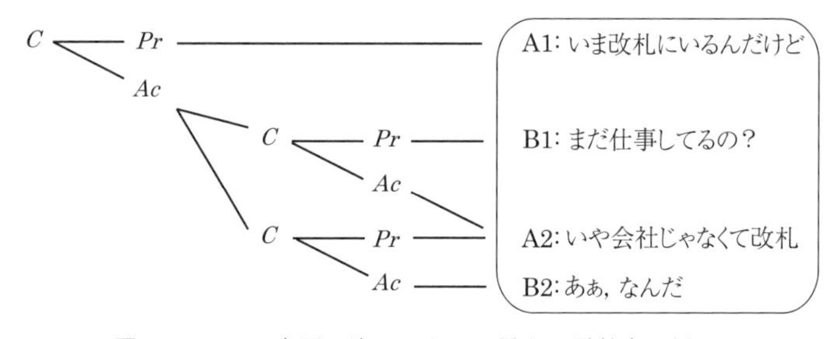

図 **2.8**　B1 の意図の違いによる，異なる貢献木の例 (4)

このように解釈の違いによって妥当な貢献木は複数存在しうる。例 (4) の場合も，B2 の発話が終わった時点で，A は図 2.6 の貢献木，B は図 2.8 の貢献木に相当する信念をそれぞれの心の中に抱いているということもあり得る。この解釈の違いはこのあとに続く対話の進行になんら影響を及ぼさないであろうから，あとから修正を受けて二人の間で共通化されることもないであろう。先に述べたように，共通基盤はあくまで個人的な信念であって，必ずしも普遍的・客観的な事実であるわけではない。

2.3.3 基盤化アクトに基づく基盤化のモデル

Clark と Shaefer の貢献に基づくモデルでは，図 2.7 に関する説明において述べた図 2.6 から図 2.7 への木構造の修正のような，貢献木を作っていくのに必要な手続きは明確には示されていない。基盤化の過程と，修復という対話上の行為とが密接に関わっていることは示されているが，対話による基盤化を構成する行為として，そのほかにどんな行為があるのかも明示されてはいない。基盤化の過程を説明するのに必要な多くの情報が貢献木の図の右側半分に表示されている発話の文字列の中に残されたままになっており，そこを隠してしまうと，対話の中でいったいどのような基盤化に関わる行為が行われているのかについて知ることは難しい。したがって，つぎに基盤化に関わるどのような行為がなされるはずなのかを予測することもできない。

これは Clark と Shaefer による提示と受理という分析の道具が，おおざっぱすぎて対話システムを実現するには不十分であることを意味している。そこで Traum[351] は貢献の代わりに**談話ユニット** (discourse unit)，提示と受理の代わりに**基盤化アクト** (grounding act) という概念を考案し，基盤化を行う対話システムを構成するのに十分な機能性を持ったモデル（基盤化の計算モデル）を提案した。

談話ユニットは基盤化が起こる単位で，各自が基盤化の段階を示す「状態」を持っている。談話ユニットが初期状態から始まって終了状態まで遷移すると，その談話ユニットの中で示された情報が基盤化されたことになる。談話ユニットの状態の遷移は，基盤化アクトによって起きる。基盤化アクトは一つ一つの発話単位に対して認定されるので，発話が観測されるたびに，既存の談話ユニットで状態遷移が起こったり，新しい談話ユニットが生成されたりすることになる。

Traum は対話コーパスを分析した結果に基づいて，**表 2.3** に示す基盤化アクトの集合を定義した。そして，観測された基盤化アクトによってつぎにどの状態に遷移するのかを定めた，基盤化の有限状態遷移モデル（**表 2.4**）を示し

表 **2.3**　基盤化アクト

基盤化アクト	定　義
Initiate	談話ユニットを開始する
Continue	Initiate に続いて，情報を加える
Repair	修復を行う
ReqRepair	相手に修復を要請する
Ack	提示された内容を理解したことを示す
ReqAck	理解したかどうかを確認する
Cancel	提示した内容を破棄する

表 **2.4**　基盤化の有限状態遷移モデル

基盤化アクト	現在の状態						
	S	1	2	3	4	F	D
Initiate^I	1						
Continue^I		1			4		
Continue^R			2	3			
Repair^I		1	1	1	4	1	
Repair^R		3	2	3	3	3	
ReqRepair^I			4	4	4	4	
ReqRepair^R		2	2	2	2	2	
Ack^I				F	1*	F	
Ack^R		F	F*			F	
ReqAck^I		1				1	
ReqAck^R				3		3	
Cancel^I		D	D	D	D	D	
Cancel^R			1	1		D	

た[†1]。この有限状態モデルによれば，基盤化は開始状態 S から始まり[†2]，中間状態 1, 2, 3, 4 を経て，終了状態 F に到達したところで完了する。ただし，一度完了したと思っても，修復によって未完状態に戻ることに注意されたい。例えば，現在の状態が F であり，つぎの基盤化アクトが Repair^I の場合，遷移先の状態は 1 である。また，貢献の取消しが発生した場合は，F ではなく D に移って終わる。状態 D で終わった場合，その談話ユニット内で提示された内容は基盤化されていないことになる。表 2.4 の基盤化アクトの肩付きの I は談話ユニット

[†1] Traum は最初に表現能力の高い再帰遷移ネットワークでモデルを提示したが，実際にはより簡潔な有限状態モデルで十分であるとしている。
[†2] 最初の Initiate のアクトで状態 1 に遷移するので，実質的には状態 1 から始まる。

の**開始者** (Initiator) を表し，R は**応答者** (Responder) を示している。Initiate 以外の基盤化アクトは I と R のどちらでも行うことができるが，表を見比べればわかるように，その効果は異なる。

図 2.6 の例を，談話ユニットによって分析すると**図 2.9** のようになる。発話 A1 による提示によって開始された談話ユニット 1(DU1) はいったん B1 による受理により終了状態 F に遷移するが，A2 による修復で状態 1 に戻っている。したがって，A1 の提示内容はまだ基盤化されたとはいえない状態である。これが B2 によって再度受理されることで終了状態 F に移り，ようやく基盤化されたことになる。B1 は質問の形を取っているので，それ自体も談話ユニット (DU2) を開始している。その質問は A2 によって理解が示されたため，そこで終了状態 F に遷移している。図 2.6 の貢献木による分析と見比べれば，対話の中で何が起こっているのかよりはっきりとわかるようになっている。

談話ユニット		DU1		DU2	
A1:	いま改札にいるんだけど	Initiate^I	1		
B1:	まだ仕事してるの？	Ack^R	F	Initiate^I	1
A2:	いや会社じゃなくて改札	Repair^I	1	Ack^R	F
B2:	ああなんだ	Ack^R	F		

図 2.9 談話ユニットによる分析例

2.4 プランに基づく対話モデル

対話は，言語によるコミュニケーションの連続，すなわち一方がもう一方に言語的に情報を伝達する（コミュニケートする）ことを交互に繰り返すことでなされる。古代から近代まで，このときのこの一回一回の情報の伝達は，**図 2.10** に示すように，伝達したい内容（話し手の思考）が言語によって符号化され，それが聞き手側で復元されることで実現されていると考えられてきた[323)]。ここでは，話し手と聞き手が共通の**符号体系** (code) を持っていると想定されている。これを言語コミュニケーションの**コードモデル** (code model) という。

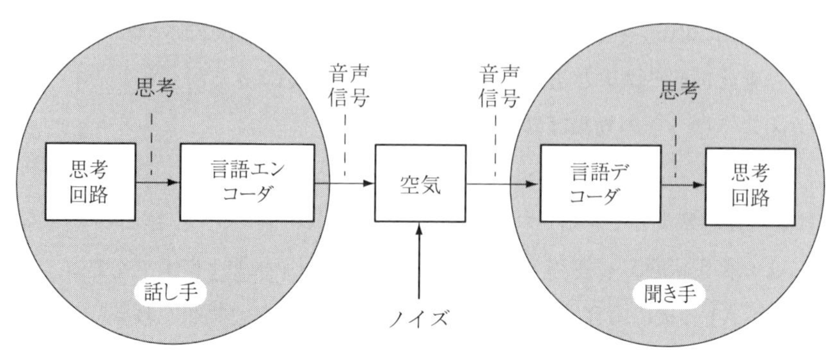

図 2.10　コードモデル（323) より一部改変して引用）

確かに人間の対話活動の多くの場面ではコードモデルを仮定するのが妥当である。しかしながら，同様に多くの場面がコードモデルでは説明できないのも事実である。そのような場面では，伝達された情報と状況からの推論によって相手の意図の理解が行われることで，対話が成立していると考える必要がある。これを言語コミュニケーションの**推論モデル** (inference model) という。

話し手の言語情報に明示的に含まれていないにも関わらず，（多くの場合）聞き手が知ることになる言外の情報を，**含み**あるいは**含意** (implicature) という†。Austin の弟子にあたる Grice は，会話における含み，特に非慣習的な含みの伝達・理解が成立するのは，特別な事情がない限り，以下のような一般原理が対話者により遵守される（と期待される）からであると提唱した115)。

> **協調の原理** (cooperative principle)：会話の中で発言をするときには，それがどの段階で行われるものであるかを踏まえ，また自分の携わっている言葉のやり取りにおいて受け入れられている目的あるいは方向性を踏まえたうえで，当を得た発言を行うようにすべきである。

そして，この協調の原理を満たすために，対話者が従うべき四つの**格率** (maxim)

---

† 含意の訳語として entailment という用語もある。こちらは implicature よりも直接的・論理的・必然的に得られる情報を指す。例えば，「あれは人である」という言明は「あれは生き物である」という言明を entail するという。これに対し implicature は，論理的に必然とはいえないが常識的に妥当といえそうな推論から得られる情報を指す。

を示した。すなわち

① **量の格率** (maxim of quantity)
- 要求に見合うだけの情報を与えるような発言をせよ
- 要求されている以上の情報を与えるような発言を行ってはならない

② **質の格率** (maxim of quality) 真なる発言をせよ
- 偽だと思うことをいってはならない
- 十分な証拠のないことをいってはならない

③ **関係の格率** (maxim of relation) 関連性のあることをいえ

④ **様態の格率** (maxim of manner) わかりやすいいい方をせよ
- 曖昧ないい方をしてはならない
- 多義的ないい方をしてはならない
- 簡潔ないい方をし，余計な言葉を使ってはならない
- 整然としたいい方をせよ

Grice が示した格率は彼が少なくとも必要だと考えるもので，これがすべてであるとされているわけではない。また，これらの四つの格率の間の関係は遵守義務という意味で対等ではなく，例えば偽であることをいうのに比べたら，簡潔でないことはそれほど重要ではないだろう。

対話者は，相手が協調の原理に従っているはずであると前提することで，相手の意図と含みに関するさまざまな推論を行うことができる。例えば，不慣れな土地にきた人 A が地元の人 B に「このあたりにスーパーはありますか？」と質問したときに，その B が「その先の大通りを 10 分くらい歩いた先にあるよ」と答えたとする。このとき A はこの B の答えからそのスーパーは営業していることを知る（推論する）。なぜなら，普通スーパーに行くのは買い物をするためであって，営業していないスーパーを教えても意味がないからである。また，A が協調の原理に従っていると B が考えれば，A が特定のスーパーを指定せずただ「スーパー」といったことから，B は A が買い物を目的としているだろうことを推論できるはずである。したがって，同じく B が協調の原理に従ってい

るならば，多少遠くても営業しているスーパーを教えるか，あるいは営業していないスーパーしかないのであればそのことをAに伝えるはずだからである。

本節では，推論モデルに相当する計算可能な対話のモデル†として，プランに基づく対話のモデルを説明する。

2.4.1 プランと問題解決

何かをなすために，人間は一連の行為を行う。例えば,「お気に入りのテレビ番組を見る」という目標を達成するために,「リモコンを手に取る」「ソファーに座る」「リモコンをテレビに向ける」「リモコンのボタンを押す」といった一連の行動をする。この整列された行為の連鎖を**プラン** (plan) と呼ぶ。

プランのモデルは当初ロボットによる問題解決（家具の再配置など。例えばSTRIPS[91]）を対象として提案されたが，何かをなすための目標（意図）に従った行為として発話を捉えるならば，発話の連鎖である対話もプランに従って行われていると考えることができる。**プランに基づくモデル** (plan-based model) では，このように対話現象を説明する。

プランに基づくモデルには，**プランニング** (planning, plan synthesis) と**プラン認識** (plan recognition) という二つの側面がある。例えば，ある旅客が電車に乗ろうとしていて，駅の窓口にいる駅員から切符を買おうとしたとする。このとき旅客は，例えば「切符購入の意思を伝える」「目的地を告げる」「人数を告げる」「便名を告げる」「代金を支払う」「切符を受け取る」という一連の行動を計画する。これがプランニングである。切符購入の意思を伝えられた駅員は，同様に「切符を販売する」という目標のために「目的地を聞く」「人数を聞く」「便名を聞く」「喫煙・禁煙席の希望を聞く」という行動（下位目標）を計画する。ここで最後の「喫煙・禁煙席の希望を聞く」という目標を実現するために駅員が「お煙草は吸われますか？」と尋ねた場合，旅客は駅員が「喫煙・

† ほかに主要な推論モデルとして，Sperber と Wilson[323] によって提案された関連性理論がある。この理論は Grice の「関係の格率」で述べられた**関連性** (relevance) という概念を中心に構成されている。しかし，彼らの理論で定義された関連性と，想定された推論の過程は観念的な段階のものであり，実装可能な計算モデルにはなっていない。

禁煙席の希望を聞く」という目標を持って質問してきたのだと理解する。このように行為から目標を推論することを，プラン認識と呼ぶ。プラン認識に成功すれば，旅客は駅員の質問に対して「いいえ」ではなく「禁煙席で」と答えることもできる。この例が示すように，2.2.1 項で述べた間接発話行為の理解は，プラン認識によって説明することができる。プランニングとプラン認識はたがいに逆向きの過程の関係にある。

形式的には，プランは状態空間内の遷移（世界のありようの移り変わり）を表現したものとして捉えられる。状態空間とは一つ一つの可能な状態の集合である。一般に，状態を形式的に表現するときには**述語論理** (predicate logic) の表現形式を用いる。例えば，**図 2.11** のように三つの箱がある世界（初期状態）は

BOX(a), BOX(b), BOX(c), GROUND(g), ON(a, b), ON(b, g), ON(c, g)

と表現できる。見やすさのため，連言（論理積）を $\wedge$ ではなく，コンマ (,) で代用している。ここで述語である BOX(X) という表記は，変数 X の値（定項）が「箱である」ことを表している。つまり，定項 a, b, c は箱である。同様に，定項 g は地面 (GROUND) を表しており，ON(a, b) は「a が b の上に載っている」ことを表している。

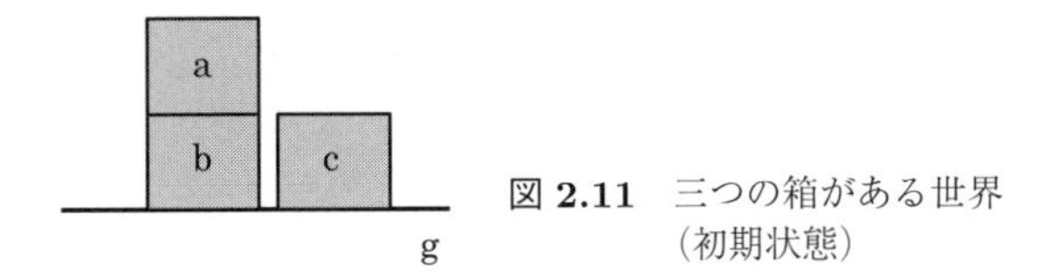

図 2.11 三つの箱がある世界（初期状態）

プランはこの世界に対する操作 (operation) の列として表現される。この操作は事前に定義した**オペレータ** (operator) によって行う。この例では，物体の移動を行う唯一のオペレータ MOVE(X,Y) を以下のように定義する。MOVE(X,Y) は X を Y の上に移動させることを意味する。

HEADER:	MOVE(X,Y)
PREREQUISITE:	BOX(X), ON(X,W), GROUND(Y) $\vee$ ¬ON(Z,Y), ¬ON(U,X)
EFFECTS:	¬ON(X,W), ON(X,Y)

PREREQUISITEはこのオペレータを適用できる前提条件を指定しており，これが満たされていなければ適用できない。∨は選言（論理和）を，¬は否定を意味する。この場合，Xは箱であり，XはWの上に載っており，Yは地面であるか，Yの上には何も載っていない状態でなければならず（地面の上にはいくつでも箱が置け，箱の直上には一つの箱しか置けないという前提），同じくXの上にも何も載っていないということを表している。PREREQUISITEが満たされていればオペレータの適用の結果として，EFFECTSに規定されている効果（状態の更新）が得られる。この場合，ON(X,W)が削除され，ON(X,Y)が状態表現に追加されることで，XはWの上に載っておらず，かつXがYの上に載っているという状態が得られることになる。この世界を図**2.12**のようにするには

MOVE(a, g), MOVE(b, c), MOVE(a, b)

というプランを立案・実行すればよい。

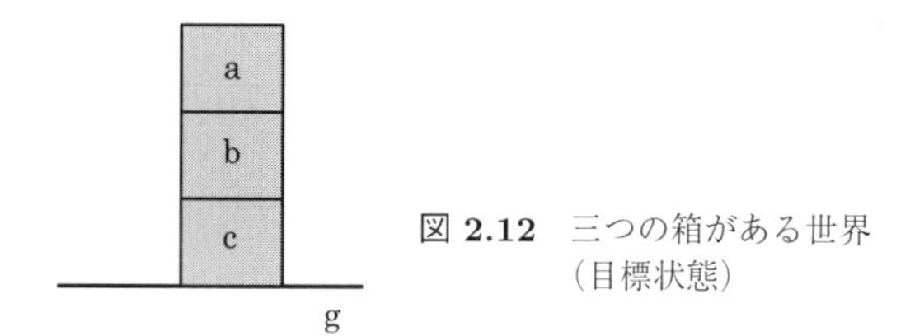

図**2.12**　三つの箱がある世界（目標状態）

先に示したオペレータは，それ自体が一つの（システムにとって）分解不可能な行為に対応する。対話をモデル化する際には，一般により細かな下位の行為に分解可能な抽象的な行為に対応するオペレータを定義して用いることが多い。これによりプランを階層化する（列ではなく木として表現する）ことで，オペレータの設計とプランの把握が容易になる。

例えば，LitmanとAllen[215]は，聞き手(H)に話し手(S)がある行為(A)を依頼する発話行為をREQUEST(S,H,A)として以下のように定義している。

HEADER:	REQUEST(S,H,A)
PREREQUISITE:	WANT(S,A)
DECOMPOSITION1:	SURFACE-REQUEST(S,H,A)
DECOMPOSITION2:	SURFACE-REQUEST(S,H,INFORMIF(H,S,CANDO(H,A)))
DECOMPOSITION3:	SURFACE-INFORM(S,H,!CANDO(S,A))
DECOMPOSITION4:	SURFACE-INFORM(S,H,WANT(S,A))
EFFECTS:	WANT(H,A), KNOW(H,WANT(S,A))

先ほどまでとの違いは，DECOMPOSITION1,2,3,4 の存在である。ここでは REQUEST(S,H,A) が，行為 A を言語化して依頼する (DECOMPOSITION1)[†1]，H が行為 A を実行できるかどうかを H が S に伝えるという行為を言語化して依頼する (DECOMPOSITION2)，S が A を実行できないということを言語化して伝える (DECOMPOSITION3)，S が A の実行を欲しているということを言語化して伝える (DECOMPOSITION4) のいずれかによって達成できるということが表されている。このうち DECOMPOSITION2,3,4 は，慣習化された間接発話行為 (2.2.1 項参照) を表している。

Litman と Allen[215] は，このような発話行為オペレータによって具体化される，対話を行うためのオペレータを導入することで，文脈を踏まえた対話がプランニングおよびプラン認識によって展開される様子をモデル化した。この対話を行うためのオペレータ，およびオペレータを実際に適用して作成されたプランを**談話プラン** (discourse plan) と呼ぶ[†2]。これに対して，発話行為オペレータの前に紹介した，箱の世界を操作するオペレータからなるようなドメインタスクに関するプランを**ドメインプラン** (domain plan) と呼ぶ。例えば，ドメインプランを導入し対話的に課題の実行を始める談話プランとして，INTRODUCE-PLAN を定義している。

---

†1 ある命題内容を言語表現に変換することを**表層生成** (surface realization) と呼ぶ。SURFACE-REQUEST の SURFACE はこの意味である。

†2 これらは談話オペレータおよび談話プランと呼び分けたほうが混乱がなくてよいように思われるが，原論文では名称の区別がなされていない。

HEADER:	INTRODUCE-PLAN(S,H,A,P)
DECOMPOSITION:	REQUEST(S,H,A)
EFFECTS:	WANT(H,P), NEXT(A,P)
CONSTRAINTS:	STEP(A,P), AGENT(A,H)

ここで，P はプランを表し，STEP(A,P) は行為 A がプラン P の一部であること，AGENT(A,H) は行為 A の行為主体が聞き手 H でなければならないという制約を課している。また，NEXT(A,P) は，このプランの実行により，プラン P のつぎの行為が A になることを表している。このほかにも，プランの中の未確定のパラメータを特定する IDENTIFY-PARAMETER, プランの訂正をする CORRECT-PLAN などが定義されている。ドメインプランを，談話プランによって導入 (INTRODUCE-PLAN) し，具体化 (IDENTIFY-PARAMETER), 訂正 (CORRECT-PLAN) することで対話が進んでいく。この対話の進行と推論の過程は，**プランスタック** (plan stack) によって管理される。ドメインプランはつねにスタックの最下層にあり，その上に談話プランが積み重ねられる。談話プランは自分の下にある談話プランあるいはドメインプランを参照しており，談話プランがスタックにプッシュ・ポップされることで，副対話が実現される。

以下の対話例（215) の例を改変）でプランスタックの説明をする。

乗客:　モントリオール行きは？
係員:　モントリオール行きは 7 番搭乗口です

図 2.13 は，上の対話で係員が乗客の発話を聞き，推論を行い，乗客の意図を理解した時点の「係員の心の中」にあるプランスタックの状態を表している。乗客の発話と直接対応している行為は，PLAN1 の中の最下層にある SURFACE-REQUEST(乗客，係員, IR1) である。図 2.13 はこの SURFACE-REQUEST 行為を観測した係員が，プラン認識を順次行っていった結果を表している。スタックでありながら，上から PLAN1, PLAN2, PLAN3 という順序になっているのは，これがプラン認識の結果であることに起因している。プラン認識はプランニングの逆の手順であるので，係員が乗客の意図を正しく理解していれば，乗客の心の中には図 2.13 と同様のプランスタックがあり，それは本来のスタッ

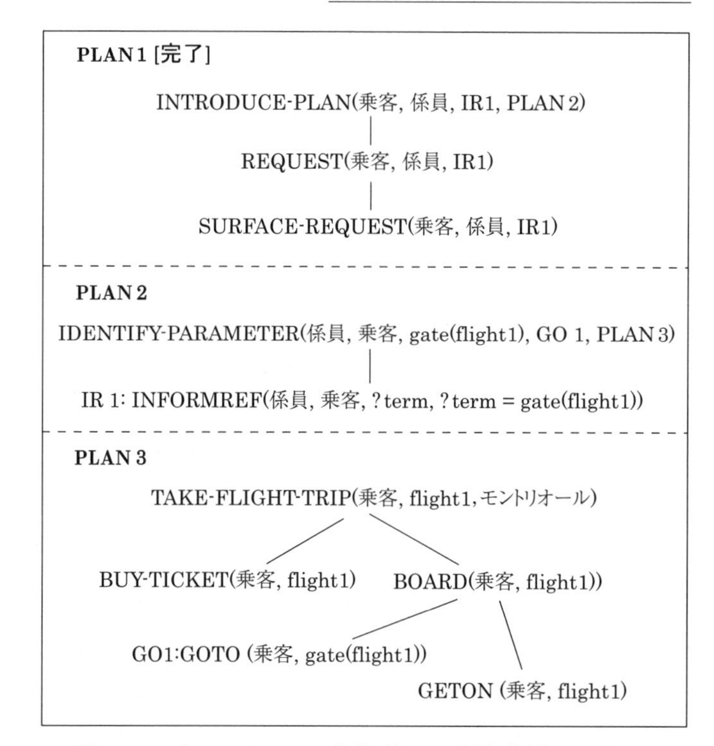

図 2.13 プランスタックの状態 (215) の例を改変)。PLAN1, PLAN2 が談話プランで，PLAN3 がドメインプランである。PLAN2 中の INFORMREF は，?term が表す内容（この場合，flight1 の搭乗口）を言葉（**ref**erence, この場合「7 番搭乗口」）で伝えるという行為である。

クの動作に従うように下から順に作られていったはずである。

係員は，観測した SURFACE-REQUEST 行為から，それが乗客によって INTRODUCE-PLAN が導入された結果であることを認識する（この時点で PLAN1 がスタック上にプッシュされる)。そして，つぎにこの INTRODUCE-PLAN は，PLAN2 の中の IR1 という行為を「係員に」実行させることで，搭乗口の場所を知るために行われたことを（乗客の周辺状況も加味して）推論する[†]（この時点で PLAN1 の下に PLAN2 が挿入される)。IR1 は，係員が搭乗

[†] 例えば，乗客がすでに空港のセキュリティを通過しているなら，チケットは持っているはずなので席の空き状況を聞いているのではないと予想できる。

口の場所を乗客に伝えるという行為である（これはまだ実行されていない）。最後に,「搭乗口の場所を知る」という PLAN2 の意図のそもそもの動機となった乗客のドメインプラン（flight1 という定期飛行でモントリオールへ行く）が推論される（その結果として PLAN2 の下に PLAN3 が挿入される）。

PLAN1 は乗客によって実行され完了しているので,「完了」と記されている。このあと，係員は自分のつぎの妥当な行動として，乗客が望んでいる IR1 を実行する†。つまり「モントリオール行きは 7 番搭乗口です」と答える。

2.4.2　共有プランと協調的問題解決

二人で協力してピアノを持ち上げるなど，共同して何かの目的を達成しようとすることを**協調的問題解決** (collaborative problem solving) や**共同活動** (joint activity) と呼ぶ。先に述べたように対話そのものも共同活動である[64)]が，対話を通じて達成しようとしている目的（課題）に関する活動については，前述の Litman と Allen に代表されるようなプランに基づくモデルでは「片方が計画し，もう片方がそれに従う」という主従関係 (master-slave assumption) が想定されていることが多かった。Grosz と Sidner は，そのような想定のままでは協調的な共同活動のモデル化には不十分であるとし，共同活動を行うグループのメンバーが共にその構築に貢献する**共有プラン** (shared plan) という考えを提案した[117)]。特に，彼女らが提案した共有プランのモデル/理論を指す場合，SharedPlan と書く。

プランには，オペレータの列あるいは木のような抽象構造としての側面と，そのような抽象構造を用いて表現できるエージェントの心的状態としての側面との二つの側面があり，Pollack[284)] は両者をそれぞれデータ構造としてのプラン (data-structure view of plans) と心的現象としてのプラン (mental phenomenon view of plans) と呼んでいる。SharedPlan では，プランの心的現象としての側面を重視しており，行為の実行可能生や行為の実行者についての信念，そして行為遂行の意図を，行為そのものとは別に表現する。共同活動

† 正確には INFORMREF を具体的な行為である SURFACE-INFORM に展開してそれを実行する。

A を行うグループ G のメンバー G1 と G2 が持つ共有プラン SharedPlan(G1, G2, A) は以下のように定式化され，共同活動とそれに伴う対話の説明に用いられる。ここで，行為 a は A を実現するにあたって生じる一連の行為の中の一つを表している。MB は相互信念，INT は意図を表す。

SharedPlan(G1, G2, A) ⇔

① MB(G1, G2, EXEC(a, G_a)): G1, G2 は G_a（G1,G2 のどちらか）が行為 a を実行可能と共に信じている。

② MB(G1, G2, GEN(a, A)): G1, G2 は a が A を生み出すという関係 GEN（生成関係）を信じている。GEN(a, A) は，共同プランがどのように実行されるかに応じて異なるバリエーション（同時実行，分担実行，連続実行，単独実行の 4 種）を持つ。

③ MB(G1, G2, INT(G_a, a)): G1, G2 は G_a が行為 a を意図していると共に信じている。

④ MB(G1, G2, INT(G_a, BY(a, A))): G1, G2 は G_a が行為 a によって A を実現することを意図していると共に信じている。

⑤ INT(G_a, a): G_a は行為 a を意図している。

⑥ INT(G_a, BY(a, A)): G_a は行為 a によって A を実現することを意図している。

Grosz と Sidner が SharedPlan を提案したころは，自然言語処理・人工知能の研究においては，理論と実装は明確に区別され，有用な実装よりも理論の構築が優先された[118)]。しかし，結局その後の対話研究においては，理論の実装可能性，実装後の評価による有用性の証明が重視されるようになり，複雑な理論・モデルの研究は下火になっていった。あとに Sidner らによって開発された協調的なエージェントを実現するための COLLAGEN フレームワーク[295)] においても，SharedPlan 理論に基づくとされているものの，内部でおもに利用されているのはデータ構造としてのプラン[†]であり，当初提案された心的現象と

[†] SharedPlan 理論においては，これを**レシピ** (recipe) と呼ぶ。Grosz と Sidner に続く Lochbaum[221)] はデータ構造としてのプランに対して rgraph という名称を使用している。

してのプランに基づくモデルが全面的に実装されているわけではない。比較的近年に発表されたStentとBangaloreによる共有プランをベースとした統計的対話管理手法[324]においても，データ構造としての共有プランが利用されているだけである。

2.4.3 談話義務

プランに基づく対話モデルを対話システムの実装に採用した場合，対話者それぞれの意図だけに基づいて前述の隣接ペア（2.2.3項）が捉えているような局所的な構造を理論的に明快な形で発生させることは難しいという問題がある（もちろんアドホックな作込みを行えば可能である）。例えば，話し手が質問をしたとして，その質問に聞き手がすぐに答える必然性がプランだけからは導かれない。話し手の発話行為としての質問が，その発語内効力として聞き手の中に回答をする意図を作り出したとして，その意図が他の意図よりも優先されることが対話モデルの中に表現されていないからである。また，非協力的な聞き手であっても，質問に対して何かしらの応答を返すのはなぜなのかをうまく説明できない。この問題に対し，Traumら[283),353]は，発語内行為にはそれぞれの発語内効力に応じた**談話義務**(discourse obligation)が付随すると考えることで解決しようとした。談話義務を対話モデルに組み込めば，まず談話義務を解消してからその他の意図に関して対話を進めるという対話処理のアルゴリズムを対話システムに与えることで，質問に対し回答がすぐになされるような対話を実現できる。

談話義務は，意図とは別個の，モデルの原始的な要素（他の要素に還元されないもの）として提案されているが，談話義務も対話者の社会的な意図（例えば,「すぐに返事をしないことで相手の機嫌を損ねたくない」という意図）から発生してくる二次的なものであるとする考え方もある[31]。ただし，このように談話義務も意図からプランニングによって生じると考えるのは，より簡潔なモデルになるという点で理論的には魅力的であるが，実用的な利点はほとんどないうえに，複雑なプランニングを発話ごとに行わなければならないという短所も抱えることになるので，実用的な対話システムを実現するという観点からは現実的ではない。

2.4.4　BDI モデル

BDI モデル[43),161),285),286)] とは，**信念** (belief)，**願望** (desire)，**意図** (intention) の三つの構成素をもとに，自律エージェントの行動決定を説明・予測するモデルであり，またエージェントの内部アーキテクチャである。**熟考エージェント** (deliverative agent)[161)]（プランによって行動を決定するエージェント[†1]）の代表的なアーキテクチャである[†2]。

信念はエージェントが持つ知識の総体であり，環境や自身に関する情報（どこに何があるか，自分は何が実行可能か）を表す。願望はエージェントの行動を動機づけ，優先順位を導くもので，最も原始的なところでは生物の食事や休息に対する欲求に相当する。ロボットであれば，バッテリーの充電レベルの回復が願望の一つとしてモデル化される。**目標** (goal) は，プランの最上位（プランニング時の出発点であり，プラン遂行後の到達点）に位置するもので，願望の一種でもあるが，たがいに矛盾しないように調整・選択されたものを特に指す。例えば1台のロボットでは，バッテリーの充電レベルを回復させることと，部屋を清掃することをまったく同時に行うことはできない。どちらも同時に願望としてはあり得るが，同時に目標とはなり得ない。

意図は願望と信念を基に生成されるエージェントの行動目標であり，プランもここに含まれる。例えば充電レベルを回復させるには，充電を行う以外にも，すでに充電されたバッテリーと交換するという選択も可能であろう。そのどちらを意図に持つか（充電と交換のどちらを行うか）により，どこへ向かうかと

---

†1　これに対するのが**即応エージェント** (reactive agent)[161)] であり，観測状態や内部状態を直接行動に射影する反射的な規則でつぎの行動を決定する。3.3.2 項で説明するフレームに基づく対話管理や 5.2.3 項で説明する MDP/POMDP に基づく対話管理を用いた対話システムは即応エージェントとなる。

†2　ただし，BDI モデルでも反射的な規則による行動決定（リアクティブプランニング (reactive planning)）しかしない即応エージェントとして実装することは可能である。

いった具体的なプランが決まってくる。

2.4.1 項で説明したようなプランに基づく対話システムには，信念と意図はあるが願望は存在しない。このため，知的・協力的ではあるが指示されたことに従うだけの主体性のない奴隷的・機械的存在になる。BDI モデルでは，エージェントの願望が加わることで環境とのより複雑な相互作用が生まれ，主体性・自律性を持った存在に近づくことができる。そのため，自律的・生物的な振舞いを示すことを目的として，特にロボット[70),111),200)]や訓練用のバーチャルヒューマン[360)]などで BDI モデルが採用されることが多い。ただし，ロボット的ではない対話システムでも採用されることもある[264)]。

2.5　対話の背景構造

最後に，言語を使用した対話の土台となり，対話よりも**相互行為**，相互作用 (interaction) と呼ばれることが多いような，より基礎的な三つの事項について説明する。

2.5.1　共　同　注　意

共同注意 (joint attention, joint focus of attention)[349)] とは，対話などの共同活動をする二人が一つの対象に同時的に注意を向けるという三角形の構造をなす行動現象で，言語使用を含む人間の社会的な能力の根源の一つと考えられている。人間の子供には，生後 9 か月頃，言葉を話し始める前からこの能力が現れてくる。「あれ」や「これ」のような指示語と指差しなどを組み合わせて物を指し示す「指示表現」の使用には，当然この共同注意を確立できる能力が対話者に備わっていることが前提となるが[64)]，物の名前や文法の獲得という言語獲得についても重要な役割を担っていると考えられている[77),349)]。

そのほか，共同注意は基盤化にも関係してくる[296)]。2.3.2 項での基盤化の説明において二人でテレビを見るという例を示したが，これも共同注意の一例である。

2.5.2 参 加 構 造

三人以上の主体が関与する対話を**マルチパーティ対話** (multiparty dialogue, multilogue) という。多人数/多対多会話 (multiparty/many-to-many conversation) とも呼ばれる。マルチパーティ対話においては，**話者** (speaker, これまでの説明における「話し手」) と**受話者** (addressee, これまでの説明における「聞き手」) 以外の役割を持つものが現れ，話者・受話者を中心とした同心円状の構造を持つようになる（**図 2.14**）。この構造を**参加構造** (participation structure)[64),107)] と呼ぶ[†]。

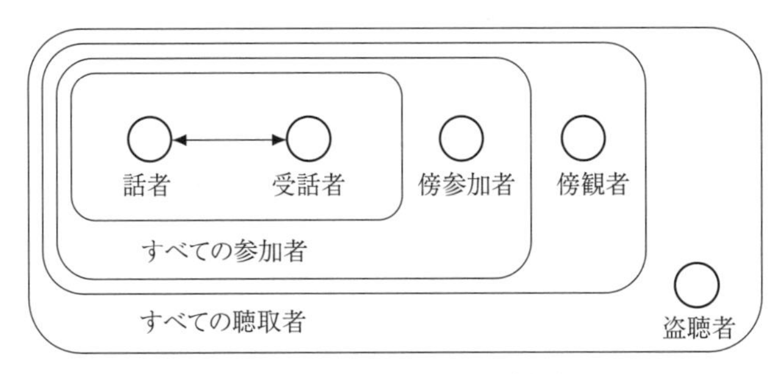

図 2.14 マルチパーティ対話における参加構造 (64) より一部改変して引用)

対話に参加する権利と責任を持つのは**承認された参加者** (ratified participant) と呼ばれる話者，受話者，および**傍参加者** (side participant) の 3 種類の参加者である。傍参加者はその時点での話者の直接の対話の相手ではないが，つぎに話者，受話者となる可能性がある参加者である。それ以外の対話の**聴取者** (listener) は，**傍聴者** (overhearer) に分類される。傍聴者は，さらに話者にその存在が意識されているかどうかで，**傍観者** (bystander) と**盗聴者** (eavesdropper) に分けられる。マルチパーティ対話では，話者はつねに参加構造を意識し，だれに向

† マルチパーティ対話分析の研究者は participation の訳語として「参与」を使うことが多いが，対話システム研究者は「参加」を使うので参加で統一した。

また，Shultz ら[318)] は同じ participation structure という用語で，同時に存在するフロアの数などを基に分類したマルチパーティ対話の類型を提案しているが，ここでの参加構造とは別の概念である。

けた発話であるのか，だれに聞かれているのかを考慮したうえで発話を行う必要がある。

じつは，2.3.1 項で触れた対話行為の階層には，さらに上位の四番目の階層がある。それは，話し手が提案した活動にどう取り組むか検討するレベルである。先に示した第一から第三のレベルは，聞き手だけでなく傍参加者と話し手の間でも起こる。しかし，第四のレベルは，話し手と聞き手の間でしか起こらない。これは，聞き手と傍参加者を区別する重要な点である[64)]。

2.5.3 同　　調

対話者は対話中に使う語とその意味をたがいに共通化することが知られている。これを（語彙的な）**同調**，**エントレインメント** (entrainment)[45), 103)] と呼ぶ。例えば，縦横に升目の入った方眼紙の上の升目の位置について話をするとき，縦横の方向の位置を表現するために「行」「列」「段」などの用語が使えるが[†]，縦方向・横方向を表すのにどの語を使うかは対話中に（必ずしも明示的に相談するわけではなく）決まっていく。つまり，対話の中で一方が使い始めた用語をもう一方も同じ意味で使い，また同じ意味を表すのに同じ語を使い続けるということが起きる。

これは無用な誤解を起こさないための当然の方略であり，それほど注目するほどの現象ではないと思えるかもしれないが，ここから対話システムの構築に関して以下のような重要な知見が得られる[44)]。

① システムは自分自身が理解できる表現を使うべきである。

　ユーザはシステムの使用した用語を使用する可能性が高いので，システムは自分自身が理解できる用語・表現に限るべきである（これも当たり前のことに思えるが，対話システムの言語理解と言語生成は通常別々の手法に基づいて，別々の人間に，別々に構築されることが多いので，生成側と理解側の整合をきちんと取ることは思いのほか難しい）。

† 数学的には横方向が「行」，縦方向が「列」と決まっているが，あくまで数学上のことで日常ではそのような決まりはない。例えば，日本語の縦書きでは縦方向が行である。

② システムの用語の用い方には一貫性を与えるべきである。

振舞いの自然さや多様さが増すからといった理由で安易に表現のバリエーションを増やすのはよくない。また，単にシステムの出力するメッセージだけでなく，画面表示や，マニュアルなどの文書とも統一するべきである。

③ システムは対話中の修復を扱えるべきである。

修復は，対話中の言い間違いや誤解の訂正，曖昧な部分の明確化といった対話を理解するうえで必要な調整を行う行為であり（2.3.1 項），エントレインメントを実現するうえで重要な機能になる（ただし，修復の実装は複雑なため容易ではなく，一般に非常に限られた形の修復発話しか扱えない。その場合，システムがどのような修復であれば扱うことができるのかユーザに教える必要がある）。

システムがユーザ側にエントレインされる，つまりユーザの言語使用（話し方）に適応するようなれば，タスク指向型対話の成功率やユーザのシステムに対する印象を改善・向上する効果も期待できる[201)]。

当初は語彙レベル（語彙の選択や語彙と概念の対応付け）について注目されたが，人間は語彙だけでなく，話速，韻律，文法，意味，状況認識など言語使用に関わるあらゆるレベルでたがいに相手に同調していることが明らかになり[†]，対話における同調は意識的というよりも自動的であり，対話能力の根源ではないかという仮説も提案されている。Garrod と Pickering は，この自動的・包括的な同調のメカニズムを**インタラクティブアラインメント** (interactive alignment) と呼んでいる[104)]。話速，交替潜時などのリズム的な同調は，2.2.4 項で触れた頷きとともに，**引込み現象**とも呼ばれ，エージェントインタラクションなどの分野でも関心をもたれている[346),372)]。

† 言語使用にとどまらず，姿勢 (posture) の揺れなど身体レベルでの同調が起きることも報告されている[72)]。

文献案内

本章で紹介した概念をより詳しく知りたい場合は，それぞれの原著にあたるのもよいが，先に石崎と伝による151) を読むのがよいだろう。意図や信念など，ここで紹介した概念の多くがより詳しく説明されている。Grosz と Sidner の談話構造理論や Litman と Allen による研究[215] についてのより詳しい解説もある。

Grosz と Sidner による理論のほかには，談話構造の理解を厳密な公理に基づく論理学的アプローチ（真理条件的意味論）によって目指したものとして，Asher と Lascarides による**分節談話表示理論** (segmented discourse representation theory, **SDRT**)[16] がある。Gorsz と Sidner の理論が談話セグメント間に 2 種類の関係しか設定しなかったのに対し，Asher と Lascarides の理論では修辞関係に基づくより多様な関係が設定され，それによってより多彩な言語現象を説明できるようになっている。SDRT は**談話表示理論** (discourse representation theory, **DRT**)[169] というおもに照応現象を論理学的（意味論的）に説明するための理論が土台になっており，Grosz と Sidner による談話構造理論よりも，目標や意図に依存しない言語現象に対する説明能力が高い。Grosz と Sidner による共有プラン理論 SharedPlan は，後に116) で改訂・拡張されている。

話し言葉の処理に密接に関係する発話単位については，島津らによる313) に詳しい解説がある。

残念ながらまだ邦訳はないが，Clark による64) も対話の研究に取り組むのであれば読んでおくとよい。Austin の「何かをいうことは何かをすることである」という考え方をさらに押し進め，言語の使用を共同行為として捉え，基盤化などさまざまな対話現象を分析し，説明している。

プランの説明で触れた述語論理については345) などを参照されたい。345) では，命題論理，述語論理といった論理学の基礎から始まり，非単調推論や言語の意味論まで解説されている。プラン認識に基づく協調的応答に関しては52) に良いサーベイがある。

プラン以外の推論による有名な意図理解の枠組みとしては，**アブダクション** (abduction) と呼ばれる推論を基にした Hobbs らによる研究[137] がある。アブダクションとは，木が揺れているのを見て風が吹いていると思うような，結果から原因を推定する型の推論である。アブダクションからは必ずしも正しい結論が導かれるとは限らないが，Hobbs らは最も単純な（コストの低い）仮説を探すことで妥当な推論を行うモデルを示している。ただし，適切な推論を行うための大規模な知識ベース（人間の持つさまざまな常識）の構築など，いくつかの難しい課題があってまだ実用には至っていない。一方，計算機に実装可能なモデルになっていないと説明した関連性理論についても，その実現に向けた研究がすすめられている[226),230]。

BDI アーキテクチャに関しては，研究レベルであるが適用事例が多数あり，jadex, JACK, Jason などの実装のためのツールソフトウェアも公開されているので，実際にプログラムを動かしながら理解したい向きは試してみるとよいだろう。

共同活動としての基盤化には階層性があることを述べた。情報通信を知っている読者であれば，この基盤化の階層性と OSI 参照モデルの間に類似性を見いだすことができるだろう。しかしながら，両者の間には根本的な違いがある。OSI 参照モデルでは，下位の層の処理は完全に上の層から独立して行われる。したがって，最上位のアプリケーション層は，その下の信号レベルのエラー訂正には関与しない。一方で，人間の対話（基盤化）においては，下位の信号レベルの修復にもアプリケーション層に相当する対話ドメインの知識に基づく予測を積極的に活用することが求められる（さもなければ時間がかかりすぎて，自然言語ではコミュニケーションをしていられない）。そのため，対話システムを情報通信システムのように設計・実装することはできない。ロボット分野でも，**サブサンプションアーキテクチャ**(subsumption architecture)[46) という階層性を持たせたアーキテクチャが提案されている。単純な動作をする下位層（例えば直進）の上に，複雑な処理をする上位層（例えば物体検出）を重ね，上位層が必要に応じて下位層の活動を上書き・抑制（例えば片側の車輪を制動）することで，知的な振舞い（例えば衝突回避）を行うというものである。しかしながら，サブサンプションアーキテクチャの場合も，例に挙げたような自律移動制御よりも複雑なことを実現するのはそれほど容易ではない。それでも層状のアーキテクチャの持つメリットは魅力的であり，層状のアーキテクチャを持つ対話システムの提案はいくつもなされている。それらについては本書では詳述しないので，文献208), 258), 289), 344) などを参照されたい。

3 対話システムの構成と処理の概要

本章では，対話システムの基本的な技術のうち，タスクや入出力モダリティによらず共通なものを解説する。

3.1 節では，対話システム共通のアーキテクチャを述べ，基本モジュールである，入力理解部，対話管理部，出力生成部の概要を述べる。

3.2 節と 3.3 節では，対話管理の基礎を解説する。対話管理技術を理解するには ① 汎用的な対話管理の概念レベルでの処理，② 対話管理部を実装するためのデータ構造とアルゴリズム，③ タスクやモダリティに応じた実装手法の選択，④ 個々のシステムやツールの実装，の四つのレベルを区別する必要がある。3.2 節で ① を，3.3 節で ② を解説し，③, ④ は 4 章で述べる。

3.4 節では，対話管理部の設計において重要な要素である，主導権という概念を説明する。3.5 節では，入力理解部の技術と出力生成部の技術を解説する。この節では，すべての類型の対話システムに共通な，言語理解と言語生成の技術に焦点を当てる。

3.1 対話システムのアーキテクチャ

対話システムの主要な部分はソフトウェアである。対話システムが多岐にわたる対話をユーザと行うことができるようにするためには，対話システムは大規模なソフトウェアにならざるを得ない。大規模なソフトウェアを構築し，デバッグやアップデートを行ったり，拡張したりするためには，適切な粒度のモジュールからシステムを構成するようにし，モジュール間の通信や，並行処理の進め方などを明確に規定する必要がある。このような，モジュール構成とその結合の仕方をソフトウェアのアーキテクチャと呼ぶ。本節では，一般的な対話システムのアーキテクチャおよび，各モジュールの処理の概要を述べる。

図 3.1 に一般的な対話システムのアーキテクチャを示す。一般に，対話システムは，入力理解部，対話管理部，出力生成部からなる。そして，内部状態と呼ばれるデータを持っている。また，オプショナルなモジュールとして，タスクプランニング部，外部連携部，状況理解部がある。これらのモジュールが相互に情報を授受することで対話が行われる。

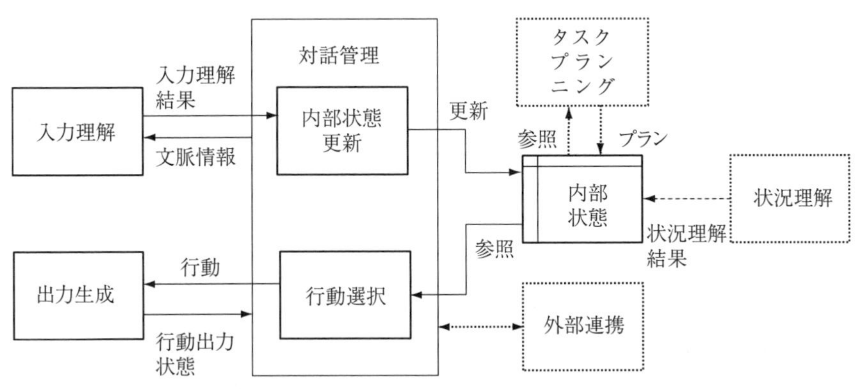

図 3.1　一般的な対話システムのアーキテクチャ（破線の囲みは任意的なモジュールであることを示す。内部状態はデータである）

内部状態 (internal state) には，その対話システムに関係するあらゆる情報が保持される。内部状態は，**対話状態** (dialogue state) と呼ばれることもあるが，対話状態は，ユーザ意図の理解結果を含まず，対話の進行に関する状態のみを保持するとする文献もあるので注意が必要である。また，内部状態は，人工知能系の対話システム研究においては，**信念状態** (belief state)，**心的状態** (mental state)，**情報状態** (information state) と呼ばれる場合もある。内部状態を適宜更新，参照することにより，システムは対話を行うことができる。対話システムの処理の流れを**図 3.2** に示す。これらの処理やデータの具体的な内容を以下で説明していく。

入力理解部 (input understanding module) はテキスト，音声発話，ジェスチャなどの入力を理解し，計算機が扱える表現に変換する。なお，本書では，音

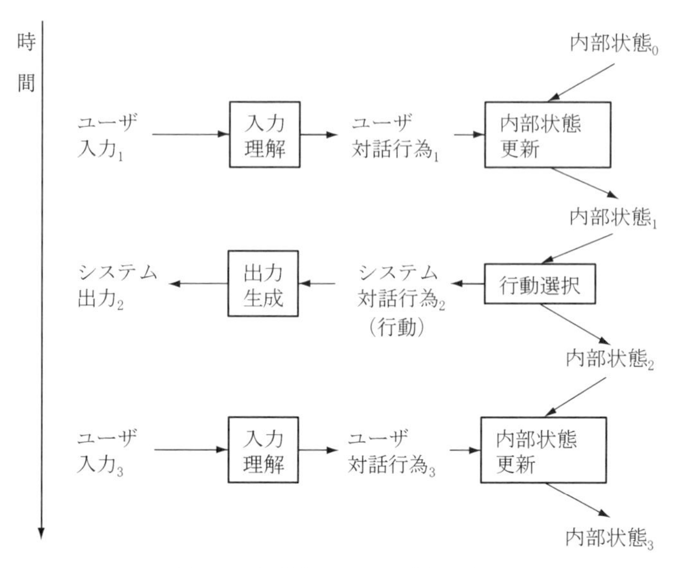

図 **3.2**　対話システムの処理の流れ

声認識を特段考慮しない場合には，テキスト入力と音声発話を区別せずに扱うが，説明を簡単にするため,「発話」という用語で両方を指す場合があることに注意されたい。また，発話と物理行動が組になっている場合は,「発話行動」，言語を伴わないものは,「行動」などと呼ぶべきであるが，本書ではこれらを含めたユーザ入力全般を「発話」と呼ぶ場合があるので注意されたい。また「入力理解」の代わりに「発話理解」と呼ぶ場合があるので，適宜読み替えていただきたい。入力理解結果は一般的に**意味表現** (semantic representation) と呼ばれるが，対話システムにおいては，意味表現として 2.2.1 項で解説した**対話行為**を用いる。2.2.1 項で述べたように，対話行為は，対話における発話行為を指す用語である。なお，対話システムにおける対話行為は，対話モデルで用いられる対話行為と異なり，対話システムが対象としているタスクドメインに依存した表現を用いることが多い。

対話行為は 2.4.1 項のように論理式で表されるが，論理式は計算機処理が煩雑になる。その代わりに，**対話行為タイプ** (dialogue act type) と呼ばれるシンボルと**属性** (attribute) の集合で表す。属性は，属性名と属性値からなる。以下の例は，レストラン検索システムにおいて，飯田橋エリアのイタリア料理店の検索の要求をする対話行為である。「飯田橋のイタリア料理店を探して」「飯田橋のイタリアンはどんなのがある？」などの対話行為がこれに相当する。

$$\begin{bmatrix} \text{対話行為タイプ：} & \text{検索要求} \\ \text{ジャンル：} & \text{イタリア料理店} \\ \text{エリア：} & \text{飯田橋} \end{bmatrix}$$

ここで，「ジャンル」や「エリア」が属性名であり，「イタリア料理」や「飯田橋」が属性値である。「ジャンル」と「イタリア料理」のペアが「ジャンル」属性である。このようなデータ構造は**フレーム** (frame) と呼ばれる[†]。以下の例のように，属性値が属性の集合である場合，すなわち，階層的な構造になっている場合もある。

$$\begin{bmatrix} \text{対話行為タイプ：} & \text{検索要求} \\ \text{ジャンル：} & \text{居酒屋} \\ \text{予　算：} & \begin{bmatrix} \text{下限：} & 3\,000\,\text{円} \\ \text{上限：} & 5\,000\,\text{円} \end{bmatrix} \end{bmatrix}$$

テキストや音声と共に画像入力やポインティングを用いるシステムの場合，入力理解部で情報の統合が行われ，対話行為の中に，それらの情報が含まれる。

属性値に表れるシンボル (「居酒屋」,「3 000 円」など) は，対話システムが扱う意味空間上の点や領域を表す。これを**コンセプト** (concept) と呼ぶ。意味空間とは，そのシステムが扱うことができるデータの集合で，データベース検索システムであれば，そのデータベースに入れることができるすべてのエントリの集合となる。レストランの地図上の位置など，物理空間と結びついている場合もある。意味空間とコンセプトの集合は，対話システムの各モジュールにおいて共通に用いられなくてはならない。したがって，対話システムを作るとき

---

† フレームで表した入力理解結果を**意味フレーム** (semantic frame) と呼ぶこともある。本書では対話行為に統一する。

には，内部状態をどのように構成するかと同時に，意味空間とコンセプトの集合を決めておく必要がある。

コンセプトと言語表現は1対1の対応関係にある必要はない。「イタリアン」「イタリア料理店」などさまざまな言語表現を一つの[イタリア料理店]というコンセプトで表すことで，さまざまな言語表現に対応することができる。

コンセプト間の関係を定義したものは**オントロジ**(ontology)と呼ばれる。例えば[イタリア料理店]というジャンルのレストランがすべて[レストラン]というジャンルに含まれるとすると，[レストラン]と[イタリア料理店]は親子関係（is-a関係という）にあるといえる。オントロジは，対話システム内の各モジュールで共通に用いられる。また，オントロジは対話システムが連携しているデータベースや外部サービスでも用いられている場合があり，対話システムと外部サービスでオントロジを共有するか，双方のオントロジの変換規則を作る必要がある。**図 3.3** にオントロジ間の対応の例を示す。オントロジの構造は同じとは限らず，対応するコンセプトがない場合もあり得る。その場合には，近いコンセプトで代用するなどの処理が必要になる。

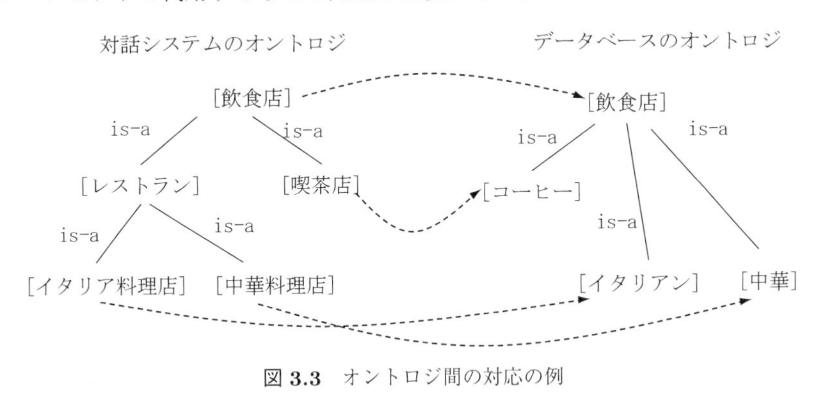

図 3.3　オントロジ間の対応の例

入力理解部が対話行為に変換するのは，ユーザの一つの発話である。2.2.5項で述べたように，何をもって一つの発話(発話単位)と考えるかは難しい。キーボード対話システムでは実行キーが押されたことをもって発話の終点と考えることができるが，その場合の入力に何個の発話があるのかはあらかじめわかっているわけではない。しかし，処理を進めるためには入力を発話単位に分割し，その理解結果を出力する必要がある。規則や統計モデルを用いて入力を発話単位に分割する場合[192)]もあれば，実行キーを押したり，ポーズを置いたりした時点までの入力を必ず一発話単位とみなす場合もある。

まとめると，入力理解部はキーボードから入力されたテキスト，マイクからの音声入力の認識結果，カメラからの画像入力の認識結果，ポインティングデバイスなどの入力を個々に，または統合して扱い，発話という単位を認定し，それを対話行為に変換する。

対話管理部 (dialogue management module)（**対話制御部** (dialogue control module) とも呼ばれる）は入力理解部からユーザの対話行為を受け取り，それをもとに内部状態を更新する。この処理は，**内部状態更新** (internal state update)[†1] と呼ばれる。また，内部状態を参照し，システムがどのような行動をするべきかを決定し，対話行為の形で出力生成部に送る。この処理は**行動選択** (action selection)，**発話選択** (utterance selection)，**内容生成** (content generation) などと呼ばれる[†2]。

意図理解や談話理解などの用語には「理解」という言葉が含まれているため，入力理解との区別が曖昧になりがちである。本書では，入力理解は，一つの発話を理解することを指し，意図理解や談話理解は複数の発話を理解することを指す。当然，ユーザの発話が意図するものは文脈や状況に依存して変わるので，入力理解が複数の入力理解結果候補を出すようにし，意図理解部でその中から適切なものを選ぶ処理が必要になってくる。このとき，入力理解部が，理解結果の候補に**確信度**[†3](confidence) などのスコアを付与していれば，対話管理部での意図理解の精度向上に役立つ。確信度とは，その結果がどのくらい合っているかを自動推定した値である。**図 3.4** に対話システムにおけるさまざまな「理

[†1] **情報状態更新** (information state update)，**意図理解** (intention understanding)，**文脈理解** (contextual understanding)，**談話理解** (discourse understanding) などとも呼ばれる。ただし，文献によってはこれらの用語の指す処理の範囲が少し異なる場合があることに注意されたい。

[†2] 行動選択のみを対話管理や対話制御と呼ぶこともある。

[†3] **信頼度**とも呼ばれる。

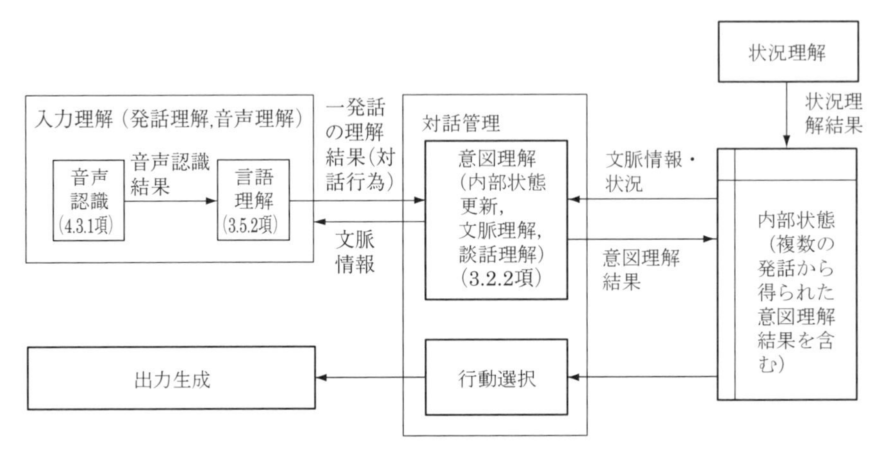

図 3.4　対話システムにおけるさまざまな「理解」の関係

解」の関係を示す。この図では音声入力のみの場合を仮定している。

出力生成部 (output generation module) はシステムの対話行為を受け取ると，それをテキスト，音声，画像，エージェントやロボットのジェスチャなどの形で生成する。自然言語生成研究では，生成の過程を伝統的に内容生成と**表層生成** (surface generation または surface realization) に分けて議論してきたが，対話システムでは，内容生成が対話管理部の行動選択処理の中で，表層生成が出力生成部の中で行われる。

タスクプランニング部 (task planning module) は，内部状態を参照し，システムが遂行すべきタスクがあるかどうかを判定し，タスクがある場合は，どのような順序で行うかを決定し，内部状態のドメインプランに書き込む。

外部連携部は，外部サービスを利用するためのモジュールである。例えば，データベース検索対話システムの場合，対話管理部が，データベースにアクセスして情報をとってくる必要があるが，その仲介を行うのが，外部連携部である。データベースアクセス以外にも，インターネット上のサービスとの連携などを行う。このような，対話システムが提供するサービスを行う部分を**バックエンド** (back end) と呼ぶことがある。

状況理解部 (situation understanding module)† は，対話システムやユーザ

† **環境理解部** (environment understanding module) とも呼ばれる。

の置かれている状況を理解し，内部状態に書き込む。例えば，対話ロボットの場合，ロボットと人間の位置や姿勢などが書き込まれる。入力理解部がユーザの行動をイベントとして検出し理解するのに対して，状況理解部は定期的に状況を観測して理解する。画像認識結果でも，ジェスチャのようなイベントは入力理解部で処理し，人の位置のように常時センシングが必要なものは状況理解部で処理する。

これらのモジュールは並行動作させる場合がある。例えば，音声出力を行う場合，システムが発話する際に一定の時間がかかる。その途中でユーザからの入力があった際にそれを理解するためには，入力理解部と出力生成部は並行動作していなくてはならない。また，状況理解部が常時状況を観測し理解するためには，ほかのモジュールの処理の遅延の影響を受けてはいけないので，ほかのモジュールと独立に動作していなくてはならない。

一般的には，入力理解部，対話管理部，出力生成部の順に情報が流れるが，そのほかのモジュール間通信を行うこともある。対話管理部が入力理解部に，文脈情報を送ることで，入力理解の精度向上に役立てることができる。また，出力生成部から対話管理部に出力生成の途中状態を送ることで，システム発話が実際に再生された区間の情報を保持できる。出力生成部から入力理解部に出力生成の途中状態を送ることで，システム発話のどの単語に対してユーザが反応したのかを推察できる。

3.2　対話管理の基礎概念

2章では，人間どうしの対話の分析に基づいた対話のモデルについて述べた。対話システムの対話管理部を構築する際に，対話のモデルのどれかをそのまま用いて対話システムを構築することはない。これにはいくつかの理由がある。一つには，対話のモデルが，対話を人間が理解した結果をもとに作られており，音声認識の誤り，言語理解の曖昧性，機械が常識的知識を持っていないために十分な推論ができないことなどの問題を無視している場合が多いからである。

さらに，対話のモデルは人間のような対話が行えるようになるためのモデルであるが，実際の対話システムは人間とまったく同じように対話ができなくても，人間の役に立てばよい。そのような前提に立ち，システム開発や維持管理のコストを最小限に抑えることも重要である。

しかしながら，今日の対話システムの対話管理部は，少なくとも概念的なレベルでは，対話のモデルをベースに構築されている。本節では，対話のモデルになるべく沿った，汎用的な対話管理の基礎概念について述べ，対話システムのタスクや形態に応じた具体的な実装の方法については，3.3 節以降で解説する。具体的な実装方法について早く知りたい読者は，本節を飛ばして 3.3 節以降に進んでも構わない。

以下では，対話システムの内部状態に何が保持されているかを述べたのち，内部状態更新処理と行動選択処理について説明する。

3.2.1　内部状態が保持する情報

内部状態には，**表 3.1** のような情報が保持され得る。しかしながら，これらのすべてが用いられるわけではなく，構築しようとしているシステムに応じて，この中の一部の情報のみを用いる。

一例として，スマートフォン上のレストラン情報提供システムが，つぎのような対話を行ったとする。

U1:　スペイン料理店を探して
S1:　スペイン料理店ですね。場所はどのあたりですか
U2:　新宿
S2:　新宿ですね

S2 の段階で内部状態にはどのような情報が蓄えられるかを考える。**図 3.5** に，以下で説明する情報の一部を示す。

まず，対話の履歴には，U1，S1，U2，S2 の対話行為が入る。つぎに，ユーザ意図理解結果には，ユーザの探したいレストランに関する以下のような情報

表 3.1 内部状態が保持する情報

対話の履歴	ユーザの入力とその理解結果およびシステムの出力の履歴
ユーザ意図理解結果	その時点までの対話から推定されたユーザの意図
基盤化状態	ユーザの意図の理解結果やシステムがユーザに伝達しようとしている情報の基盤化の状態 (2.3 節参照)
システム目標	システムが達成すべき状態 (2.4.1 項参照)
システムのドメインプラン	システム目標を達成するためのタスク系列 (2.4.1 項参照)
システムの談話目標	システムが対話によってどのような状態を達成しようとしているか (2.4.1 項参照)
システムの談話プラン	システムの談話目標を達成するためのシステムの対話行為列 (2.4.1 項参照)
談話義務	直前のユーザ発話に対する応答の義務 (2.4.3 項参照)
注意状態	談話セグメントと各セグメントに現れる談話要素 (2.2.2 項参照)
環境情報	システムとユーザの位置や姿勢などの情報，対話の中で言及され得る物体の形状・色・位置などの情報，時刻や天気などシステムとユーザの周りの環境の情報など
外部連携部へのアクセスの結果	データベースや外部のサービスにアクセスして得た情報

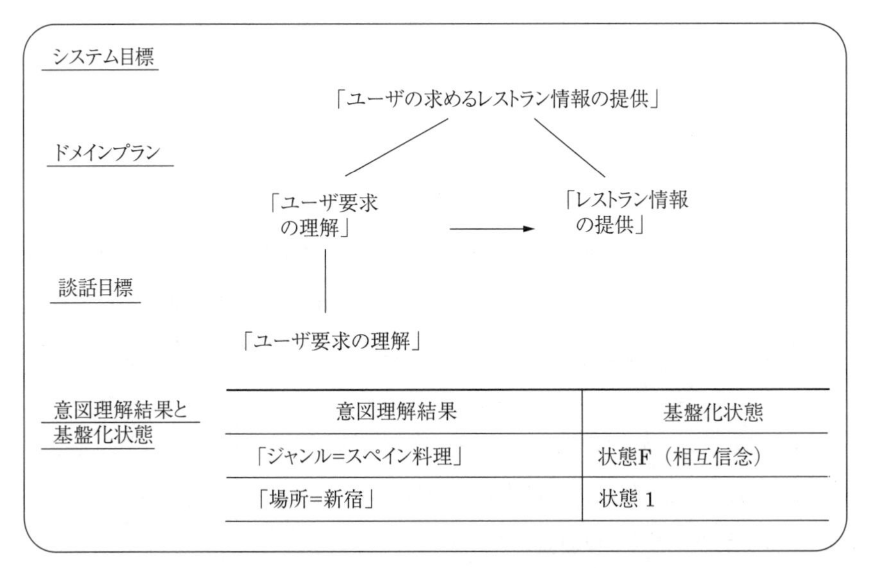

図 3.5 内部状態のスナップショット。状態 F, 状態 1 は，2.3.3 項で説明した基盤化の有限状態モデルにおける状態名である。

が入る[†]。

「ジャンル＝スペイン料理」「エリア＝新宿」

基盤化状態には，ユーザ意図理解結果に含まれている情報や，システムがユーザに伝達しようとしている情報が，基盤化プロセスのどの状態かが書かれる。「ジャンル＝スペイン料理」は，U2の時点で（ユーザが訂正しなかったために）基盤化されたと考えられる。「エリア＝新宿」に関しては，確認要求を行った段階なので，表2.4に示した基盤化の有限状態モデルの状態1である。

システム目標は，レストラン情報提供の場合,「ユーザの求めるレストラン情報の提供」に固定してよい。システム目標を達成するドメインプランは,「ユーザの要求を理解する」「レストラン情報を提供する」からなるとする。現在行っている対話は,「ユーザの要求理解」を遂行するためのものであり，これによって達成しようとしている目標は「ユーザの要求を理解すること」である。このように対話によって達成しようとしている目標のことを**談話目標** (discourse goal) と呼ぶ。談話目標はシステム目標の下位目標である。談話目標は2.2.2項で述べた談話セグメント目的とほぼ同じものと考えてよい。この対話においては，この談話目標を達成するための長期的なプランはたてなくてもよいので，談話プランは空である。

U2の発話のあとには，それに対して応答しなくてはならない談話義務があったが，S2で解消されているため，談話義務も空である。

この対話には副対話（2.2.2項）はないので，注意状態のスタックは1段の焦点空間のみである。「新宿」「スペイン料理」などがその焦点空間に入っており，これ以降の対話から参照可能である。例えば,「そこはやめて池袋」という発話の「そこ」で「新宿」を参照できる。

環境情報には，例えばスマートフォンのGPSデータから得られた位置情報などが入る。上記の対話例では用いていないが,「近くのイタリア料理店」などの要求を解釈するのに利用可能である。

---

† このシステムでは，ユーザの要求のタイプはレストラン検索であることが自明なので，記述を省略した。

3.2.2　内部状態更新処理

内部状態の更新処理は，つぎのような処理からなる。

(a)　対話履歴の更新　　(b)　参照解決
(c)　意図理解結果の更新　　(d)　基盤化状態の更新
(e)　注意状態の更新　　(f)　談話義務の更新

これらを順に説明する。

(a)　対話履歴の更新　ユーザ入力の理解結果を対話の履歴に加える。

(b)　参照解決　ユーザ入力の理解結果に事物を参照する表現（**参照表現** (referring expression)) があった場合，参照対象を求める。参照表現には記述表現，直示表現，照応表現の 3 種類がある[98)]。記述表現は「机の上の箱」のように事物の特徴や場所を示す表現，直示表現は，指差しなどの動作を行いながら「それ」というような表現，照応表現は，対話の文脈に出現した事物を指す「それ」などの表現を含む。照応表現には，格要素の省略（ゼロ代名詞）も含まれる。

参照表現が何を指しているか（**参照対象** (referent)）を決定することを**参照解決** (reference resolution) と呼ぶ。参照対象は，照応表現の場合は焦点空間スタック（2.2.2 項参照）にある。また，記述表現や直示表現の場合は，環境情報の中にある。

参照解決に関してはさまざまな研究があるが，実際に動いている対話システムで参照解決を行っているものは少ない。特に音声対話システムにおいては，複雑な言語表現の音声認識がまだ難しいこともあり，参照解決はほかの問題に比べて重要度が低いと考えられているからである。

なお，システムによっては，参照表現のうち直示表現のみを扱うものがある。そのようなシステムでは，入力理解部で直示表現の参照解決を行う場合もある (4.3.2 項)。

(c)　意図理解結果の更新　ユーザ意図理解結果を参照し，それとユーザ入力の理解結果を合わせて，ユーザ意図理解結果を更新する。例えば，つぎの対話を考える。

U1:　メキシコ料理店を探して
S1:　エリアをいってください
U2:　浅草

U1 のあと，意図理解結果は

「ジャンル=メキシコ料理」

となり，U2 のあと

「ジャンル=メキシコ料理」「エリア=浅草」

となる。このように対話が進むに従って，意図理解結果が更新されていく。

U1:　スペイン料理店を探して
S1:　イタリア料理店ですね。場所はどのあたりですか
U2:　いや，スペイン料理

のように音声認識誤りがあった場合には，U1 のあとの意図理解結果は

「ジャンル=イタリア料理」

だったのが，U2 のあとには

「ジャンル=スペイン料理」

に変わる。このように新しい情報で上書きされることもある。

どのように意図理解結果を更新するかは，ユーザ入力の理解結果だけではなく，システム出力にも依存する。

U1:　新宿のスペイン料理店を探して
S1:　新宿のスペイン料理店ですね。予算の上限はどのくらいですか？
U2:　4 000 円

というやり取りの U2 は金額をいっているだけなので，この対話行為タイプは「金額への言及」のようなものになる。この意図理解結果が

「ジャンル=メキシコ料理」「予算上限=4 000 円」

となり

「ジャンル＝メキシコ料理」「予算下限＝4 000 円」

にならないのは，システムが「上限はいくらですか？」と聞いているからである。したがって，意図理解結果の更新はユーザ入力の理解結果だけではなく，対話の履歴にも依存して行わなければならない。

（d） 基盤化状態の更新 基盤化状態は，入力理解結果と，意図理解結果，対話の履歴に基づき，2.3.3 項の基盤化プロセスに従って更新される。

U1: 新宿のスペイン料理店を探して
S1: 新宿のスペイン料理店ですね。予算の上限はどのくらいですか？
U2: 4 000 円

において，ユーザは，「新宿のスペイン料理店ですね」に対して訂正をしていない。そこで，意図理解結果中の「エリア＝新宿」「ジャンル＝スペイン料理」の部分は相互信念になったと考えられるので，そのように内部状態中の基盤化状態を更新する。

（e） 注意状態の更新 談話セグメントの終了，新しい談話セグメントの開始などを判断し，注意状態を変更する (2.2.2 項)。2.2.2 項で触れたように，対話システムでは，注意状態は対話のモデルのものを簡略化して用いる。

つぎの対話例を考えよう。

U1: スペイン料理店を探して
S1: スペイン料理店ですね。場所はどのあたりですか?
U2: ここから一番近い駅はどこ？
S2: ここから一番近い駅は神保町です
U3: ではそこ
S3: 神保町のスペイン料理ですね

この例では，U2-U3 が副対話になっていると考えられる。S1 までは，一つの焦点空間（FS1 とする）のみが注意状態 (焦点空間スタック) にある（図 2.2 参照)。U2 を理解した際，対話管理部はそれまでの意図理解結果や注意状態と U2 の理解結果をあわせて副対話の開始を検出する。これには，あらかじめ用意しておく副対話開始検出規則を用いる。そして，新しい焦点空間 FS2 を焦点空間スタックにプッシュする。U3で副対話終了検出規則を適用して副対話の終了を判定し，FS2をポップする。

（f）談話義務の更新　ユーザ発話の意図理解結果から談話義務が発生するかどうかを調べ，発生していれば，内部状態に蓄える。これには，あらかじめ用意しておく談話義務認定規則を用いる。以下の例を考える。

U1:　神保町のスペイン料理
S1:　神保町のスペイン料理店は5軒あります。一番近いのは〜です
U2:　もう一度いって
S2:　神保町のスペイン料理店は5軒あります。一番近いのは〜です

U2の理解結果は，

[対話行為タイプ：　繰返し要求]

となるが，談話義務認定規則が「繰返し要求」から談話義務「繰返し」が発生すると認定すれば，「繰返し」が談話義務に入れられる。

3.2.3 行動選択処理

行動選択処理は，つぎのような処理からなる。

(g)　システム目標の決定
(h)　システムドメインプランの決定
(i)　外部連携部へのアクセス
(j)　システム談話目標の決定
(k)　システム談話プランの決定
(l)　行動出力
(m)　行動選択処理後の対話履歴の更新

これらを順に説明する。

（g）システム目標の決定　ユーザ意図理解結果と基盤化状態に基づき，システムの目標を決定する。レストラン検索システムのような単一のタスクを行うシステムでは，ユーザが知りたいレストランの情報を提供することがつねにシステム目標であるが，レストランの検索も予約も行うようなシステムでは，ユーザがどちらを要求したかによって，システム目標も変わってくる。

（h）システムドメインプランの決定　システム目標を達成するために，ど

のようなタスクをどのような順序で行えばよいかを決定する。プランニング技術を用いることも考えられるが，ドメイン目標ごとにあらかじめドメインプランを保持している場合が多い。例えば，レストラン検索の場合，「ユーザの検索要求を理解する」「ユーザの要求どおりのレストランを探す」「検索結果をユーザに提示する」というプランが立てられるが，これを対話中に計算するのではなく，あらかじめ決めておく。

（i）外部連携部へのアクセス　必要に応じて外部連携部にアクセスして情報を取得する。レストラン検索システムの場合，ユーザの要求を理解し，データベースを検索するのに十分な情報が得られたと判断すると，意図理解結果を外部連携部に送って，実際にデータベースを検索する。そして，何件ヒットするかを調べ，ヒット数が十分少ない場合はそれらのレストランの詳細情報を入手したりする。

（j）システム談話目標の決定　ドメインプランの先頭のタスクが対話によって遂行すべきものの場合，遂行後の状態をシステムの談話目標とする。

（k）システム談話プランの決定　システムの談話目標を達成するための行動系列を決定する。複数の発話からなる長期プランを立てる場合と，つぎの行動だけを決定する場合がある。

レストランの検索要求理解のように，ユーザの意図理解が目標の場合には，意図理解結果，基盤化状態，談話義務などをもとに，どのような発話をすべきかを決定する。談話義務があればそれを遂行し，基盤化が不十分な情報については，確認要求を行うといった行動を決定する必要がある。

情報を提供することが目標の場合は，どのような順序で情報を提供するかというプランを立てる。例えば，まずデータベース検索でヒットした件数を伝え，つぎに最もユーザレビューの高いレストランを伝える，といったプランが決定される。すでに一度立てたプランがあり，それを遂行しているときには，状況が変化してプランを見直すべきかどうか判断しなくてはならない。伝達した情報が基盤化されているかどうかを確認する必要がある場合や，談話義務が発生した場合などには，対処する必要がある。

(l)　行 動 出 力　　システムの談話プランの最初の行動を取り出して出力する。

(m)　対話履歴の更新　　システムの行動を出力生成部に送ったあと，出力生成部と通信し，行動が成功したかどうかをモニタし，成功した場合に対話履歴に追加する。単純なテキスト表示のように，成功することが明らかな場合は，モニタする必要はない。

3.2.4　内部状態更新処理・行動選択処理が駆動されるタイミング

ここでは，上記の二つの処理がいつ駆動されるかを述べる。内部状態更新処理が駆動されるのは，多くの場合入力理解部から理解結果が送られてきたときである。テキスト入力ならば，実行キーが押されて，テキストが入力理解部に送られてその理解が終了したときである。音声入力なら発話単位（2.2.5 項）が終了して，発話理解結果が得られたときとなる。ジェスチャ入力の場合，ひとまとまりのジェスチャが認識され，その意味が理解されたときになる。しかしながら，理解結果が得られてから内部状態を更新して行動すると，ユーザの入力が終了するまで反応ができない。ユーザの入力中にも理解を進めることで，ユーザ入力の途中でも応答できる。そのためには，入力理解部が入力を逐次的に理解し，途中の理解結果を対話管理部に送り，内部状態を暫定的に更新する必要がある。これを**逐次理解**または**漸次的理解** (incremental understanding) と呼ぶ[245),259)]。しかし，現状では，実サービスに用いられている対話システムで逐次理解を行うものはほとんどない。これは，入力理解の精度が十分ではないため，早く理解して応答するよりも，発話が終了してからより確実に応答するほうが望ましいからである。今後入力理解の精度が向上し，より人間らしいインタラクションが求められれば，実サービスで逐次理解を行うシステムも作られていくと思われる。

行動選択処理は，内部状態更新処理が終わったことをトリガとして駆動されることが多い。これによりユーザの入力に反応できる。しかしながら，説明型のタスク (1.2 節) を行うシステムでは，ユーザが特段反応しなくてもつぎつぎと説明を行っていく必要がある。この場合，ユーザの入力ではなく，自分の発話が終わったあと，短い時間が経過するとつぎの発話を始める。そのためには，行動選択処理は，内部状態更新処理の終了時だけ駆動されるのではなく，時間の経過を測るようなプロセスがあり，それによって駆動されなければならない。また，対話ロボットなど，画像センサなどで状況を理解しているシステムの場合，状況の変化をトリガとして，システム側からユーザに情報を提供することがある。例えばユーザが近づいてきたら話しかけるようなシステムでは，定期的に (例えば 100 ミリ秒の周期で) 行動選択処理を駆動し，発話するかどうかを決める必要がある。

また，行動選択処理が駆動されるタイミングは，2.2.4 項で述べた話者交替とも密接な関係がある。柔軟な話者交替を対話システムに行わせる方法については，5.4 節，5.5 節で述べる。

説明対話システムなどが，長い文を一気に話してしまうと，ユーザが理解しにくいという問題や，ユーザからのフィードバックを得にくいという問題がある。そのため，文より短い単位で文が生成できるように細かい情報を行動選択処理に順次送る方法がある。これは**逐次生成**または**漸次的生成** (incremental generation) と呼ばれている[78)]。

3.3　対話管理の基礎的な手法

前節では，汎用的な対話管理部の構成や内部状態が保持する情報を概念レベルで述べたが，上述したように，実際に対話システムを作る際には，必ずしもすべての機能を入れる必要はない。対話管理部に必要最小限の機能のみを持たせることで，開発コストを低減し，メンテナンスを容易にしたほうがよい。本節では，実際の対話システム構築に使われる手法やデータ構造を説明する。

3.3.1　ネットワークモデルに基づく対話管理

最も単純な対話管理手法として，**ネットワークモデル** (network model)[†]に基

† **有限状態オートマトンモデル** (finite-state automaton model) とも呼ぶ。

づく手法が用いられている。この方法では，内部状態を有限状態オートマトンの状態の一つと，いくつかの属性で表す。そして，内部状態更新は，対話行為タイプに応じて有限状態オートマトンのある状態から別の状態に移る処理であるとする。各状態ごとにどのような行動を出力するかはあらかじめ決まっていて，行動選択は現在の状態にひも付けられている対話行為タイプの行動を出力する。また，状態によっては，行動を出力する前に，外部連携部にアクセスし，その結果を保持する必要がある。

これを図示するとネットワークの形になる。**図 3.6** に一例として，レストランの予約を行うシステムのネットワークモデルに基づく対話管理を示す。長方形はノードを，矢印はユーザ対話行為タイプに応じた状態の遷移を表し，ノードの中にあるのがシステム対話行為タイプである。図には属性は記述していないが，ユーザの対話行為の属性が内部状態に記録され，それに基づきデータベース検索が行われる。

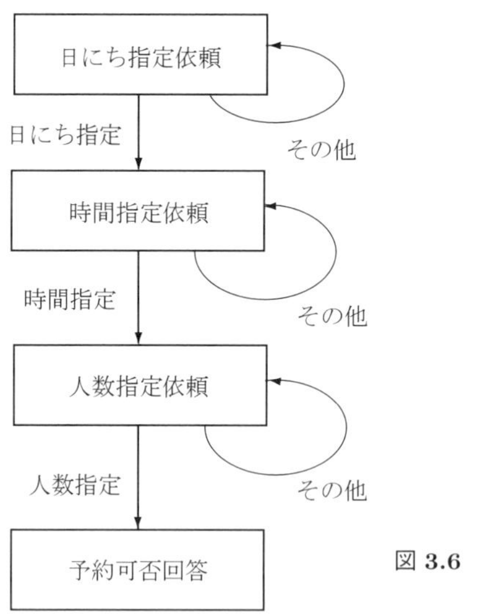

図 3.6　ネットワークモデルに基づく対話管理

このネットワークを用いた対話管理により，つぎのような対話を行うことができる。

S1:　日にちを指定してください（対話行為タイプ：日にち指定依頼）
U1:　来週の火曜日です（対話行為タイプ：日にち指定）
S2:　ご来店は何時ですか（対話行為タイプ：時間指定依頼）
U2:　7 時です（対話行為タイプ：時間指定）
S3:　人数をおっしゃってください（対話行為タイプ：人数指定依頼）
U3:　3 人です（対話行為タイプ：人数指定）
S4:　来週の火曜日，7 時から，3 人ですね。確かに承りました（対話行為タイプ：予約可否回答）

この方法で，表 3.1 にあげた情報がどのように表現されるのかを見てみよう。ユーザ意図理解結果は属性として表現される。ドメインプラン，談話プランは，ネットワークの形で表現されている。上記の例では，日にち，時間，人数を順に聞いて予約可否を回答するというプランがネットワークにあらかじめ組み込まれている。システムの目標，談話目標は，陽には表現されていないが，ネットワークに沿って対話を進めることで，目標状態に達すると考えることができる。外部連携部へのアクセスの結果は属性の一つとして保存される。

上記の例では，ユーザの発話内容はかならず正しく理解されると仮定している。しかしながら，実際には理解誤りが起こり得る。確実に正しく理解する必要のある場合には，ユーザに確認をとる必要がある。これは 2.3.3 項の基盤化のプロセスであるが，現状の対話システムでは，表 2.4 のような複雑なモデルは用いられず，(1) 未確認，(2) 確認要求済み，(3) 確認済み（基盤化済み）の 3 状態のみを扱う場合が多い。これをネットワークモデルで扱うには，**図 3.7** のようなネットワークにすればよい。

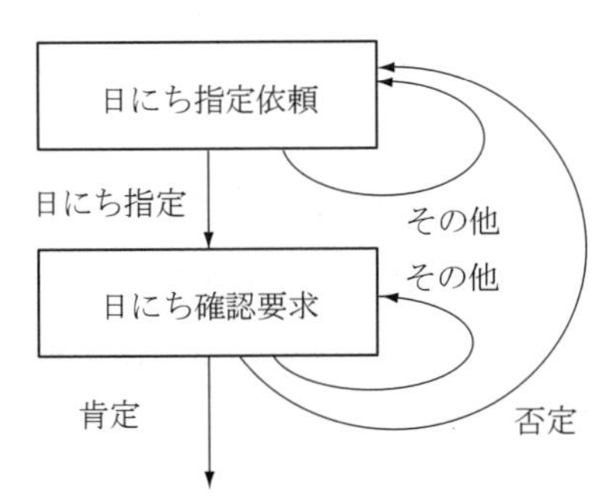

図 3.7　ネットワークモデルに基づく対話管理における基盤化

ユーザ意図にあるすべての属性について，上記と同じような基盤化プロセスをネットワークで表現すると，ネットワークが複雑になる。それを避けるため，基盤化プロセスを特定の属性によらない抽象的な手続きにしておき，属性値が得られるたびに基盤化プロセスを起動するようにする方法もある[127)]。

ネットワークに基づく対話管理の利点は，対話管理のプログラムが非常に簡単であり，メンテナンスがしやすいことにある。システムがうまく動かないときに，どこに問題があるのかが特定しやすい。そのため，実用システムで多く用いられてきた。この方法は 3.4 節で述べるシステム主導の対話システムを構築するのに向いている。

この方法には欠点もある。システムが扱うタスクが複雑なときや，各状態で，さまざまな種類のユーザ発話を許す場合（3.4 節でのユーザ主導）の場合にネットワークが複雑になりすぎる。したがって，この方法は比較的単純なタスクを行うシステムに向いている。

3.3.2　フレームに基づく対話管理

ネットワークモデルに基づく対話管理より柔軟な対話管理手法として，内部状態をフレームで表現する方法がある[30)]。これを**フレームに基づく対話管理** (frame-based dialogue management) と呼ぶ。このフレームは 3.1 節で対話行為を表現するために用いたフレームと同じデータ構造であり，属性名と属性値のペアの集合からなる。属性名と属性のペアを**スロット** (slot) と呼ぶことがあり，属性名，属性値のこともスロット名，スロット値と呼ぶことがある。フレームに基づく対話管理は，スロット値を埋めていくことで行われるため，**スロットフィリング** (slot filling) と呼ばれることがある。

フレームは一般的なデータ構造なので，内部状態に保持されるさまざまな情報を表現できるが，まず簡単のために，ユーザ意図のみを表現する例を考える。例えば，レストラン検索システムとユーザとの以下のような対話を考えよう。

U1:　新宿のレストラン探して
S1:　料理のジャンルや予算をおっしゃってください

このときのユーザ意図をフレームで表現した例を以下に示す。

$$
\left[\begin{array}{ll}
\text{ユーザ意図：} & \left[\begin{array}{ll}
\text{エリア：} & \text{新宿} \\
\text{ジャンル：} & \text{未指定} \\
\text{予算：} & \left[\begin{array}{ll}
\text{下限：} & \text{未指定} \\
\text{上限：} & \text{未指定}
\end{array}\right]
\end{array}\right]
\end{array}\right]
$$

内部状態更新は，ユーザ発話の対話行為表現に基づいてフレームを更新する処理となる。これは，対話行為タイプごとに用意された規則を用いて行う。例えば，つぎのユーザの発話が「予算は3000円以上」で，それから以下の対話行為が得られたとする。

$$
\left[\begin{array}{ll}
\text{対話行為タイプ：} & \text{予算の下限指定} \\
\text{予算：} & \left[\begin{array}{ll}
\text{下限：} & \text{3000円}
\end{array}\right]
\end{array}\right]
$$

そして，以下のような規則があったとする。

```
if
    <ユーザ対話行為, 対話行為タイプ> = 予算の下限指定
then
    set(<内部状態, ユーザ意図, 予算, 下限>
        <ユーザ対話行為, 予算, 下限>)
```

ここで<A,B>は，AのB属性の値を意味し，<A,B,C>は，AのB属性の値のC属性の値を意味する（四つ組以上も同様）。すると，内部状態は

$$
\left[\begin{array}{ll}
\text{ユーザ意図：} & \left[\begin{array}{ll}
\text{エリア：} & \text{新宿} \\
\text{ジャンル：} & \text{未指定} \\
\text{予算：} & \left[\begin{array}{ll}
\text{下限：} & \text{3000円} \\
\text{上限：} & \text{未指定}
\end{array}\right]
\end{array}\right]
\end{array}\right]
$$

となる。

内部状態更新の際に，常識的推論を同時に行うことがある。例えば，対話の行われている日時をもとに，「来週の水曜日」というスロット値を日付に変えるような操作である。このような操作を規則の形で書くのが難しいときは，別途用意したプログラムで行う。

行動選択は，内部状態がある条件を満たすとき，どのような対話行為を出力するかを記述した規則を用いて行う。以下に例を示す。

```
if
    <内部状態, ユーザ意図, 予算, 上限> = 未指定
then
    output [対話行為タイプ: 予算上限指定依頼]
```

これは，予算の上限が未指定であれば，予算の上限をユーザに指定してもらうように依頼する発話を生成するという規則である。これにより，「予算の上限はいくらですか？」のような発話が生成される。このような，状態から行動を決める規則は，人工知能で**プロダクション規則** (production rule)† と呼ばれている[161)]。

一つの内部状態に対して適用可能な規則が複数あり得るので，そのうちどれを選ぶかによって対話が変わってくる。あらかじめ優先度を決めておき，優先度の高い順に適用を試みるのが一般的であるが，対話の履歴などに応じて適応的に優先度を変更する方法も研究されている (5.2 節)。

ネットワークモデルと比較した場合，フレームに基づく対話管理のほうが自由度の高い対話の実現に向いている。まず，内部状態の更新処理を考えると，フレームに基づく対話管理では，どのような内部状態でもあらゆる対話行為が入力されることを想定した処理が記述しやすい。例えば，いったんエリアを入力したあとで，もう一度エリアが入力された場合の処理などが簡単に記述できる。

† プロダクション規則を用いて行動を決定することを**即応プランニング** (reactive planning) と呼ぶ。即応プランニングを行うエージェントは**即応エージェント** (reactive agent) と呼ばれる (2.4.4 項)。

ネットワークモデルの場合は，各ノードから出るアークに書かれた対話行為タイプしか扱えない。また，ネットワークモデルの場合，一つのノードでは一つのタイプの行動しか出力できない。フレームに基づく対話管理の場合には，行動選択の規則は内部状態全体の内容に基づいて適用可能かどうかを決めることができる。

つぎに，このフレームに基づく対話管理で基盤化をどう行うかを考える。基盤化状態をフレームの中で表現するには，ユーザ意図の一つ一つの情報に対してそれがどのような状態にあるかを表現すればよい。以下にフレームで基盤化状態を表現した例を示す（簡単のために予算は省略した）。

$$
\begin{bmatrix}
\text{ユーザ意図：} & \begin{bmatrix} \text{エリア：} & \text{新宿} \\ \text{ジャンル：} & \text{イタリア料理} \end{bmatrix} \\
\text{基盤化状態：} & \begin{bmatrix} \text{エリア：} & \text{確認済み} \\ \text{ジャンル：} & \text{未確認} \end{bmatrix}
\end{bmatrix}
$$

これに対し以下のような規則を適用する。

```
if
    <内部状態, ユーザ意図, ジャンル> ≠ 未指定
    and <内部状態, 基盤化状態, ジャンル> = 未確認
then
    output [対話行為タイプ: ジャンル確認要求
            ジャンル: <内部状態, ユーザ意図, ジャンル>]
    set(<内部状態, 基盤化状態, ジャンル>, 確認要求済み)
```

これはジャンルが指定されているのに未確認であるときに，その内容の確認をユーザに依頼するという規則である。これにより，「ジャンルはイタリアンですか？」という発話が生成されるとともに，内部状態は以下のようになる。

$$
\begin{bmatrix}
\text{ユーザ意図：} & \begin{bmatrix} \text{エリア：} & \text{新宿} \\ \text{ジャンル：} & \text{イタリア料理} \end{bmatrix} \\
\text{基盤化状態：} & \begin{bmatrix} \text{エリア：} & \text{確認済み} \\ \text{ジャンル：} & \text{確認要求済み} \end{bmatrix}
\end{bmatrix}
$$

これに対してユーザが「はい」と答えたとすると，その理解結果は

$$\begin{bmatrix} \text{対話行為タイプ：} & \text{肯定} \end{bmatrix}$$

となり，これに適用可能な以下のような規則があったとすると

```
if
    <ユーザ対話行為, 対話行為タイプ> = 肯定
    and <内部状態, 基盤化状態, ジャンル> = 確認要求済み
then
    set(<内部状態, 基盤化状態, ジャンル>, 確認済み)
```

内部状態はつぎのようになる。

$$\begin{bmatrix} \text{ユーザ意図：} & \begin{bmatrix} \text{エリア：} & \text{新宿} \\ \text{ジャンル：} & \text{イタリア料理} \end{bmatrix} \\ \text{基盤化状態：} & \begin{bmatrix} \text{エリア：} & \text{確認済み} \\ \text{ジャンル：} & \text{確認済み} \end{bmatrix} \end{bmatrix}$$

このように基盤化状態をフレームに記述することで基盤化を行う。

検索システムなどでは，基盤化が終了すれば，データベース検索を行う。データベース検索の結果も内部状態に格納する。例えば，<DB 検索結果>が DB 検索結果を参照する記号だとすると，以下の規則で，検索結果が 3 個以下であれば，検索結果をリストアップする。

```
if
    |<DB 検索結果>| <= 3
then
    output [対話行為タイプ: 検索結果伝達
            検索結果: <DB 検索結果>]
```

以上では，ユーザ意図，基盤化状態，データベース検索結果をフレームで表現したものを例示したが，フレームは表現力の高いデータ構造であるので，表 3.1 に示した情報すべてを表現することが可能である。ただ，一般的に談話プランは用いない。3.2 節で述べた汎用的な対話管理では，談話プランを立て，そ

の先頭の対話行為を出力することになっていた。フレームに基づく対話管理では，長期プランを立てる代わりに，行動選択規則を用いてつぎの発話を決定する。適用可能な規則を順次適用して発話を決定すると最終的に談話目標が達成されるように規則が作られていると仮定されている。

3.3.3 アジェンダに基づく対話管理

ドメインプランが複雑な場合，達成すべき談話目標の種類も多くなる。それらを一つのフレームで表現するとフレームが非常に複雑になってしまう。そこで，談話目標ごとにフレームを用意し，そのフレームを用いて対話管理を行うモジュールを順次駆動する方法がある。

例えば，「レストランの予約を受け付ける」というタスクが，「希望の日時を知る」「人数を知る」「禁煙喫煙の別を知る」「予約可否を伝達し確認してもらう」という四つのタスクに分割できるとしよう。そして，最初に「希望の日時を知る」タスクを遂行するため，これを談話目標として，ユーザに希望の日時を尋ねる対話を行う。この談話目標の達成は，前節で述べたフレームに基づく対話管理などで行える。このように，順次対話管理を行い，おのおのの談話目標を達成していけばよい。

しかしながら，ユーザから見れば，システムがどのようなドメインプランを持ち，どのような順番で達成しようとしているのかはわからない。したがって，以下のような発話が起こり得る。

S1:　予約の日にちはいつですか？
U1:　来週の火曜日
S2:　3 月 2 日の火曜日ですね？時間は何時ですか？
U2:　禁煙席はある？

このような場合には，ドメインプランを変更して「禁煙喫煙の別を知る」タスクを先に行い，そのあとでもう一度時間を尋ねるのがよい。そのためには，タスクの実行順序を柔軟に変える必要がある。並べ替え可能なタスクのリストを**アジェンダ** (agenda) と呼ぶ。タスクをアジェンダの形で管理する手法をアジェ

ンダに基づく対話管理 (agenda-based dialogue management) と呼ぶ[39)]。

図を用いて説明する。「レストランの予約を受け付ける」を達成するためのアジェンダが，**図 3.8** のように作られ，これを順番に達成しようとする。しかし，U2 を理解したあと，その結果が内部状態更新規則によって「禁煙喫煙の別を知る」タスクと結びつけられ，このタスクがアジェンダの先頭に移動される。その結果，アジェンダは**図 3.9** のようになる（基盤化状態は省略した）。

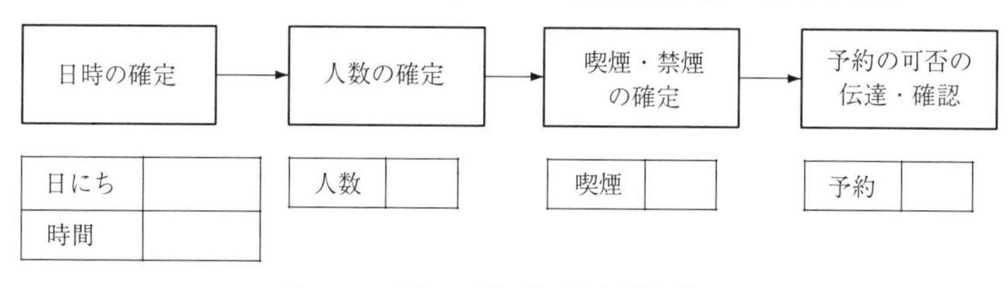

図 3.8　アジェンダに基づく対話管理 (1)

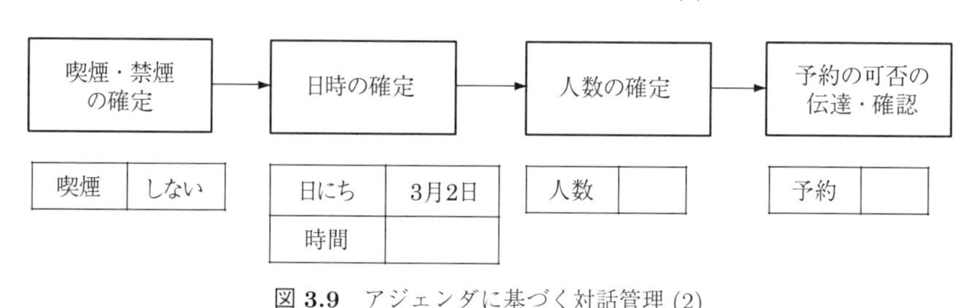

図 3.9　アジェンダに基づく対話管理 (2)

そして，以下のように対話を続けることができる。

S3:　禁煙席はあります。禁煙席でよろしいでしょうか
U3:　はい
S4:　時間をお願いします
S4:　7 時からです

3.4　対話の主導権

主導権 (initiative) を取るとは，つぎに何をするかを決めることである。対話システムにおける主導権とは，つぎに話すことを，システムあるいはユーザ

のどちらが決めるかという問題であり，対話システムを設計する際の最も基本的な要素の一つである。より表層的には,「働きかけ → 応答」という隣接ペア (2.2.3 項) のうち，働きかけの部分（第一ペア部）をどちらがおもに担っているかに相当する。主導権によって，対話システムはつぎの三つに分類できる。

- システム主導，ユーザ主導，混合主導

3.4.1 システム主導

完全なシステム主導 (system initiative) のシステムでは，原則として，つぎにユーザがいうべきことをつねにシステムが指定し，また指定したことしか理解しない†。対話システムではないが，荷物の再配達など，電話機のプッシュボタン操作で利用する音声案内サービスは，システム主導の典型例である。以下の対話例のように，プッシュボタン操作の代わりにユーザが音声で番号を指定するシステムを想像してほしい。それがシステム主導型の音声対話システムである。

S1: こちらは〇〇受付けシステムです。再配達をご希望の方は 1 番，オペレータをご希望の方は 2 番，とおっしゃってください
U1: いちばん
S2: 再配達を受け付けます。伝票の受付け番号の最初の 4 桁の数字を一つずつ読みあげてください
U2: いち，ごー，さん，はち
S3: いち，ごー，さん，はちですね

この例にあるように，システムがフォーム内容の入力を順に促すことで，課題達成に向けて一歩一歩対話が進む。使用するユーザの観点から見ると，GUI（グラフィカルユーザインタフェース）に相当するインタフェース設計であり，初心者でも使いやすい反面，熟練したユーザでも固定の手順を順番に踏まなければならず，効率は悪い。また，システム開発者の観点から見ると，システムの振舞いをチャート化しやすいので，システムを作るのは比較的容易であるが，フォームを順に埋めていけばよいタスク (つまり表 1.2 の抽象タスクにおけるフォームフィリング) 以外では利用できない。

† 指定していないことも理解できるとき，そのシステムはより混合主導的である。

音声入力を扱うシステムの場合，システム主導対話ではユーザは基本的にシステムの質問に対して回答することが多く，この結果システムはユーザの回答を強く予測できるため，音声認識の言語モデル (4.3.1 項) を，システムの質問に応じて事前に設定可能である。したがって，システムの質問に依存しない言語モデルで認識を行う場合よりも正確な音声認識が期待できる。

3.4.2 ユーザ主導

ユーザ主導 (user initiative) のシステムでは，つねにユーザが話す内容を決定する。つぎの対話例のように，システムはユーザの発話内容を理解したこと，あるいは理解できなかったことと，理解した要求に対する回答だけを返す†。コマンド&コントロール型システムもユーザ主導で対話が進められる。CUI（キャラクタユーザインタフェース）に相当するインタフェース設計であり，初心者には使い難い反面，熟練したユーザにとっては効率が良い。

U1:　カレンダー
S1:　カレンダーアプリを起動します
U2:　3 月 5 日の午後を表示
S2:　表示しました
U3:　予定を追加，3 時からミーティング
S3:　追加しました

音声入力を扱うシステムの場合，ユーザ主導対話では，ユーザ発話はシステムの質問への回答ではなく，この結果システムがユーザ発話の内容を予測することは容易ではないため，幅広い音声認識の語彙や文法とともに，高度な言語処理能力が必要とされる。したがって，音声認識誤りや言語理解誤りが起こる可能性は，システム主導対話よりも高い。

3.4.3 混合主導

混合主導 (mixed initiative) のシステムは，システム主導とユーザ主導の両

† システムがユーザに対して確認要求を行ったり，不足する情報を求めたりする場合は，システムからも問いかけを行うことになるため，表層的には混合主導になる。

方の特徴を備えるシステムである。混合主導型の対話は，システム主導を基本としたものと，ユーザ主導を基本としたものに大別できる。

前者は，システム主導で実現可能なタスクにおいて，ユーザに，システムの質問への単純な回答以上の発話を許すものである。例えば，システムが予約の時間を尋ねた際に，ユーザが時間に加えて禁煙席を希望することを発話した場合でも，システムはそれを受理できるように設計される。また，埋められていないスロットがある場合に，システムから質問をして残りのスロットを埋めるように促すこともできる。これらは，3.3.2 項で述べた，フレームに基づく対話管理により実現できる†。混合主導型の利点として以下が挙げられる[332)]。

- ユーザがいつでも主導権をとることができ，それによりシステム主導の固定的な対話をユーザは強いられない
- 熟練したユーザは直接的に項目を入力することができるため，対話の時間が短縮される
- 初心者の場合，システム側から誘導すれば，質問に答えることで必要な情報を入力できる

これに対してユーザ主導を基本として，システムからも質問を行うことで混合主導とすることも考えられる。以下ではこの段階について説明する。

混合主導の段階　混合主導の段階には，**表 3.2** に示す四つがある[3)]。この表では，上から順にユーザ主導の性質が強いシステム（つまりシステムからは重要な情報が発生した場合にのみ報告を行うシステム）から，完全な混合主導（つまり対話の進め方においてユーザとシステムは対等）への段階が表現されている。なお，**副対話** (sub-dialogue) とは，確認などのために，元々の対話の流

表 3.2　混合主導の段階[3)]

段階の概要	システムが実行できる内容
報告のみ	重要な情報が発生したときにのみ報告する。
副対話の開始	明確化や訂正のための副対話を開始する。
副タスクの主導	事前に定められた副タスクについては解決を主導する。
主導権の協議	ユーザと協調・協議してどちらが主導するかを決定する。

† McTear はこれを “limited mixed-initiative” と呼んでいる[235)]。

れの中に埋め込まれたやりとりである（2.2.2 項)。副タスク (sub–task) は，対話システムとユーザが取り組んでいるタスクを達成するために必要なタスクのことである。例えば，切符を購入するというタスクにおいて，行き先を伝えるのはその副タスクの一つである。

つぎの例では，途中まではユーザ主導だが (つまりシステムは報告のみを行う)，S3 においてシステムから終了時刻の確認（副対話の開始）を行っている点で，表 3.2 での 1 番目から 2 番目へと混合主導の段階が上がっている。

U1:　カレンダー
S1:　カレンダーアプリを起動します
U2:　3 月 5 日の午後を表示
S2:　表示しました
U3:　予定を追加，3 時からミーティング
S3:　予定の終了時刻は 16 時でいいですか？
U4:　いいよ。一時間前にアラームをちょうだい
S4:　登録しました。14 時にアラームを設定しました

主導権の 2 階層　　ここまでの説明では，ユーザとシステムのどちらが表層的に働きかけを始めるかで，主導権を分類してきた。これに加えて，どちらが目標達成に向けたプランを持ち，先導しているかを考える[62)]。つまりつぎの 2 階層を考える。

- タスク主導権 (task initiative)
  目標達成に向けてプランを持ち，問題解決を主導する側がこれを持つ。
- 対話主導権 (dialogue initiative)
  表層的に働きかけを行う側がこれを持つ。

対話主導権はここまでに説明した表層的な主導権に相当する。ここでは新たにタスク主導権という概念を導入する。

つまり，表層的な主導権を取って発話をしている場合には二つがある。一つ目は，大域的な，目標達成に向けた主導権を取っている場合であり，この場合タスク主導権と対話主導権の両方を取っていることになる。二つ目は，局所的な必要性のみにより表層的な主導権を取る場合であり，対話主導権のみを取っ

ていることになる。

タスク主導権と対話主導権の違いを例を用いて説明する[62]。ここで A は学生，B はそのアドバイザを想定しており，B は B1 から B3 のうちいずれかを回答するとする。

A:　卒業要件を満たすために自然言語処理を履修したいです
　　担当の教員はどなたですか？
B1:　スミス先生です
B2:　人工知能の単位を取っていないので自然言語処理は履修できません
B3:　人工知能の単位を取っていないので自然言語処理は履修できません
　　卒業要件を満たすのに分散プログラミングを履修し，自然言語処理は聴講してはどうですか

まず B1 は，A の質問への単純な回答であり，表層的にも主導権を取っていない。つぎに B2 と B3 ではいずれも，A の計画が適切でないことを指摘する副対話を開始しており，表層的には主導権を取っている。つまり対話主導権を取っている。B2 と B3 の違いは，代替案を提示しているかどうかである。B2 は適切でないことを指摘するにとどまっているが，B3 では目標達成に向けて問題解決を主導している。この B2 と B3 を区別するために，タスク主導権という概念が必要である。つまり，B2 において B は対話主導権を取っているが，タスク主導権は取っていない。B3 では，対話主導権とタスク主導権のいずれも取っていることになる。

以下に対話システムでの例を用いて，各システム発話時点での主導権の所在を例示する。これを通じてシステム構成との関連を説明する。

S1:　ご利用になる停留所名または系統番号をおっしゃってください
U1:　百万遍から
S2:　百万遍からでよろしいですか？
U2:　はい
S3:　どこの停留所でバスを降りますか？
U3:　京都駅前

まず，S1 でシステムは，具体的な一項目に関する質問ではなく，広く入力を受け付ける質問 (open-ended question) をすることで，対話主導権，タスク主

導権の両方をユーザへと渡している。つぎにS2では，ユーザ発話U1をトリガとして，システムは確認要求を行っている。これは，タスク主導権をユーザに保持させたまま，局所的に対話主導権のみを取った発話であるとみなせる。つぎのS3では，U2の発話が働きかけではないため，対話主導権は再度システム側にある。ここでタスク主導権を取らずに，「ほかに何か条件はありますか？」のような質問を行うことも可能であるが，ここではシステムはタスク主導権も取り，S3の質問を行っている。これは，システムが目的地スロットを埋めるべきという，目標達成に必要な知識（ドメインプラン）を持っていることから可能となる質問である。

このように，表層的にはシステムが質問を行っている場合でも，タスク主導権を持っているか否かで質問を分類できる。システムがタスク主導権を取れるのは，目標達成に関する知識を持っている場合である。タスクを遂行するために必要な知識の表現方法は，3.3節で述べたものが挙げられる。また，2.4節で述べたプランニングの結果もシステムにタスク主導権を持たせるのに使うことができる。

一方，対話主導権のみをシステムが取るのは，現在のユーザ発話の解釈結果など，ボトムアップな情報による場合が多い。例えば，基盤化が必要となった場合に，システムは対話主導権のみを取り，副対話を開始する。これについて詳しくは，基盤化の項（4.4.1項）で述べる。

3.5　入力理解・出力生成

本節では，入力理解部の技術と出力生成部の概要を解説したのち，すべての類型の対話システムに共通な言語理解と言語生成の技術を詳述する。

3.5.1　入力理解・出力生成の概要

入力理解部は大きく分けて入力のモダリティごとに処理を行う部分と，その結果を統合し，対話行為に変換する部分とからなる（図 **3.10**）。テキスト入力

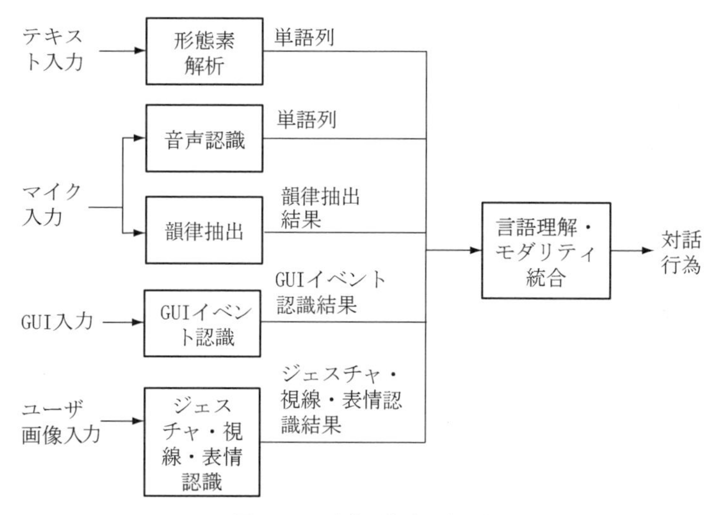

図 **3.10** 入力理解部の概要

の場合，前段で，入力を**形態素解析** (morphological analysis)†1によって単語（品詞情報付きの単語の場合もある）の列に変換する。音声入力の場合は，**音声認識** (speech recognition) を用いて入力を単語列に変換する†2。そして後段で，この単語列を対話行為に変換する。この単語列から対話行為を得る処理を**言語理解** (language understanding) と呼ぶ。

画像など，そのほかのモダリティの入力を扱う場合は，前段でモダリティごとに入力処理を行い，後段の処理で言語理解とともにモダリティ統合を行う。

出力生成部も 2 段階の処理からなる (図 **3.11**)。前段の処理を本書では**言語行動生成** (language and behavior generation) と呼ぶが，出力モダリティがテキストや音声のみの場合，**言語生成** (language generation) と呼ぶ。

本節の以降の部分では，すべての形態の対話システムに共通な，言語理解および言語行動生成部について説明する。さまざまなモダリティの対話システム

†1 対話システムで用いる形態素解析は，システムで使われる語彙を形態素解析の辞書に加える以外は，テキスト処理用の形態素解析をそのまま用いることが多い。そのため，本書では形態素解析の解説は割愛する。形態素解析の手法については，自然言語処理の教科書253),256),272)，を参照されたい。

†2 音声認識システムによっては認識結果が単語列ではなく文字列の場合がある。その場合はさらに形態素解析を行う必要がある。

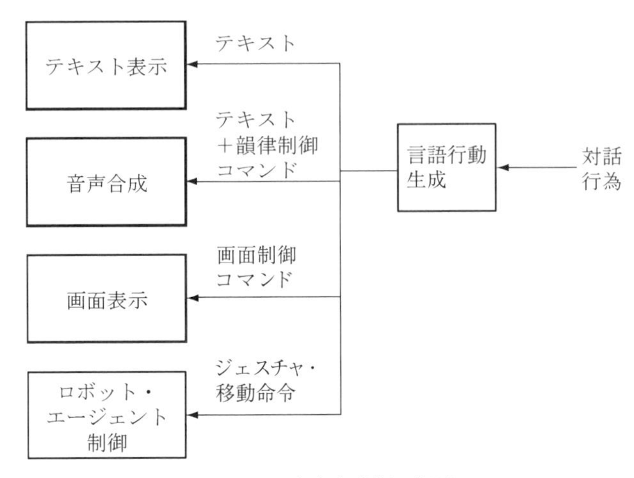

図 **3.11**　出力生成部の概要

における入力理解・出力生成については，4.3 節で述べる。

3.5.2 言　語　理　解

言語理解の方法は数多くあり，どのようなシステムを組もうとしているかに応じて，どの方法を用いるかを決めなくてはならない。本節では，対話システムに用いられる言語理解方式を説明する。

〔**1**〕 **文法に基づく言語理解**　　最も基本的な言語理解方式として，**構文意味解析** (syntactic and semantic analysis) に基づく方法がある。構文意味解析はテキスト処理で多くの研究があり，そのための文法や意味知識も整備されている（付録 A.3 節）。しかしながら，テキスト処理で用いられる，ドメインに依存しない規則を用いた構文意味解析の結果をそのまま対話システムのための対話行為として用いるのは難しい。なぜならば，対話システムはドメインに依存した形の対話行為を前提としているからである。例えば,「新宿の中華料理を教えて」という文をドメインに依存しない構文意味解析器で解析すると

$$依頼(r) \wedge 依頼内容(r,t) \wedge 教示(t) \wedge 教示内容(t,x)$$
$$\wedge 中華料理(x) \wedge 場所(x,p) \wedge 新宿(p)$$

のような意味表現が得られるが，レストラン検索対話システムの対話行為としては，以下のようなものが必要である。

対話行為タイプ：	レストラン検索要求
ジャンル：	中華料理
エリア：	新宿

この変換のための規則を構築するのは容易ではない。

そのため，構文意味解析をドメインに依存した形で行い，そのドメインに現れる表現から直接的に対話行為を計算できるようにする方法が用いられている。例えば，**図 3.12** のような構文規則を考える。

```
<レストラン検索要求>
  → <エリアを表すフレーズ>  <ジャンルを尋ねるフレーズ>
<レストラン検索要求> → <ジャンルを尋ねるフレーズ>
<ジャンルを尋ねるフレーズ>  → <ジャンル> を 教えて
<ジャンルを尋ねるフレーズ>  → <ジャンル> は どんなの が ある
<ジャンル>  → イタリア料理
<ジャンル>  → 中華料理
<エリアを表すフレーズ>  → <エリア> の
<エリアを表すフレーズ>  → <エリア> で
<エリア>  → 新宿
<エリア>  → 渋谷
(→は左辺の句が右辺の句の並びからなることを示す。)
```

図 3.12 意味文法の構文規則の例

この構文規則を用いることで

新宿 の 中華料理 を 教えて

という文に対し，**図 3.13** のような構文木を作ることができる。この構文木から意味を合成し，上記の対話行為が作られる。このような規則を**意味文法** (semantic grammar) と呼ぶ。

意味文法による言語理解は，文法が正規文法のクラスであれば，**有限状態トランスデューサ** (finite-state transducer, **FST**) によって実装が可能である。FST

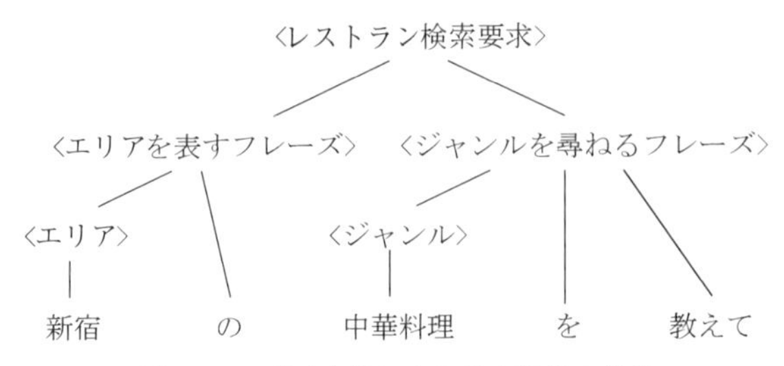

図 **3.13**　意味文法による構文解析の結果

は有限状態オートマトンのアークに入力ラベルだけではなく出力ラベルもついたものである。初期状態から，入力の単語列が入力ラベルと一致するようなパスをたどって最終状態にたどりついたとき，そのパスの出力ラベルをつなぎ合わせたものが出力となる。例えば，図 **3.14** のような FST により意味文法が表現できる。“:” の左側が入力ラベル，右側が出力ラベルである。ε は空シンボルを表し，これが入力ラベルにあれば入力シンボルがなくても遷移する。また，ε が出力ラベルにあれば無視される。

これに

　　新宿 の 中華料理 を 教えて

という単語列を入力すると

　　エリア=新宿 ジャンル=中華料理

　　対話行為タイプ=レストラン検索要求

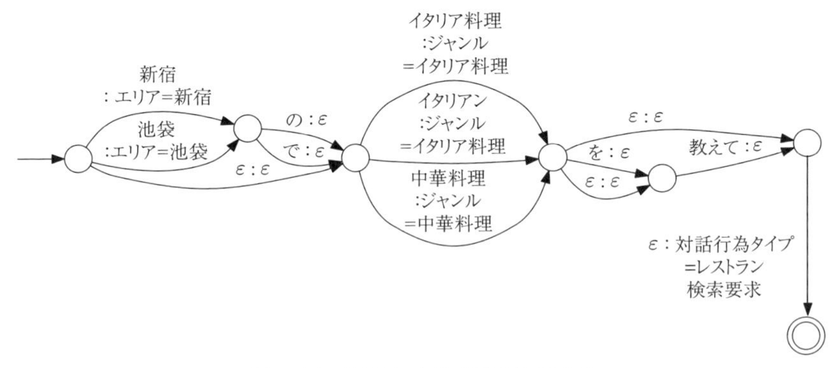

図 **3.14**　FST による意味文法の表現

という出力が得られ，対話行為が求まる。一つの入力に対して可能なパスは一つとは限らないので，複数の対話行為が得られることもある。

これらの文法に基づく言語理解の問題は，文法にマッチしない入力が扱えないことである。音声認識を用いる場合には，音声認識誤りがあり得る。また，キーボード入力でも文法的に正しくない文が入力されることがある。さらに，システムが知らない語が入力される場合もある。これらの問題に対処する言語理解方式を頑健な言語理解 (robust language understanding) と呼び，以下で説明する。

〔**2**〕 **頑健な言語理解**　大きく分けると，頑健な言語理解には，対話行為タイプの推定と属性抽出を同時に行う方法と別々に行う方法がある。以下ではこれらの方法を説明する。

（**1**） **対話行為タイプ推定と属性抽出を同時に行う方法**

① **部分解析**　部分解析 (partial parsing) は，構文意味解析を入力文全体に適用できなくても，入力文の一部に適用できればよいとするものである。いま，入力が

えーと 新宿 の 中華料理店 を 教えて くれる

だったとすると,「新宿 の 中華料理店 を 教えて」の部分が図 3.14 の意味文法パターンにマッチするので，この部分の理解結果を入力文全体の理解結果とする。これにより，パターンの前後の余分な語を無視することができる。

② **重み付き有限状態トランスデューサ**　重み付き有限状態トランスデューサ (weighted finite-state transducer, **WFST**) は，有限状態トランスデューサのアークに重みを付けたものである。入力に従って遷移するとき，アークの重みを足していき，最終状態に到達した際に，出力ラベル系列とともに累積重みを出力する。入力に対して複数のパスがあるときに，どのパスが良いのかを計算するために重みが用いられる。なお，重みがあっても単に FST と呼ぶことがある。

音声認識の誤認識や文法パターンに合わない部分があっても頑健に理解できるようにするには，入力のうちパターンに合わない部分をスキップする必要があるが，何でもスキップできるようにすると全部スキップすることになってし

まう。したがって，スキップする入力単語の数が少ないような理解結果のほうが良いスコアを得られるようにすればよい。これは，単語をスキップするたびに負の重みを加えることで実現できる。そのような文法の例を図 **3.15** に示す。ここで "/" の右側が重みであるが，重みが 0 の場合は省略している。F は入力がどんな単語でもスキップすることを示す。

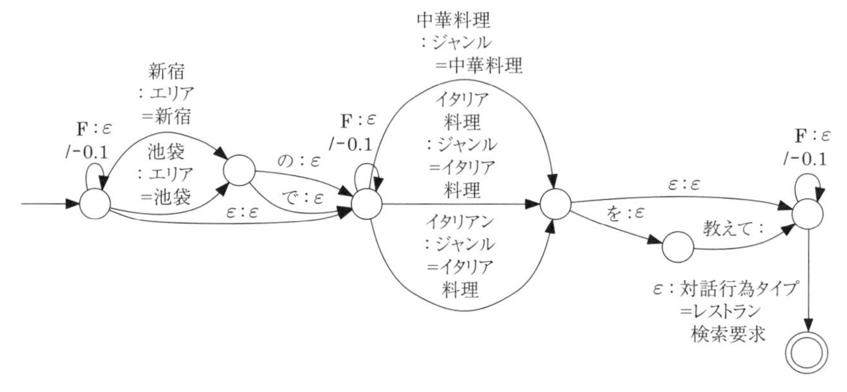

図 **3.15**　文法 FST の例

この文法 FST を用いて言語理解を行うには，入力単語列に応じて，スキップを考慮しながら，最もスコアの高いパスを探索するプログラムを書くのが一つの方法であるが，効率的な探索を容易に実現する方法として，FST の合成演算を用いる方法がある[95)]。FST の合成演算とは，入力 a を b に変換する FST f と，b を c に変換する FST g があったとき，a を c に変換する FST を f と g から合成することであり，$f \circ g$ で表す。直感的には，英語をフランス語に変換する FST とフランス語をイタリア語に変換する FST があれば，それを合成することで英語をイタリア語に直接変換する FST ができることに等しい。重み付き FST の合成の場合，二つの FST の重みが足された値が出力されるように構成される[†]。

合成演算を使って言語理解を行うには，まず，スキップを許すように入力単語列から図 **3.16** のような FST を作る。これは，入力単語のおのおのをスキッ

† FST の合成を行うツールは公開されているものがある (付録 A.3)。

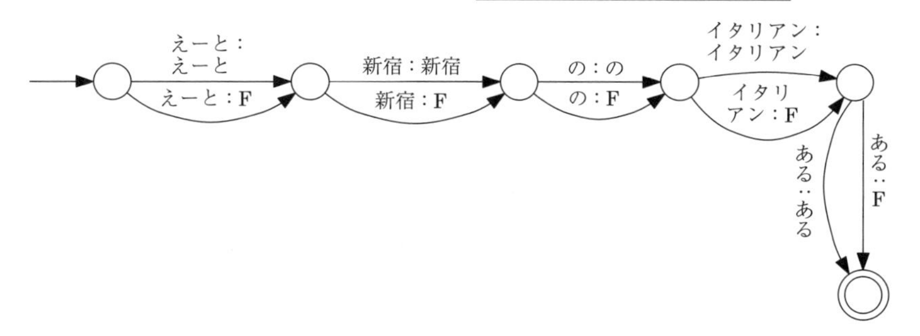

図 **3.16**　入力 FST の例

プしてもよいようにFにも変換するアークを作っている。

このFSTと文法FSTを合成すると，図 **3.17** のようになる。

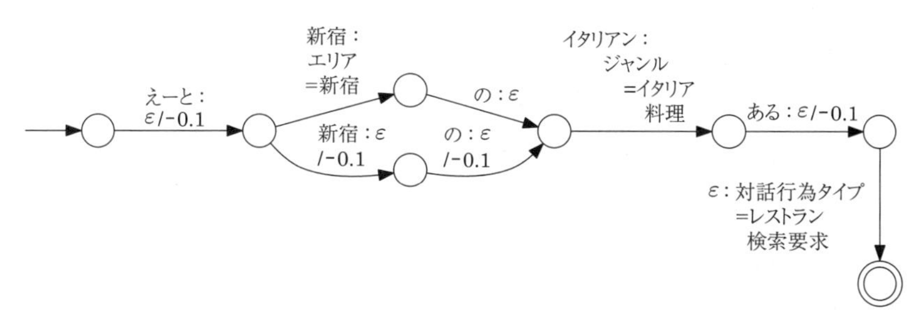

図 **3.17**　合成後の FST

このFSTのどのパスも入力単語列に対する正しい遷移であるが，重みが最も高いものは

> えーと: ε，新宿:エリア=新宿，の: ε，イタリアン:ジャンル=イタリア料理，
> ある: ε，ε:対話行為タイプ=レストラン検索要求

である。これから

> エリア=新宿，ジャンル=イタリア料理，
> 対話行為タイプ=レストラン検索要求

という対話行為が得られる。

上記の例では，入力 FST には重みを付けていなかったが，音声認識結果から言語理解を行う場合には，音声認識結果の確信度を入力 FST の重みに用いることもできる[95)]。

WFST に基づく方法は文の構造を用いることができるという点で，以下に述べるキーフレーズ抽出や系列ラベリングに基づく方法にはない利点がある。しかし，文法 FST を構築するには，知識と経験が必要であるという問題がある。

(2) 対話行為タイプ推定と属性抽出を別々に行う方法　別々に行う方法では，属性抽出を行う方法と対話行為タイプの推定を行う方法の選び方は独立である。音声入力の場合，対話行為タイプの推定は**発話分類** (utterance classification) とも呼ばれる。以下では属性抽出を行う方法を二つ，対話行為タイプの推定方法を二つ紹介する。

① キーフレーズ抽出による属性抽出　属性を表す言語表現を**キーフレーズ** (keyphrase) と呼ぶ。あらかじめキーフレーズのリストを保持しておき，入力単語列の中のキーフレーズを発見することで属性を抽出する方法を**キーフレーズ抽出** (keyphrase extraction) と呼ぶ。例えば,「新宿の中華料理店を探して」という入力から,「新宿」や「中華料理店」など，コンセプトに相当する言語表現を抽出し,「エリア=新宿」,「ジャンル=中華料理」などの属性にする。ここで言語表現は「中華料理店」だが，属性値は [中華料理] であることに注意されたい。この変換は，言語表現とコンセプトの関係を記述している**辞書** (dictionary) を用いて行われる。

一つの発話から複数のキーフレーズ列が得られる場合がある。例えば,「西新宿の中華」という発話には,「新宿，中華」というキーフレーズ列と「西新宿，中華」というキーフレーズ列の二つの可能性がある。また，音声認識結果が誤りであった場合に，誤ったキーフレーズが得られる場合がある。例えば,「中華料理店を探して」という音声が「中華料理店を佐賀」と認識されたとすると,「中華料理店，佐賀」というキーフレーズ列が得られるが,「佐賀」は誤りである。このような曖昧性の解消や誤認識による誤りを棄却するためにはスコアリングが必要である。これには，コンセプトの連鎖確率，すなわち，

P(エリア=佐賀 | ジャンル=中華料理) のようにどのコンセプトのあとにどのコンセプトが現れやすいかや，P(「中華料理店」| ジャンル=中華料理) のような，どのコンセプトがどのような言語表現で表現されやすいかといった情報を用いることができる。

② **系列ラベリングに基づく属性抽出**　入力が記号の系列であるとき，そのおのおのの記号にラベルを振り，ラベル系列を出力することを**系列ラベリング** (sequence labeling) と呼び，**隠れマルコフモデル** (hidden Markov model, **HMM**) や**条件付き確率場** (conditional random fields, **CRF**) に基づく方法が知られている（付録 A.1.2)。

系列ラベリングを用いて言語理解を行うには，属性に相当する単語列にラベルを付ける必要がある。ラベルは，各属性の単語列の最初の単語に B を，最初以外の単語に I を，属性と関係ない単語に O を付ける。これを **IOB2 法**と呼ぶ†。例えば,「新宿駅近くのイタリア料理店を探して」の場合，**図 3.18** のようなラベル付けになる。

$B_{エリア}$	$I_{エリア}$	O	O	$B_{ジャンル}$	$I_{ジャンル}$	$I_{ジャンル}$	O	O
新宿	駅	近く	の	イタリア	料理	店	を	探して

図 3.18　IOB2 タグ付けの例 (1)

HMM や CRF を用いて系列ラベリングを行うには，入力単語列を特徴ベクトル列に変換する必要がある。特徴量としては，各単語の単語そのもの，品詞，直前の単語と対象単語の連鎖 (bigram) などが用いられる[159),174)]。

IOB タグを用いた系列ラベリングは自然言語テキスト処理での**固有表現抽出** (named entity extraction) で用いられている手法である。**固有表現** (named entity) とは人名，地名のような固有名詞句のことである。系列ラベリングを用いた言語理解も基本的には固有表現抽出と同様のことを行っている。ただ，言語理解の場合，同じクラスの名詞表現でも違う属性にしなくてはならない場合が

† IOB1 法もあるが説明は割愛する。

ある。例えば,「予算は 3000 円から 5000 円くらい」という発話の場合，3000 円が⟨予算, 下限⟩属性の値で，5000 円が⟨予算, 上限⟩属性の値であるのでラベルは図 **3.19** のようになる。

O	O	B⟨予算, 下限⟩	I⟨予算, 下限⟩	O	B⟨予算, 上限⟩	I⟨予算, 上限⟩	O
予算	は	3000	円	から	5000	円	くらい

図 **3.19**　IOB2 タグの例 (2)

系列ラベリング法を用いるには，正解ラベルのついた学習データを用いてモデルを学習しておく必要がある。

③　**規則に基づく対話行為タイプ推定**　　属性の集合から対話行為タイプを推定する規則を用意する方法がある。例えば，以下のような規則が考えられる。

{ジャンル，エリア} → 対話行為タイプ=ジャンル・エリア指定

{価格上限} → 対話行為タイプ=価格上限指定

上の規則は,「ジャンル」属性と「エリア」属性があれば，対話行為タイプが「ジャンル・エリア指定」になるという意味である。この方法は，規則を作成する労力は必要であるが，学習データが必要でないという利点がある。

④　**bag of words に基づく対話行為タイプ推定**　　文に表れる単語の頻度ベクトルを用い，分類器を用いて対話行為タイプに分類する方法である[8), 63)]。bag of words (BOW) とは単語の集合のことである。単語の頻度ベクトルは，そのドメインの発話に現れ得るすべての単語をインデックスにしたベクトルで，数千次元にも数万次元にもなる。入力が

新宿 の イタリア料理店 を 教えて

であったとすると，これから,「新宿」「の」「イタリア料理店」「を」「教えて」の各単語の次元の要素が 1 でそのほかの次元の要素が 0 であるようなベクトルが作られる。このベクトルがどの対話行為タイプになるかを判別する分類器を学習データから作っておく (付録 A.1.1)。この方法は，基本的に文書分類の技術[310)]

と同じである。文書分類と同様に，潜在意味解析 (latent semantic analysis, LSA) を用いた次元圧縮なども行われている[69]。

系列ラベリングや bag of words に基づく方法は，正解がラベル付けされた学習データが必要であり，それを集めるのにコストがかかるという問題がある(4.5.3 項) が，学習データの量が十分あれば，高い精度が出ることが知られている[193)†1]。

3.5.3 言語行動生成

言語行動生成は，対話管理部が出力した対話行為表現を発話文やコマンドに変換する処理である。対話行為の変換に用いられる最も一般的な手法は，テンプレートに基づくものである。テンプレートは，言語や行動コマンドを記述したものであるが，変数を含んでおり，その変数に対話行為の属性値を入れることで，具体化する。テンプレートは対話行為タイプごとに用意する。

例えば，対話行為タイプ「ジャンル確認要求」に対してつぎのようなテンプレートがあるとしよう。

> 対話行為タイプ：ジャンル確認要求
> 言語表現：<ジャンル>ですね？

ここで，<ジャンル>の部分が変数であり，対話行為のジャンル属性の値で置き換えられる[†2]。入力が

---

†1 言語理解の精度は，一般的に次式の**コンセプト誤り率** (concept error rate) を用いて表される。

$$\frac{(\text{挿入誤りコンセプト数}) + (\text{置換誤りコンセプト数}) + (\text{脱落誤りコンセプト数})}{(\text{テストデータの正解コンセプト数})}$$

で定義される。ここでのコンセプトは，対話行為タイプと属性を合わせたものを指し，オントロジのノードの意味ではないことに注意されたい。挿入誤りは正解にない属性が理解結果に現れた場合を，脱落誤りは正解にある属性が理解結果に現れなかった場合を，置換誤りは正解と理解結果の両方にある属性が違う値を持っていた場合や対話行為タイプが異なっていた場合を意味する。コンセプト誤り率が低いほど精度が高い。

†2 属性値はコンセプトなので，それを辞書を用いて言語表現に変換する必要があるが，ここでは簡単のために説明を省略した。

対話行為タイプ:	ジャンル確認要求
ジャンル:	メキシコ料理

であれば

言語表現: メキシコ料理ですね？

となる。

対話システムのモダリティによっては，言語表現以外の出力を行う必要がある。例えば，画像を表示したり，バーチャルエージェントやロボットのジェスチャや姿勢・表情を変化させたりするときは，言語表現とともに，それらのコマンドをテンプレートに記述すればよい。以下が表情を変化させる例である。

言語表現：<ジャンル>ですね？

表情：笑顔

このようなコマンドが画像表示やロボットの制御部に別々に送られ，より詳細な制御コマンドに変換される。このようなマルチモーダル生成に関しては 4.3.2 項で扱う。

テンプレートに基づく生成方式の問題点の一つは，言語表現のバリエーションに応じて非常に多くのテンプレートを用意しなくてはならないことである。

例えば，エリアとジャンルの両方を確認しようとすると，ジャンルだけの場合と異なるテンプレートを用意する必要がある。

対話行為タイプ：エリアとジャンル確認要求

言語表現：<エリア>にある<ジャンル>ですね？

このようにいろいろな場合を列挙するとテンプレートが増えていく。これを避けるためには，つぎのように括弧を使い，括弧の中にある属性の値がなければ，その部分は生成しないようにすればよい。

対話行為タイプ：属性確認要求

言語表現：(エリアは<エリア>,) (ジャンルは<ジャンル>) ですね？

これに対して

対話行為タイプ:	属性確認要求
ジャンル:	メキシコ料理

のような対話行為を適用すると，言語表現は

ジャンルはメキシコ料理ですね？

となる。しかし，この方法では

新宿にあるメキシコ料理ですね。

のような自然な文を生成することはできない。

そこで，より柔軟な生成を行うため，規則を用いることが考えられる。以下のような規則を考えよう。

```
rule: ジャンル未定義
  if <対話行為タイプ> = "属性確認要求" and <ジャンル> = "未定義" then
     output [エリア指定 <エリア>] + "レストランですね"
rule: ジャンル定義
  if <対話行為タイプ> = "属性確認要求" and <ジャンル> ≠ "未定義" then
     output [エリア指定 <エリア>] + "<ジャンル>ですね"
subrule: エリア指定 (<エリア>)
  if <エリア> = "未定義" then
     output ""
  else
     output "<エリア>にある"
```

ここで，rule:，subrule:のあとにある記号は規則名であり，その右の括弧内にあるのは引数である。[エリア指定 <エリア>] は，<エリア>を引数として"エリア指定" 規則を適用した結果を意味する。

そうすると

対話行為タイプ：	属性確認要求
エリア：	新宿

からは

新宿にあるレストランですね

という発話が生成され

対話行為タイプ：	属性確認要求
エリア：	新宿
ジャンル：	イタリア料理

からは

　　新宿にあるイタリア料理ですね

という発話が生成される。

このように規則を用いることで柔軟で自然な発話の生成を行うことができる[311]。ただし，規則の構築は専門家による手作業が必要であり，容易ではないという問題もある。

一つの対話行為やその属性値に対して複数の規則が適用可能な場合には，規則に優先度をつける必要がある。この優先度を，生成された文を人が判断することで調整する方法や[327),365]，学習コーパスを用いて自動で調整する方法[25]が提案されている。また，生成された文の自然性を n-gram 確率などを用いて自動で見積もることで，複数の出力文候補から良いものを選ぶ方法[270] も提案されている。これらの方法は**統計的文生成** (statistical sentence generation) と呼ばれる。統計的文生成は，おそらく学習データの整備の困難さから，まだ実用的な対話システムで用いられている例は少ない。

文　献　案　内

☆ **対話システムのアーキテクチャ**　　3.1 節で述べた対話システムのアーキテクチャは2), 143), 167), 235) などの多くの教科書で議論されているので併せて参考にされたい。フレームやオントロジなどの概念は，人工知能学事典161) や人工知能の教科書301) で解説されている。対話システム内のモジュールの並行動作については,7), 295), 319) などで議論されている。

☆ **対話管理・主導権**　　3.2 節で述べた一般的な対話管理は，2.4 節で述べたような 1980 年代までのプランに基づく対話モデルの研究をベースに研究者間で共通了解が醸成されていったものであるが，最初にまとまった形で提示したのは Traum の博士論文[351] である。3.2 節で触れた逐次理解については245), 259) を参照されたい。また，逐次理解，逐次生成については,313) にまとまった解説がある。

☆ **言語理解**　書き言葉の言語理解については,225),253) などの自然言語処理の教科書にまとめられている。音声認識結果の頑健な言語理解に関しては,357) が網羅的に扱っている。また，日本語でのわかりやすい解説として141) がある。学習データ量を考慮した言語理解手法の比較は,123),193) を参照されたい。

☆ **言語行動生成**　言語生成のまとまった教科書として293) がある。25) は統計的言語生成の手法を比較している。日本語では347) が言語生成の最近の研究トピックをまとめている。この資料で述べられているように，言語生成の課題の一つとして，3.2 節で触れた参照表現の生成がある。対話の文脈に応じて代名詞を用いたり，ロボットやバーチャルエージェントが，人にわかりやすく事物を指し示したりするためには，適切な参照表現の生成が欠かせない。しかしながら，現状では，参照表現生成を適切に行う対話システムの研究はあまり進んでおらず，今後の進展が望まれる。

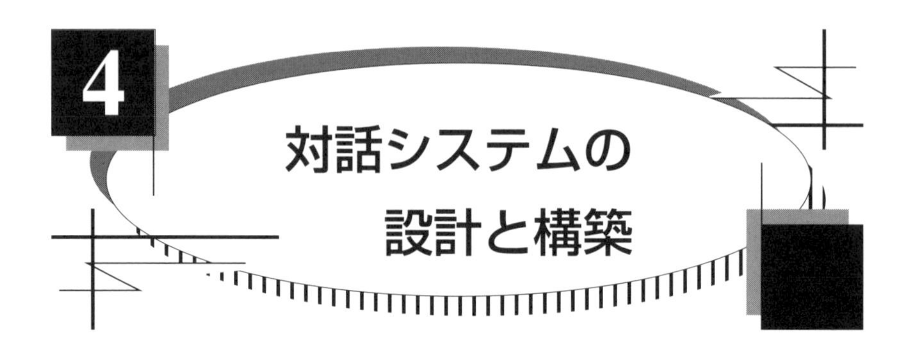

前章では，対話システムの基本的な技術のうち，タスクや入出力モダリティによらず共通なものを解説した。本章では，個々のタスクや入出力モダリティに応じてどのように対話システムを設計し，構築するかについて述べる。

4.1 節では，対話システムを構築する前に何を決める必要があるのかをまとめる。

4.2 節では，対話システムのタスクに応じてどのような対話管理手法が用いられているかを解説する。4.3 節では，対話システムのモダリティのバリエーションに応じてどのような入力理解，出力生成，対話管理の手法が用いられているかについて述べる。

4.4 節は，入力理解に失敗した場合に，その失敗を検出したり失敗から回復して対話を進めたりする技術，エラーハンドリング技術を述べる。

4.5 節では，対話システムの一般的な開発プロセスや開発したシステムをどのようにして評価し，改良していくかについて説明する。

4.1　対話システムのデザイン

ここまで，対話システムの構成と処理の概要を見てきた。実際に対話システムを構築する際には

①　モジュール構成

②　各モジュールのアルゴリズム

③　知識の表現形式

④　内部状態の表現形式

を決めなくてはならないことがわかるだろう。これらをまとめて，**対話システ**

ムのデザイン (dialogue system design) と呼ぶ。この中で，**知識** (knowledge) とは，各モジュールで必要なモデル，規則，手続きなどのことである。対話システムに必要な知識は，まとめると以下のようになる。

① オントロジ（コンセプトの集合とコンセプト間の関係）
② 対話行為タイプの集合
③ 対話行為タイプと属性集合の関係（ある対話行為タイプの対話行為がどのような属性を持ち得るか）
④ 入力理解のための知識
⑤ 内部状態更新のための知識（副対話開始終了判定規則，談話義務認定規則を含む）
⑥ 行動選択のための知識
⑦ 出力生成のための知識
⑧ 外部連携のための知識（意図理解結果をデータベースクエリに変換する規則など）
⑨ タスクプランニングのための知識
⑩ 状況理解のための知識

対話システムのデザインは，扱うタスク，モダリティ，対話参加者数，想定されるユーザのタイプや利用場面，開発にかけられる予算や人員によって変わってくる。本章の以下の節では，これらの要因に応じてどのように対話システムのデザインを行えばよいかを説明する。

4.2　対話のタスクと対話管理

対話管理の方式，すなわち，内部状態に蓄える情報や，対話管理のアルゴリズムは，対話システムがどのようなタスクを扱うかによって変わる。本節では，対話のタスクの種類に応じてどのような対話管理方式を用いればよいかについて述べる。

4.2.1 フォームフィリング対話システム

フォームフィリング対話の対話管理は一般にネットワークモデル (3.3.1 項) やフレームに基づく対話管理 (3.3.2 項) を用いて行われる。ネットワークモデルを用いた場合，システムがフォームの空欄の一つ一つを順に聞いていく，システム主導の対話が行える。

フレームに基づく対話管理を用いるには，空欄の一つ一つをフレームのスロットで表現すればよい。ユーザの発話の対話行為をもとにスロットを埋め，埋まっていないスロットがあればユーザに尋ねる。すべてのスロットが埋まれば，データベース検索やデータベースへのデータ追加などを行い，結果を提示する。これにより，ユーザ主導や混合主導の対話管理を行うことができる。例えば，レストラン予約であれば，以下のようなフレームで内部状態を表す。

$$\left[\text{ユーザ意図：}\begin{bmatrix}\text{日にち：} & \text{10 月 30 日}\\ \text{開始時間：} & \text{19:00}\\ \text{終了時間：} & \text{未指定}\\ \text{人数：} & 3\end{bmatrix}\right]$$

フォームフィリングタスクにおいては，スロット値やスロット値の関係に制約があることがある。例えば，レストランの予約であれば，予約の時間は営業時間内でなければならないし，予約の開始時間は終了時間よりも前でないといけない。このような制約を満たすように聞き返しや訂正要求を行う必要がある。また，内部状態更新の処理において，複数の理解結果の中でどれを選ぶかを決める際に，スロット値に関する制約が満たされるように選択することが有効である。例えば，内部状態が上記のようになっていて，理解結果の対話行為タイプが「終了時間指定」の場合,「終了時間」のスロット値が「12:00」よりも「22:00」の結果のほうが確からしい。

4.2.2 データベース検索対話システム

データベース検索を行う対話システムの内部状態には，ユーザの要求を理解して得た，データベースを検索するための条件と，データベースを検索して得られた結果が蓄積される。フレームに基づく対話管理システム (3.3.2 項参照) であれば，データベースの属性のおのおのに相当するスロットを持つ。例えばレストラン検索においては，エリア，ジャンル，予算などがスロットになる。

内部状態更新処理では，入力理解結果をもとに，内部状態のスロットを更新するので，入力理解の際に，データベースの属性に相当する情報を取り出す必要がある。その情報をもとに，つぎのような応答を行う。

① **追加情報要求**　データベースを検索するのに十分な条件が指定されていない場合，追加の条件を要求する。例えば，エリアが指定されている必要がある場合に，エリアが指定されていなければ，エリアを尋ねる。

② **絞込み条件の要求**　検索の結果，読み上げることができないほど多くの検索結果がヒットしたときに，絞り込むため情報を要求する。例えば，50 件ヒットした場合には音声では全部読み上げられないので,「50 件見つかりました。追加の条件をおっしゃってください」といった発話をしてユーザに絞り込んでもらう。

③ **選択肢の提示**　データベースを検索した結果，読み上げられる数のエントリだけがヒットした場合にそれらを読み上げる。検索結果に優先度がついている場合にも，上位の候補を読み上げる方法がある。

④ **条件の変更の要求**　1 件もヒットしなかった場合に,「見つかりませんでした。条件を変更してください」などといって，条件を変更したり，削除したりすることを要求する。

これに加え，基盤化のための応答を行う場合もある。フレームに基づく対話管理では，これらは行動選択規則として実装する。

4.2.3 説明対話システム

機械の操作手順や料理の手順など，一連の説明を対話的に行うシステムでは，一貫性のある説明を順序立てて行うために，システム主導の対話管理を採用することが多い。しかし，一方向的な説明文生成やプレゼンテーション生成と異なる点は，ユーザの質問にも適宜答えつつ，説明の談話目標を達成する柔軟性を持ち合わせている点である。このようなインタラクティブな説明対話を生成する方法として，プランニング（2.4.1 項）と焦点空間スタック（2.2.2 項）を用いる方法が提案されている[59),246)]。

以下に示す，機械の操作方法を説明するシステムとユーザとの対話を例に説明する。

S1:　設定を解除する方法を説明します
S2:　まず設定項目表示ボタンを押してください。すると設定項目が表示されます
U3:　設定項目表示ボタンはどこにありますか?
S4:　表示画面の右下です
　　（表示画面をズームした画像を表示し，設定項目表示ボタンの位置を矢印で示す）
U5:　わかりました
　　（ユーザが設定表示ボタンを押下）
S6:　では，説明を続けます
◦◦◦

この例では，システムの談話目標は設定の解除方法をユーザに説明することである。発話 S2 の時点でのシステムの説明プランの展開の様子を**図 4.1** (a) に示す。「設定解除の方法の説明」の下位目標である「設定項目の表示方法の説明」が実行されている。ここで，発話 U3 のユーザの質問が入力されると，ユーザ質問への応答が副対話として（図 (b) に示す）焦点空間スタックに加えられ，これに応答するためのプランが決定され，応答が出力される。ユーザ質問による副対話が完了すると，FS4 がポップされて説明のプランニングに戻り，システムからのつぎの説明発話を決定する。

このような対話では，各談話セグメントはプランのノードにほぼ対応しており，対話の構造がプランの構造とほぼ一致する。また，大局的な説明プランに加え，局所的な対話プランを生成，実行することにより，ユーザからの質問に答えつつ，一貫性のある一連の説明を対話的に生成することができる。

この対話管理方法は，システムが完全に主導権を持ち，タスク構造が明確な内容について順序良くユーザに説明することをタスクとする対話では有効であ

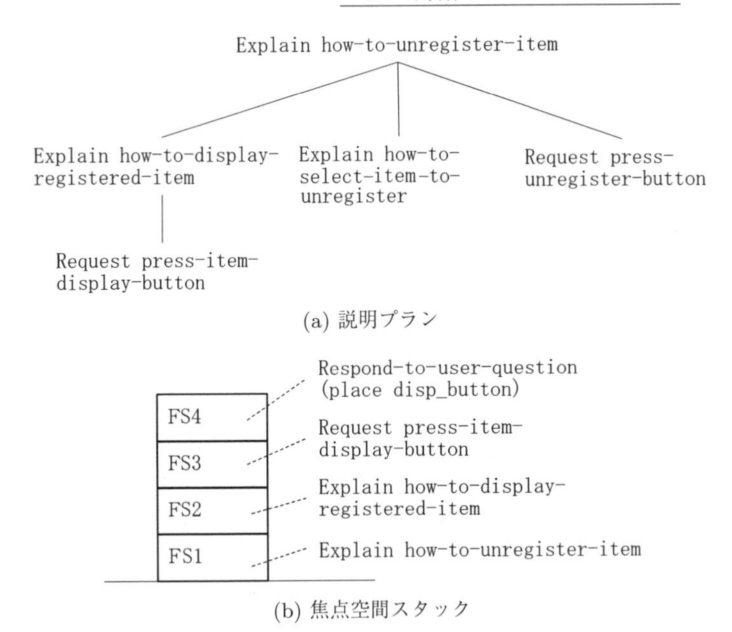

図 4.1　説明プラン木と焦点空間スタック

る。しかし，ユーザによる話題変更に対処するなど，頑健性の高い対話管理を求める場合には，対話管理が複雑になるうえに，プランに適合しないユーザ発話に柔軟に対応できないなどの問題点がある。

また，実用システムを構築するときの大きな問題として，プランオペレータの設計が難しいことがあげられる。

より簡単に説明対話システムを構築する方法の一つとして，プランニングを動的に行わない方法が考えられる。図 4.1 (a) のようなプランをあらかじめ構築しておき，そのプランに沿って説明を進めて行く。説明項目ごとに，質問に対してどのような応答をするか規定する規則を用意しておく。プランを動的に構築する方法に比べると，質問への応答が固定的になってしまうという問題があるが，規則の設計は容易である。このような対話管理は 3.3.3 項で述べたアジェンダに基づく対話管理で実現できる。アジェンダを用いることにより，ユーザが話題を変更した際に対処できるといった利点がある。

4.2.4 非タスク指向型対話システム

非タスク指向型対話システムは，話が続くように反応をするもの[375),377)]，一問一答の質問応答を行うもの[268)]，ユーザの話を聞くことに注力するもの[237)]，ユーザに質問することで話を続けるもの[154)]，クイズを出すもの[129)] などがある。

クイズはある程度話題を絞ることができるが，それを除けば，非タスク指向型対話システムは広い話題を扱わなくてはならない。したがって，フォームフィリングタスクのように，ドメインに合わせてデザインした構造を持つ意図理解結果を内部状態に保持することは難しい。そこで比較的簡単な情報のみを保存することになる。

ユーザの発話に反応したり，一問一答の質問応答を行ったりするシステムの場合には，ユーザの発話をそのまま内部状態に保持し，発話のパターンに基づいて応答を行うための規則を行動生成に用いる。例えば以下のような規則を考えよう。

```
<category>
  <pattern> * 眠い * </pattern>
  <template>少し休んだらいかがですか?</template>
</category>
```

これは，**AIML** (artificial intelligence markup language) というフォーマットによる規則の例である。ここで * はどのような単語列にでもマッチするものである。この規則は入力に「眠い」という単語があれば,「少し休んだらいかがですか?」と答えるという規則である。このような規則を大量に用意しておくことで，さまざまな入力に対処する。例えば，A.L.I.C.E.[368)] は数万規模の規則を用意している。

規則に基づく方法では，直前のユーザ発話より前の文脈を利用することができない。そこで，文脈に応じて規則を選択できるようにする。例えば，AIML の以下の規則には，`that` 要素があるが，直前のシステム発話がこの要素にマッチするときのみ，この規則が用いられる。

```
<category>
  <pattern>うん</pattern>
  <that>ラーメンは好きですか？</that>
  <template>どんなタイプのラーメンが好きですか？</template>
</category>
```

音声認識を用いるシステムでは，音声認識の誤認識が起こり得るので，複雑な言語表現を pattern 要素に書いても，音声認識結果がそれにうまくマッチしないことがあり得る。このマッチングの条件を緩め，多少の違いがあっても類似していれば良いようにする必要がある。これには，3.5.2 項のロバスト言語理解技術を用いればよい。

AIML インタプリタは多数開発されているので，AIML を用いてシステムを構築することもできるが，やりたいことを実現する機能がすべて備わっているとは限らないので，同様のシステムを自分で組むのも一つの手である。

上記で述べたように，AIML では文脈を扱うことができるが，単純な文脈情報しか扱えない。長い対話から得られるような文脈情報を扱う方法として，対話行為タイプの連鎖を用いる方法がある。人間どうしの対話の分析から，対話行為タイプの連鎖確率を用いることで，つぎの発話の対話行為タイプを予測できることがわかっている[255),294)]。これを応用し，その時点までの対話行為タイプの連鎖から，つぎのシステム発話の対話行為タイプを決定する方法が用いられている†。雑談対話では,「共感」「評価」などの対話行為タイプが[133)]，ユーザの話を聞くことに注力する対話システムでは,「質問」「共感」「自己開示」「相づち」「挨拶」などの対話行為タイプが用いられる[236)]。発話を生成するためには，対話行為のタイプだけではなく属性も決める必要があるが，それにはその時点までに出てきた重要単語を用いる。例えば，以下のようなやりとりを考えよう。

† **隠れマルコフモデル** (hidden Markov model, **HMM**)[154)] や**部分観測マルコフ決定過程** (partially-observable Markov decision process, **POMDP**)[237)] などを用いる方法が提案されている。

S1: そろそろお昼ですね。何が食べたいですか（質問）
U1: うなぎが食べたい（自己開示）

対話行為の連鎖からつぎの対話行為タイプとして「共感」が選ばれたとする。そして，U1から重要単語として「うなぎ」が抽出され，対話行為タイプのトピック属性値となる。そして，つぎのような応答が生成される。

S2: うなぎよいですね（共感）

4.2.5 マルチドメイン対話システム

1.2.3項で述べたように，複数のドメインを扱うシステムをマルチドメイン対話システムと呼ぶ。マルチドメイン対話システムのアーキテクチャとして，**分散型マルチドメイン対話システムアーキテクチャ**(distributed multi-domain dialogue system architecture) が用いられる[153),213),274)]。これは個々のドメインのための対話管理部を別々に構築しておき，それを組み合わせる方法である。**図4.2**にその構成を示す。

このようにドメインごとの対話管理部を別々に設計することには，以下のようなメリットがある。一つは，異なる対話管理方式の対話を一つのシステムで実現できることである。いままで見てきたように，タスクの種類が異なれば対話管理の方法も異なる。一つのシステムでさまざまなタスクを扱おうとすると対話管理部が非常に複雑になってしまう。これに比べて分散型アーキテクチャでは，個々の対話管理部は別々に設計できるので，単純なままに保つことができる。もう一つは，タスクドメインの追加・削除が容易なことである。これは実際のシステム構築とメンテナンスにおいては重要な利点である。

マルチドメイン対話システムを構築する際には，どのタスクを一つのドメインにし，どのタスクを別のドメインにするかを決めないといけない。しかしながら，明確な基準を設けることは難しい。対話管理の方式の違い，バックエン

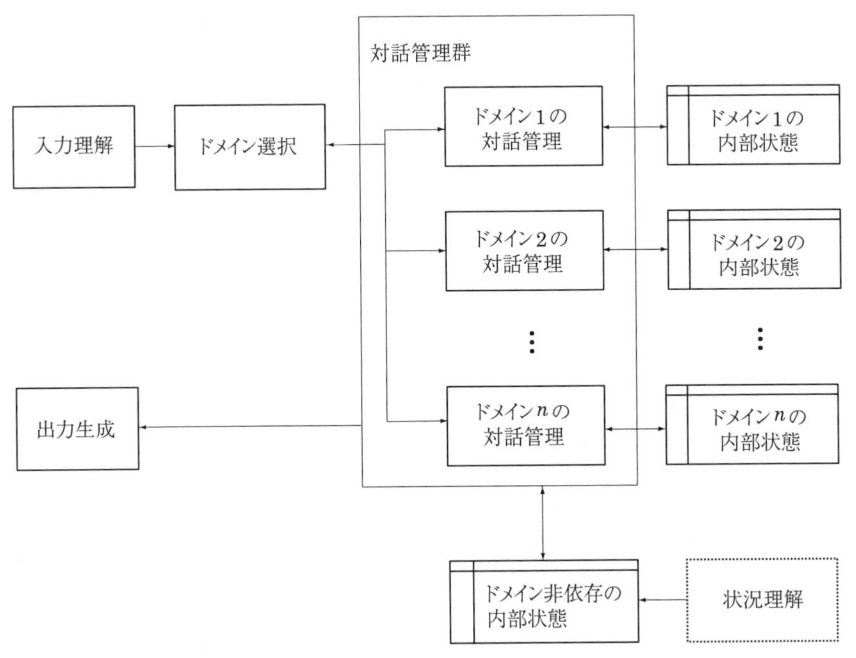

図 **4.2** 分散型マルチドメイン対話システムアーキテクチャ

ドのサービスの違い，ドメインの追加・削除の可能性などを総合的に勘案して決める必要がある。

分散型マルチドメイン対話システムの課題は，ユーザ発話が入ってきたとき，どのドメインの対話を行うか決定することである。これは二つの課題からなる。一つは，システムに対するユーザの最初の発話をどのドメインで扱うかである。これは**ドメイン選択** (domain selection) と呼ばれる。この問題にはおもに二つの解法がある。一つは入力単語列 (音声認識結果や形態素解析結果)，言語理解結果からの分類問題として解く方法である。このとき，システムが想定しているドメインの発話だけが行われるとは限らないので，どのドメインにも属さない発話，すなわち，**ドメイン外発話** (out-of-domain utterance) を検出することも必要である[202)]。もう一つはスコアに基づく方法である。ドメインごとに言語理解知識を用意しておき，入力を各ドメインの知識を用いて理解し，最も高い理解結果のスコアをもつドメインを選択する。このとき，しきい値を設定し，どのドメインもしきい値以上のスコアを持つ理解結果を得られなかったらドメイン外発話と考える。この方法は，一つの発話に対して複数の理解結果が得られたときに，それをうまく活用できる。各ドメインでは，すべての理解結果を，そのドメインで理解することを試み，結果として，理解スコアと内部状態更新の際に得られるスコアを合わせて最も高いものを選ぶ。すなわち理解結果の中で最もそのドメインにマッチしたものを選ぶことができる。結果として，すべての発話理解結果を使ってドメインを選択できる。

もう一つの課題は，ユーザがあるドメインから別のドメインに移行しようとしたときに，それを検出して適切にドメインを移行することである[146),171),213),260)]。この問題もドメイン選択と呼ばれることがあるが，**ドメイン追跡** (domain tracking) と呼んで区別するほうがよい。本書ではドメイン追跡と呼ぶ。ドメイン追跡には，一発話から得られる情報だけではなく，対話の文脈を用いることが必要である。例えば，以下の二つの対話の U2 は同じ「明日は？」という発話だが，最初の対話では天気のドメインの発話であると考えられるのに対し，2 番目の対話では，カレンダーのドメインの発話と考えられる。

U1:　東京の天気を教えて
S1:　今日の東京の天気は晴れです
U2:　明日は？

U1:　今日の予定を教えて
S1:　今日は 3 時から○○社と打ち合わせです
U2:　明日は？

このように，対話のドメインは，特別にドメインを移行することを示す表現がない限り継続すると考えるのが普通である。この制約を使うことで，言語表現からだけではどのドメインの発話か曖昧な場合でも，ドメインを推定できる。また，理解結果の複数の候補が得られる場合，どの候補を用いるかもドメインの継続性を用いて判定できる。例えば

U1:　3時から田中さんとの予定を入れて
S1:　いつの3時ですか

のあとのユーザ発話の発話理解結果が**表 4.1** のようになっていたとしよう。カレンダードメインの継続性から，日時をいう発話である可能性が高いということがわかり，2位の理解結果を選ぶことができる。ただし，1位のスコアと2位のスコアの差が非常に大きいような場合には，たとえドメインの継続性を考えても，天気ドメインに移行した場合がよいことがある。

表 4.1　ユーザ発話の理解結果

順位	理解結果	理解結果のもととなった音声認識結果	スコア
1	[対話行為タイプ：天気情報要求 日にち：明日]	明日の天気	0.6
2	[対話行為タイプ：日時指定 日にち：明日 時刻：3時]	明日の3時	0.4

ドメイン追跡も，ドメイン選択と同様，分類問題として解く方法と，各ドメインのスコアを求めて解く方法がある。分類問題として解く場合には，入力発話だけではなく，直前に応答を行ったドメインや対話の状態などを分類器の特徴量に用いることで，対話の履歴を考慮したドメイン追跡を行うことができる[146),171)]。また，各ドメインのスコアを求める方法では，スコアを求めたあと，直前に応答を行ったドメインのスコアに一定値を加えることで，優先度を高める方法がある[213)]。

4.3　さまざまなモダリティの対話システム

1.2.1項で述べたように，対話システムにはさまざまなモダリティを扱うものがある。本節では，代表的な形態の対話システムに関し，入力理解部および出力生成部の処理，およびシステム全体のアーキテクチャを解説する。なお，テキスト対話システムについては，3 章で基本的な技術について述べたので，本節では触れない。

4.3.1　音声対話システム

音声対話システムは，入出力がともに音声であるような対話システムである。**図 4.3** に音声対話システムのモジュール構成を示す。入力理解部は，発話区間検出部，音声認識部，韻律抽出部，言語理解部からなり，出力生成部は，言語生成部と音声合成部からなる。以下では，3.5 節すでに説明した言語理解部と言語生成部以外のモジュールおよびモジュール間の連携について説明する。

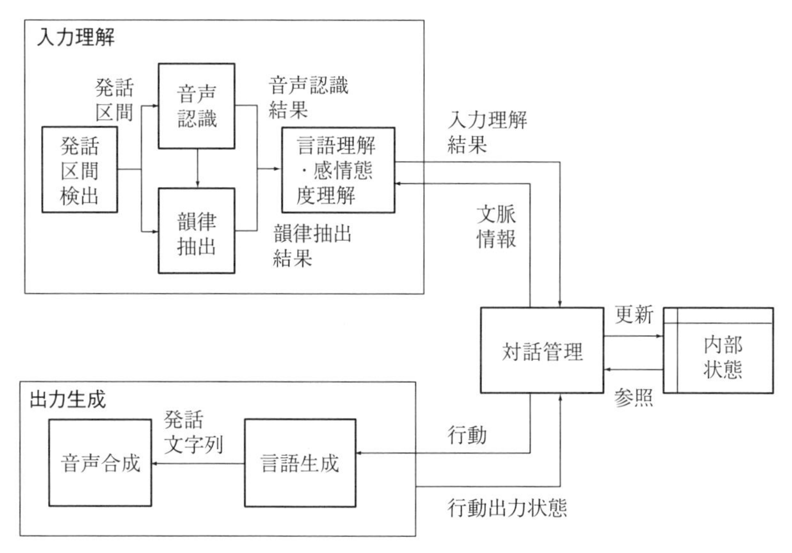

図 **4.3**　音声対話システムのモジュール構成

〔**1**〕　**発話区間検出**　　発話区間検出部では，マイクから入力されデジタル信号に変換された音を受け取り，その中からユーザの発話の開始区間と終了区間を発見する。これを**発話区間検出** (endpoint detection)（または，**音声区間検出**，**発話検出**）と呼ぶ。**VAD** (voice activity detection) とも呼ばれる。発話区間検出では，まず，入力音声を短い区間 (10 ミリ秒など) に分割し，各区間

が音声らしいかどうかを調べる。そして，発話区間はある程度継続長があること，発話区間中の促音などのポーズが比較的短いことなどを用いて区間の開始終了を判定する。音声らしいかどうかは，音響的な特徴を用いて判断する。システム使用場面の定常的な雑音，すなわち**背景雑音** (background noise) が小さい場合は，音量，ゼロ交差回数（波形が時間軸と交わる回数）などの単純な特徴だけで十分だが，背景雑音が大きい場合は工夫が必要である。音声区間と雑音区間から学習した音響特徴量の統計モデルを用いることもある。音響特徴量は音声認識で用いられる **MFCC** (mel-frequency cepstral coefficients) などが用いられる。

ペンを机に落としたときの音や，咳，笑い声など，突発的な雑音を無視するのも発話区間検出部の役割である。発話区間の長さの最小値を長く設定することでこれらの雑音を棄却する方法もあれば，これらの音のモデルを持っておいて，積極的に検出する方法もある[206]。

音声対話システムの発話区間検出はリアルタイムで行わないといけない。応答が遅れてしまうからである。入力の各区間の音声らしさがしきい値 s を超えた状態が一定時間 l 続くと，一定時間さかのぼった時間 h の信号から逐次音声認識部に送る。そして音声らしさがしきい値よりも低い状態が一定時間 m だけ続けば発話区間終了とみなし，信号を音声認識部に送るのをやめる。発話区間検出は，システムが行う対話やシステムが使われる状況に応じてこれらのパラメータ s, l, h, m を調整する必要がある。

以上で述べたように，マイクから常時入力があり，その中で発話区間を正しく見つけるのは容易ではない。さまざまなパラメータを調整しなくてはならない。間違って雑音を音声と認識した場合に，音声認識以降の処理で棄却することも可能ではあるが，区間が長すぎたり短すぎたりすると，音声認識に失敗してしまい，回復は難しい。そこで，実用的な音声対話システムでは，発話区間検出の失敗をなるべく避けるため，発話する際にユーザにボタンを押してもらう方法 (push-to-talk) をとっていることがある (5.4.1 項)。

発話区間検出部が検出する発話区間は，2.2.5 項で述べた意味的なまとまりである**発話単位**に一致することが望ましいが，音響処理やボタン操作だけに基づく発話検出では必ずしも一致しない。しかしながら，現状の多くの音声対話システムでは，発話区間検出部が検出した区間をそのまま発話単位として扱っている。

〔2〕 音声認識　音声認識部は，発話区間検出部から送られてきた音声を単語列に変換する。音声認識部の主要要素は音響モデル，言語モデル，デコーダである。これらを順に説明するが，音声認識は複雑なプロセスであるため，本書では対話システムに関係する事項のみを述べる。

音響モデル (acoustic model) は，ある音素がどのような音声信号として実現されやすいかをモデル化した確率モデルであり，大量の音声データとその書起しから学習して得られる。対話のドメインには依存しないので，一般的には音声認識システムに付属する音響モデルを用いればよい。ただし，比較的くだけた発話が多い自由対話のシステムと，読み上げ文では発音が異なるので，どのような音声データから学習されたモデルか注意する必要がある。また，対話システムが雑音のある環境で使用される場合，雑音のない環境で収録された音声データから学習された音響モデルではうまく認識できない場合があるので，これも注意が必要である。

言語モデル (language model) は，どのような単語列が発話されやすいかをモデル化したものである。言語モデルには大きく分けて，非統計的言語モデルと統計的言語モデルがある。非統計的言語モデルは，文法モデルとも呼ばれ，認識可能な単語列を規定する文法で定義する。多くの場合，正規文法（正規表現で記述できる文法）が用いられる。例えば

[(新宿 | 渋谷) の] (イタリア料理店 | 中華料理店) [[を] 探して]

という文法があったとする。ここで，(A| B) は A と B のどちらでもよいことを意味し，[ ] はその中の部分があってもなくてもよいことを意味する。この文法は，「新宿 の イタリア料理店」や「中華料理店 を 探して」は受け付けるが，「渋谷 に ある イタリア料理店」は認識できない。

統計的言語モデルには単語 n-gram モデルが用いられることが多い。このモ

デルは $n-1$ 個の単語の連鎖から，つぎにどの単語がくるかを統計的に予測する。例えば，3-gram の場合,「新宿」「近辺」と単語が発声された場合に，つぎに「の」がくる確率 P(の | 新宿, 近辺) が 0.8,「は」がくる確率 P(は | 新宿, 近辺) が 0.1 といったような確率を用いて，単語列全体の確率を求める。

「新宿 近辺 の イタリアン」の確率は

$$P(\text{新宿} \mid \langle \text{s} \rangle, \langle \text{s} \rangle) \times P(\text{近辺} \mid \langle \text{s} \rangle, \text{新宿}) \times P(\text{の} \mid \text{新宿}, \text{近辺})$$

$$\times P(\text{イタリアン} \mid \text{近辺}, \text{の}) \times P(\langle /\text{s} \rangle \mid \text{の}, \text{イタリアン})$$

$$\times P(\langle /\text{s} \rangle \mid \text{イタリアン}, \langle /\text{s} \rangle)$$

となる。ここで ⟨s⟩，⟨/s⟩ は，文頭，文末を表す記号である。

確率の推定は，発話例の集合（学習データ）を用いて行う†。発話例が多ければ多いほどよい推定ができる。

単語 n-gram モデルは，語彙サイズに比べて学習データの量が少ないと推定精度が悪くなる。例えば，エリア名が何千語とあるような場合，すべてのエリア名を発話した例を集めるのは非現実的である。そこで，単語をそのまま使うのではなく，単語のクラス n-gram が用いられる。「新宿」「渋谷」の代わりに〈エリア名〉のクラスを用い P(は | 〈エリア名〉, 近辺) のような確率値を推定する。

統計的言語モデルには，ドメイン依存モデルとドメイン非依存モデルがある。音声対話システムが扱う対話ドメインの発話から学習データを作る場合をドメイン依存モデルと呼ぶ。それに対し，ドメイン非依存モデルは，数万から数百万を超える語彙サイズを持ち，大量の文書などより一般的なデータから学習したモデルである。ドメイン依存モデルを用いたほうがその対話ドメインの発話に対しては高い認識率を得ることができるが，統計的言語モデルの作成は必ずしも容易ではなく，ノウハウが必要であることなどから，音声認識ソフトウェアに付属しているドメイン非依存モデルの利用も十分選択肢に入る。

ユーザ発話がある程度定型的であると予測できる場合や十分な量の学習データが得られない場合には非統計的言語モデルが有効で，ユーザ発話のパタンの

† 統計的言語モデルが与えられた文をどの程度予測できるかの評価はパープレキシティという尺度を用いて行うが，詳細は他の教科書180) を参照されたい。

予測が難しい場合や十分な量の学習データが得られる場合には統計的言語モデルが有効である。

言語モデルには**単語辞書** (word dictionary) も必要である。単語辞書には認識可能な単語の単語 ID，発音（音素列），表記，クラス，品詞，などが含まれる。文法モデルや単語 n-gram モデルは単語 ID を用いて記述する。「日本橋（にほんばし）」と「日本橋（にっぽんばし）」のように，表記が同じでも発音やクラスが異なれば異なる単語 ID を割り当てる必要がある。

デコーダ (decoder) は，音響モデルと言語モデルを用い，入力音声信号に対して最も確率の高い単語列を求めるプログラムである。実際には確率値そのままではなく，補正された認識スコアと呼ばれる値が用いられるが，説明が煩雑になるため，詳しくは他の教科書180),256) を参照されたい。一般に，デコーダには非常に多くのパラメータがある。例えば，スコアの計算の仕方を変えたりするものや，認識速度を低下させる代わりに認識率†を向上させたりその逆を行ったりするようなパラメータがある。構築しようとしている音声対話システムに合わせて設定する必要がある。

〔3〕 音声認識と言語理解の統合　音声認識は 100％ 正しい結果を出力するわけではない。したがって，音声認識結果をそのまま言語理解部に入力すると，音声認識の誤りがそのまま言語理解の誤りにつながってしまう。そこで，音声認識と言語理解と統合することで，トータルとしてより良い理解結果を得る方法が用いられている。

まず，音声認識部が，単に単語列を出力するだけではなく，おのおのの単語に確信度を付けることで，言語理解部が言語理解結果の確信度を計算するのに役立てることができる。

また，音声認識が複数の認識結果を言語理解に送る方法がある。認識スコアの高い順に N 個の認識結果を出力した結果を ***N*-best 音声認識結果**と呼ぶ。

† 音声認識率は一般的に**単語誤り率** (word error rate) を用いて表される。これは言語理解におけるコンセプト誤り率と同様のものである。詳しい定義は他の教科書180) などを参照されたい。

言語理解部では，文の構造やキーフレーズに関する知識を用いて言語理解を行うので，複数の音声認識結果の中から，より文法的に正しいものやキーフレーズを多く含むものを選ぶことができる。言語理解部も単一の結果だけを対話管理部に送るわけではなく，複数の結果を送る。したがって，言語理解部が複数の音声認識結果をスコア付きで受け取り，それらのおのおのに対して，いくつかの言語理解結果を得て，すべての言語理解結果に対してスコアを付け直すということが必要である。

音声認識研究では音声認識率の向上が目標となっているが，音声対話システムの音声認識部は必ずしも高い音声認識率を得なくてもよい。それよりは，より多くの認識結果を得て言語理解部や対話管理部で取捨選択するほうがよい。そのために，複数の言語モデルを併用して，なるべく多くの認識結果を出力することも有用である[174)]。

〔4〕 韻律情報を利用した対話行為タイプ・態度・感情の推定　音声は音韻の情報だけを含むのではなく，**韻律** (prosody) も含む。韻律とは，音の高さ（ピッチ）の変化や音量の変化を総称したものであり，2.2 節で触れたパラ言語情報の一つである。韻律の違いは，対話行為タイプ・**態度** (attitude)・**感情** (emotion) の違いを表す。例えば，疑問か肯定か[317)]，相手の提案に対して肯定的な態度か否定的な態度か[92)]，怒り，悲しみなどの感情を持っているか[84)] を表す。韻律抽出部ではパワーや基本周波数 (F_0) を短い時間ごとに抽出し，それらの系列から，対話行為タイプ・態度・感情の推定に役立つ特徴量を得て，言語理解部に送る。言語理解部では，音声認識結果と合わせて対話行為タイプ，態度，感情の推定が行われる。特徴量としては，F_0 やパワーの変化幅，F_0 の傾き，話速などが用いられる。

〔5〕 音 声 合 成　音声対話システムで，音声による応答を返すには，音声合成を用いる。音声合成は，テキストを音声に変換することから，text-to-speech (**TTS**) とも呼ばれる。さまざまな音声合成システムが市販，またはフリーで公開されており，簡単に用いることができる。

〔6〕 言語生成と音声合成の統合　音声合成システムをそのまま使ったの

ではうまくいかない場合がある。そのような問題に対処するため，言語生成部から音声合成部には文字列を渡すだけではなく，より多くの情報を渡す必要がある。

問題の一つは読み間違いである。音声合成システムは対話ドメインに関する情報を知らないので，複数の読みを持つ単語をどう発音すべきかがわからない。そこで，言語生成部から単語の読みを音声合成部に渡す必要がある。例えば，「日本橋のトルコ料理ですか？」という文字列からだけでは,「にほんばし」なのか「にっぽんばし」なのかわからない。したがって，この文字列だけを受け取っても音声合成部が正しく読めるとは限らない。言語生成部は，対話管理部からコンセプトを受け取っているので，その情報を用いて正しく読みを得ることができる。すなわち，東京の日本橋（にほんばし）と大阪の日本橋（にっぽんばし）を異なるコンセプトであると定義し，それを対話管理部が言語生成部に送れば，言語生成部でこのコンセプトを言語表現に変換するときに，読みを得ることができる。この読みを音声合成部に送ることで，読み間違えずに合成することができる。

もう一つの問題として，イントネーションの問題がある。TTS は，受け取った文字列を形態素解析し構文解析を行った上でイントネーションを付ける。しかしながら，形態素解析や構文解析を誤る場合もある。したがって，言語生成部から形態素・文法情報を送れば間違いが減る。

また，ユーザにとって新しい情報を強調するような韻律を生成したり，ユーザにとってよくない情報を伝えたりするときに，抑えたような発話の仕方をするなどの工夫も有効である。このような制御は，**SSML** (speech synthesis markup language) というマークアップ言語のタグを解釈して韻律などを制御する音声合成ソフトウェアを用いることで行える。

〔**7**〕 **発話区間検出部と音声合成部の通信**　　バージイン（2.2.4 項）が検出された場合に，無条件でシステム発話を中断するためには，発話区間検出部と音声合成部の直接の通信が有効である。バージインを許さないシステムで，システムが話し終わった瞬間から発話区間検出を始めるものもある。この場合，音

声合成部から発話区間検出部にトリガをかける必要がある。

〔8〕 音声対話システムの対話管理 音声対話システムの対話管理部とテキストの対話システムの対話管理部はいくつかの点で異なっている。一つは，音声対話システムの場合，システムが発話し終わるのに時間がかかる。その間にバージインがあれば，システムの発話が最後まで終わらない。そうすると，対話管理部から出力生成部に送られたことがユーザに伝わったかどうかがわからない。そこで，出力生成部から，どの情報を話し終えてユーザに伝えられたかを対話管理部にフィードバックする必要がある。

もう一つは，音声認識の誤りがあるため，入力理解の結果が誤っている確率が高まることである。テキスト対話システムでも入力理解の誤りによる誤解に対処する必要があるが，音声対話システムではそれがより重要である。これについては，4.4 節で詳述する。

4.3.2 マルチモーダル対話システム

マルチモーダル対話システム (multimodal dialogue system) は，入出力にテキストや音声の言語情報以外のモダリティが追加される対話システムである。具体的には，入力情報としてタッチパネルやスタイラスペンなどによるジェスチャや文字の入力が，また出力情報には，画面上での，図や地図などのグラフィカルな情報提示が追加される。**図 4.4** にマルチモーダル対話システムのモジュール構成を示す。音声対話システムとのおもな違いは，入力理解部が，キーボード入力，音声認識，タッチパネル，ペン入力などの各種入力デバイスと，これらの情報を統合してユーザ入力理解を行うマルチモーダル理解部からなり，出力生成部が，音声合成，グラフィカルインタフェースなどの各種出力デバイスと，出力モダリティの決定と表現の生成を行うマルチモーダル生成部から構成されることである。

このようなシステムにより，例えば，ユーザが，大型スクリーンに対して「これをあそこにおいて」などといいながら指差しを行うと，スクリーンに投影されている対象物を操作できる[40)]。あるいは，タブレット PC などの携帯型端末

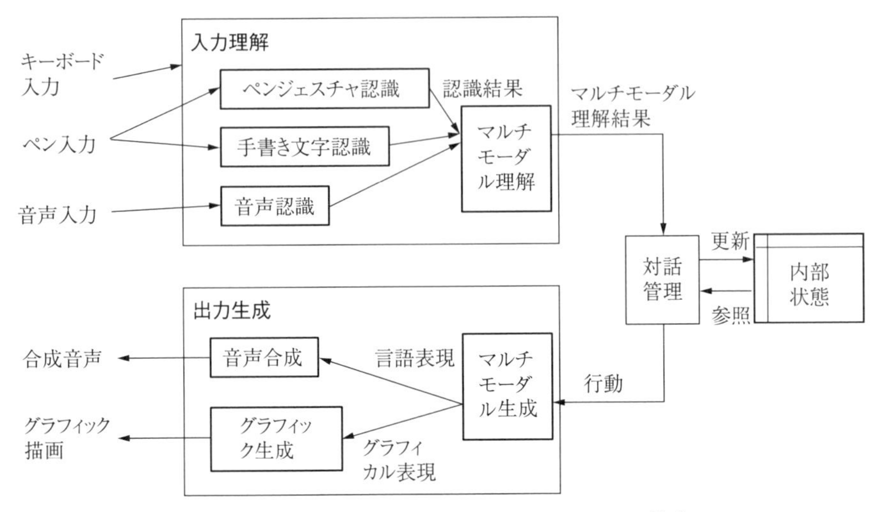

図 **4.4**　マルチモーダル対話システムのモジュール構成

上でペンジェスチャと音声入力を統合した操作が可能になる[163)]。ここで用いられているユーザ入力の認識技術は，音声認識，スタイラスペンによる手書き文字認識，ペンジェスチャ認識などである。一方，システム出力には，音声での応答に加え，画面上の図がズームアップされたり，重要箇所がマークされて表示されたりするなどの視覚情報が用いられる。

以下では，このようなマルチモーダルな入出力を持つ対話システムにおける理解部と生成部を中心に解説する。

〔**1**〕 **マルチモーダル理解**　　テキストベースの対話システムや音声対話システムのようなユニモーダルの対話システムと同様，マルチモーダルの対話システムにおいても，ユーザ入力の理解は入力理解部で行われ，ここで算出された対話行為が，対話管理部への入力となる。両者の違いは，ユニモーダル対話システムでは，言語入力を順次処理することにより，理解結果が計算されるのに対し，マルチモーダル対話システムの理解部では，複数モダリティの情報を統合してユーザ意図を理解しなければならない点である。

言語以外のモダリティからの入力がそれほど複雑でない場合には，言語理解中心に処理を進め，他のモダリティからの入力情報をあとから追加して解釈することができる。例えば,「これは何ですか」と発話しながらペンジェスチャによりある対象物をクリックしたとする。この場合，発話中に指示詞もクリックジェスチャも 1 回ずつしか出現していないため，指示詞とクリックされた対象物とを対応付けて解釈することにより参照物の同定を行うことができる。

しかし,「これをこちらからあちらに移動して」のように，指示詞も複数出現し，言語以外のモダリティからの入力様式も複雑になると，ジェスチャの対象物が発話中のどの単語と共起していたかにより，発話の解釈も異なってくる。

このような場合には，複数モダリティの情報を相互の時間関係を考慮に入れつつ解釈する機構が必要になるため，3.5.2 項で触れた**有限状態トランスデューサ** (FST) を用いて複数の入力を関連付け，理解結果を導出する手法が有効である[162]。一例として，マルチモーダル理解のための文法 FST の例を**図 4.5** に示す。この FST の入力ラベルは，ジェスチャ対象と単語の組であり，出力ラベルは理解結果である。入力ラベルの “_” の左側はジェスチャで，右側が単語である。例えば，gr12 はレストラン R12 を囲むジェスチャを表す。この文法 FST の入力ラベルの部分だけに着目することで，ジェスチャ認識結果と音声認識結果の候補の組合せから，この文法に合うものだけを選ぶことができる．その一例として

ε_この gr12_レストラン ε_と ε_この gr15_レストラン ε_の

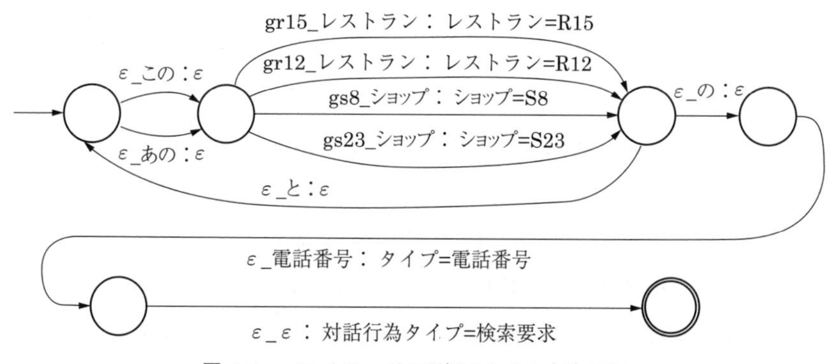

図 4.5　マルチモーダル理解のための文法 FST

ε_電話番号

が得られたとしよう。これを文法 FST の入力とすることにより

レストラン=R12 レストラン=R15 タイプ=電話番号 対話行為タイプ=検索要求

という出力が得られ，結果として以下の対話行為表現が得られる。

$$
\begin{bmatrix}
\text{対話行為タイプ:} & \text{検索要求} \\
\text{レストラン:} & \text{R12, R15} \\
\text{タイプ:} & \text{電話番号}
\end{bmatrix}
$$

〔2〕 **対話管理**　対話管理は意味レベルで行われるため，基本的な機構はユニモーダルな対話システムと同じである。入力理解結果の候補が複数得られた場合，内部状態に管理されている文脈情報に照らして，最も妥当な解釈を選択し，これにより意図理解結果を更新する。意図理解が確定されると，これに応じて基盤化状態の更新，対話履歴の更新，注意状態の更新などが行われる。さらに，更新された内部状態に基づき，システム応答内容（対話行為）が決定される。応答内容はあくまでも意味レベルであり，原則的にここでは出力モダリティを決定しない。

〔3〕 **マルチモーダル生成**　複数の出力モダリティを有する対話システムの生成部では，対話管理部で決定された対話行為をどのモダリティを用いてどのように表現するかを決定する。例えば，表層の言語表現に加え，画面の特定の箇所のズームアップやハイライト箇所の決定などを行う。マルチモーダル生成の方法には，言語生成用テンプレートに提示モダリティの指定や制約を追加する方法や，プランニングを用いて，動的に決定する方法がある。プランニングによる方法では，プランオペレータ中にモダリティ選択の制約条件や時相論理を用いた時間関係についての記述を追加することにより，対話プランニングの一環として，モダリティの選択や優先順位の決定が行われる。

〔4〕 **マルチモーダル出力**　マルチモーダル生成部で決定された表現は，各種出力デバイスに送られる。言語表現は音声合成器に送信され，音声合成に

より音声発話が出力される。また，システムの画面表示を制御しているGUIに表示の変更や表示の一部分の拡大などの命令を送ることにより，視覚的な情報が変更される。

しかし，ユーザの入力などによりデバイスの状態が変化したことにより，マルチモーダル生成部で決定されたコマンドが，実際には出力デバイス側で実行不可能になっている場合も考えられる。このような場合には，マルチモーダル生成部からの命令を変更する必要がある。そのためには，各出力モジュールからマルチモーダル生成部にフィードバックを返し，マルチモーダル生成部が出力コマンドを変更する相互調整機能が必要となる。

4.3.3　バーチャル対話エージェント

1990年代以降のコンピュータグラフィックス技術の大きな進歩により，高品質なキャラクタアニメーションを利用した**バーチャルエージェント**が実現可能となった。バーチャルエージェントは人と類似した身体表現を有するため，システム出力に人間のコミュニケーションを模したジェスチャや表情といったモダリティが加わることになる。また，これに伴い，ユーザ入力にも指差しなどのジェスチャや頷き，視線など，対面コミュニケーションで用いられるさまざまなモダリティが取り入れられる。つまり，バーチャルエージェントとの対話は人間どうしの対面コミュニケーションに大きく近づく。

バーチャルエージェントによる対話システムの構成を**図4.6**に示す。マルチモーダル対話システムと同様，理解部と生成部がマルチモーダル化され，複数のモダリティを統合したユーザのコミュニケーション行動の理解や，キャラクタアニメーションと音声合成によるマルチモーダル生成技術が追加される。

〔**1**〕　**マルチモーダル入力**　　バーチャルエージェントによる対話システムでは，ユーザによる手のジェスチャ，ユーザの立ち位置，視線方向など，対面コミュニケーションにおいて用いられる身体表現による非言語行動が入力情報となる。例えば，画像処理技術やモーションキャプチャシステムを用いてユーザを認識し，これを入力情報とすることにより，ユーザの存在が認識されると

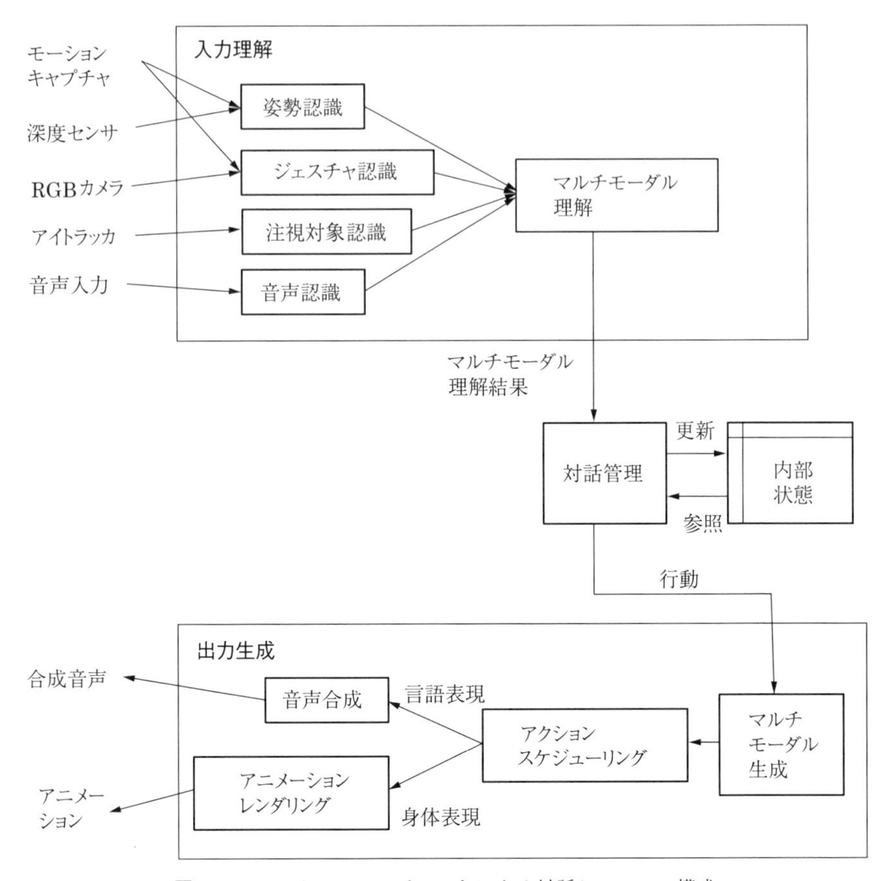

図 **4.6**　バーチャルエージェントによる対話システムの構成

エージェントがあいさつの発話を行い，システム側から会話を開始するシステムが実現する[56)]。画像処理により頭部姿勢 (head pose) を追跡し，ユーザの頭部の動きから頷き動作の認識や注視方向の大まかな推定を行えれば，それらをエージェントへのフィードバックとして入力情報に加えることもできる[320)]。視線計測装置であるアイトラッカを用いると，さらに精緻なユーザの視線情報を入力情報とすることもできる[150)]。

これまではこのような行動計測機器は非常に高価なものであったが，最近では Microsoft の Kinect や Nintendo の Wii リモコンなどのゲーム機用デバイスにより，限定的な機能ではあるものの，安価にユーザの行動を計測できるようになり，身体動作を入力とする対話システムの可能性は広がっている。しかし，現状では動作認識の精度は十分とはいえず，音声認識と同様に，誤認識の可能性を考慮したうえで対話システムに組み込まなくてはならない。

〔**2**〕 **マルチモーダル入力理解**　バーチャルエージェントによる対話システムでは，ジェスチャ，視線，頭部動作など，さまざまな入力モダリティが存在するため，マルチモーダル対話システムよりも，入力情報の種類や数が多くなるが，非言語情報の種類は，大きく二つに分けることができる。

一つは，マルチモーダル理解で述べた，音声認識から得られる言語情報と統合され，ユーザ入力の命題内容の理解に利用される非言語情報である。例えば，ユーザの指差しジェスチャと「これ」という言語による参照表現を統合して，ジェスチャにより指示されたものが直示表現の対象となっていることを理解する場合が挙げられる。

もう一つは，コミュニケーションを円滑に進行させるためのコミュニケーションシグナルとしての非言語情報である。例えば，エージェントが画面上の対象物を見ながら説明している際に，ユーザの視線がそれに向けられ，両者がその対象物に対して共同注意 (2.5.1 項) を向けることは，コミュニケーション成立の不可欠な条件の一つである。この場合，システムは，アイトラッカなどからの計測情報に基づき，ユーザの注意が説明対象に向けられているか否かを判断し，さらに，この注視行動がシステムの発話中であったか否かを時間情報を参照することにより判定する必要がある。頷き動作も，発話の時間やその内容を考慮したうえで，コミュニケーションシグナルとしての意味を解釈する必要がある。適切なタイミングで発生した頷き動作は，エージェントの発話に対するユーザによる非言語的な承認と解釈することができる[248)]。

具体例を挙げて説明しよう。図 **4.7** は，エージェント行動の発話，およびユーザ行動の視線の遷移と頷きの時間関係を示したものである。ユーザの視線は，エージェントの発話開始後まもなく，画面に表示された説明対象である龍安寺に向けられている。この視線遷移により，発話開始時から説明対象に視線を向

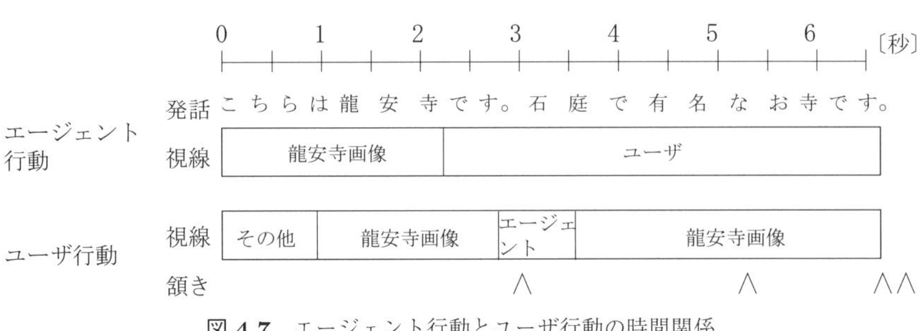

図 4.7　エージェント行動とユーザ行動の時間関係

けているエージェントとの間に共同注意が確立される。これは，コミュニケーションが適切に進行していることを示す非言語行動である。また，一つ目の発話の終了直後にユーザの視線はエージェントに向けられ，これに伴い頷き動作が観測されている。これはエージェント発話への承認であり，肯定的なフィードバックであると解釈することができる。

このように，ユーザの非言語行動をコミュニケーションシグナルとして解釈するためには，入力理解部では，発話の開始・終了時刻と各種行動計測データのタイムスタンプを一元的に管理し，各種行動間の共起関係に基づき，意味や機能を解釈する機構が必要となる。図 4.7 のような比較的単純な共起関係を解釈するには，ルールを記述すればよいが，複数モダリティの情報を用いた複雑な判断が必要となる場合には，機械学習を用いて入力理解のためのモデルを作成し，これを入力情報に適用することにより解釈を行う[247]。

〔**3**〕 **対 話 管 理**　　入力理解部から算出されたマルチモーダル入力理解結果は，他の対話システムと同様に，意味レベルの表現である。したがって，対話管理の手法の基本は 3.3 節で述べたものと同じである。

内部状態の更新や行動選択をどのように行うのかについては，ユーザセンシングを行うマルチモーダルな対話システム全般に共通する事項であるので，5.5 節でまとめて述べる。

〔**4**〕 **マルチモーダル生成**　　生成部では，対話管理部で決定されたエージェントの応答内容に対して，その表現様式が決定される。具体的には，発話内容

から言語表現を決定すると同時に，ジェスチャ，視線，表情などのエージェントによる非言語行動を決定し，言語表現に付加する。実現する方法としては，プランニングなどを用いた生成機構において言語表現と同時並行的に非言語表現を決定していく方法や[297]，先に言語表現を決定し，非言語行動付与ルールを後から適用して，言語表現に非言語表現を付加する方法などがある[58]。

後者の方法では，まず，どのような概念や表現においてどんな非言語行動を表出すべきかをルールとして定義しておく。**表 4.2** はコミュニケーション科学などの研究で明らかにされてきた対面会話における非言語行動の機能をまとめたものであるが，これらをエージェントの非言語行動決定のルールに応用することにより，人間のコミュニケーション行動をモデルとしたエージェントの行動決定を行うことができる。例えば，話題の転換時には姿勢を変化させることが多いが，話題の転換点であるか否かは対話システムの内部状態として保持されている談話構造を参照すれば知ることができる。ターン譲渡や話し手へのフィードバックについては，参加役割を参照すればよい。

表 4.2 言語情報と非言語行動の関係

言語情報	非言語行動
発話の強調	ジェスチャ，眉を上げる表情
ターン譲渡	話し手ジェスチャ停止，次話者への視線移動，次話者による視線そらし
話し手へのフィードバック	相互注視 (アイコンタクト)，あいづち
話題転換	姿勢変化

姿勢の変化が話題変換と関連するのに対し，ジェスチャは発話中に表現されている概念を強調する機能を持つ。そのため，ジェスチャをエージェントの発話に付与するためには，言語表現の形態素や文構造の情報が必要となる。例えば，二つの事柄が対比・並列して表現される場合に，それを強調するジェスチャが付与されることが多いが，そのためには，言語表現の形態素解析，構文解析を行い，発話中の対比関係を検出する必要がある。このように，非言語行動は言語情報と密接に関わっており，言語情報に基づいて非言語行動を決定するのは有効，かつ妥当な方法であるといえる。

最終的には**図 4.8** に示すような，言語表現に非言語行動がタグとして埋め込まれたエージェント行動のスクリプトを出力結果として得る。この例では，イタリア料理と日本料理が対比されている概念であり,「イタリア料理を」の部分で右手の上下動のビートジェスチャ[186]が，その後,「日本料理が」の部分で左手のビートジェスチャが付与されている。

```
<Utterance>
    <Gaze type = "towards">
           <Gesture_right type = "contrast" handshape_right = "beat">
             イタリア料理を
           </Gesture_right>
             ご希望ですか，それとも
           <Gesture_left type = "contrast" handshape_left = "beat">
             日本料理が
           </Gesture_left>
    </Gaze>
    <Gaze type = "blink">
             よろしいですか？
    </Gaze>
</Utterance>
```

図 **4.8**　エージェント行動のスクリプト

このようなエージェント行動の記述方法の標準化も試みられている。その一つに **BML**(behavior markup language)[199]がある。BML は XML 形式のマークアップ言語であり，ジェスチャ，視線，表情，姿勢など，非言語行動のタイプと各タイプにおいて定義されている行動を指定することにより，エージェントの行動を記述するものである。現状では，エージェントの行動記述もエージェントアニメーションの仕様も標準といえるものはなく，各研究機関で独自に設計・開発されている状況である。今後，エージェント行動の記述方法を標準化し，これを解釈できるアニメーションエンジンを共同で開発すれば，アニメーションエンジンやキャラクタモデルを共有することができ，より容易にエージェントアニメーションを利用できるようになるであろう。

〔**5**〕 **アクションスケジューリング**　　アクションスケジューリング (action scheduling) では，生成部から出力されたエージェント行動のスクリプトをアニ

メーションコマンドのタイムスケジュールに変換する。音声言語とエージェントの口の動きを合わせる**リップシンク** (lip-sync) を実現するためには，音素単位でのタイムスケジュールを音声合成器から取得し，各音素のタイプに応じてエージェントの口のアニメーション (viseme と呼ばれる) を決定すればよい†。また，ジェスチャなど，単語や文節に対して付与されている非言語行動についても，音声合成器から各単語の開始時間を取得し，タイマー制御により，所定の時間にアニメーションエンジンにアニメーション実行コマンドを送信することにより，音声とエージェント動作を同期させることができる。

〔**6**〕 **マルチモーダル出力** アクションスケジューリング部から送信された実行命令を各出力デバイスが受け取り，実行する。音声合成器が言語表現の文字列を受け取ると，発話音声が出力される。また，アニメーションエンジンがエージェントの動作命令を受け取ると，エージェントの動作アニメーションが実行される。各出力デバイスは独立に動いているが，アクションスケジューリング部で計算されたタイミングどおりに各命令が実行されることにより，音声と動作が同期した表現を得ることができる。

4.3.4 対話ロボット

音声言語で人間と対話する機能を持つロボットを**対話ロボット** (dialogue robot) または**会話ロボット** (conversational robot) と呼ぶ。対話ロボットには大きく分けて 2 種類がある。一つは，対話機能が中心になるもので**コミュニケーションロボット** (communication robot) と呼ばれる。もう一つは**サービスロボット** (service robot) と呼ばれる，移動や物体操作などの機能が中心のもので，人とのインタフェースとして対話機能を持っているものである。

コミュニケーションロボットは，人間や動物の形をしていることによって，ユーザがロボットに対して親近感を覚えたり話しやすかったりすることを目標にしている。ジェスチャ，姿勢，視線などによって対話の円滑化を目指すのは，

† 音声合成器に API が付属していないなど，viseme を取得できない場合には，近似的な方法として単に口の開閉を繰り返すアニメーションを用いてもよい。

バーチャル対話エージェントと同じであり，基本的に 4.3.3 項で述べたバーチャル対話エージェントとほぼ同じアーキテクチャを持つ。

それに対し，対話機能をもつサービスロボット（**対話サービスロボット** (dialogue service robot) または**会話サービスロボット** (conversational service robot) と呼ぶ）は，サービスの実行と対話機能を統合的に行わなくてはならない。対話サービスロボットのアーキテクチャはバーチャル対話エージェントのアーキテクチャにサービスの実行を行うモジュールを追加し，統合的に管理するようにしたものである。本項では，バーチャル対話エージェントにはなく，対話サービスロボットのみにある機能に焦点をあてて説明する。

対話サービスロボットのアーキテクチャを説明する前に，サービスロボットのアーキテクチャを考える。まず，サービスロボットがサービスを行うために必要な機能を考えよう。手を持つ車輪型サービスロボット（**図 4.9** のようなものが一例である）が，ある物体を見つけて取ってくるというタスクを考える。その場合，ロボットが物体を探すために障害物にぶつからずに移動する機能，画像認識で物体の存在を発見する機能，物体を把持する機能，物体の把持のために物体の正確な位置（ロボットからの相対的な位置）を得る機能，ユーザの位置に移動する機能，物体をユーザに渡したり，ユーザの近くのテーブルの上に置いたり渡したりする機能などが必要である。

これらの機能の実現のためには，障害物や物体を発見するセンサ，そのセンサの入力を解釈し，記号的な表現（物体の ID など）や高次の情報（物体の位

図 4.9　手を持つ車輪型サービスロボットの外形

置）に変換したりする認識モジュール，それらの認識結果を統合し，自己や物体の絶対位置などを推定する状況推定モジュール，状況推定結果をもとに，行動プランをたてるモジュール，プランに沿って行動するために，腕や車輪など個々の部位の行動を制御する行動実行モジュール，行動実行モジュールの命令に従って，個々のモータを制御するアクチュエータが必要である。

初期のロボット研究においては，これらのモジュールは**図 4.10** のように直列に並んでいた。このようなアーキテクチャの問題は，障害物回避のように，瞬時の判断を行わなくてはならない場合にも，複雑な状況推定やプランニングなどの処理を通らなくてはならず，時間がかかりすぎていたことである。

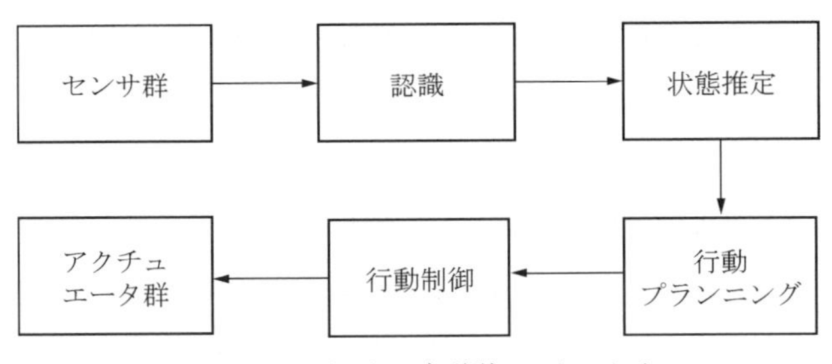

図 4.10　ロボットの直列型アーキテクチャ

そこで，**図 4.11** のような階層型のモジュール構成がとられるようになった†。障害物回避のように即時的な反応が必要な場合には，センサとアクチュエータを直接結ぶ反射的な処理が行われる。そのような反射的な行動は複数あり得るので，複数の反射行動モジュールが用いられる。また，より高次のレベルの処理，すなわち熟考的な処理もタスクごとにモジュールを分割することで，個々のモジュールを単純化できる。例えば，移動や物体の把持といったタスクごとにモジュールを用意することで，個々のモジュールで考慮すべき状況の変化を少なくし，処理を単純にすることができる。このような単純な処理モジュールを組み合わせることで，複雑なタスクを遂行できるようにする。

† 2 章の文献案内で触れた，サブサンプションアーキテクチャ[46)] がその最も初期のものである。

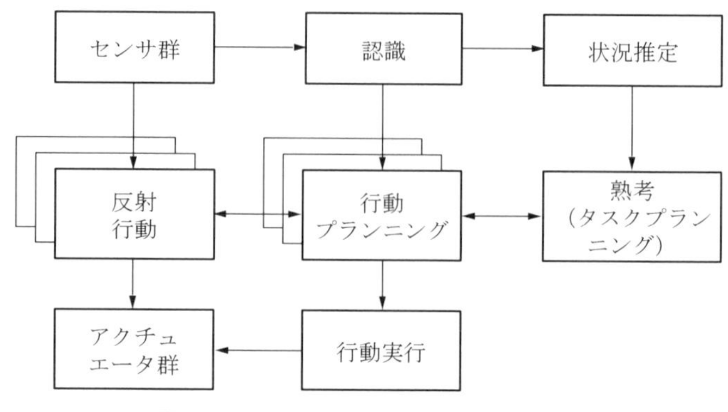

図 4.11　ロボットの階層型アーキテクチャ

このようなサービスロボットに対話機能を入れるにはどうすればよいだろうか。一つには，上記のモジュールとは別に対話システムを用意し，対話によって意図理解した結果を目標として熟考モジュールに送り，熟考モジュールがドメインプランを立てて，目標を達成する方法が考えられる。しかしながら，そのようなアーキテクチャでは，対話と行動を統合して制御することはできない。対話ロボットが目標を達成するには，物理行動と対話の組み合わせが必要になる。例えば，人をある場所に案内する場合，依頼者をその場所まで連れて行き，その場所についたことを対話で知らせる。また，移動などの物理行動中に人が声で停止要求をした場合にはそれに従う必要がある。そのためには，行動と対話を統合した形で，行動プランニングを行う必要がある。

そもそも知能ロボットと対話システムは同じような構造を持つ人工知能システムである。特に 4.2.5 項で説明した分散型マルチドメイン対話システムのアーキテクチャと，上記の階層型アーキテクチャは基本的に同じ形をしている。そこで，対話と物理行動を区別することなく扱うことができる。センサ群にはマイクを含め，認識モジュールの中で音声認識や言語理解を行い，行動実行に言語生成と音声合成の機能を持たせる。行動プランニングのモジュールの一つ一つが，ドメインごとの対話管理，タスクごとのプランニングを行う[258)]。

例えば，人の命令に応じて物体を運搬するタスクを行うロボットを考えよう。

その場合

A. 運搬要求を理解する行動プランニング部（対話管理部）

B. 物体を持って移動する行動プランニング部

C. 物体の移動の完了を報告する行動プランニング部（対話管理部）

があればよい。初めに，ユーザが「このコップをあの机まで持って行って」といったとすると，A. の行動プランニング部がロボットは必要に応じて「このコップですね」などの聞き返しを行い，基盤化をしたうえでユーザの意図を理解する。その結果がタスクプランニング部に送られる。タスクプランニング部では，どのような順番でタスクを遂行するかを決定し，順次必要な行動プランニング部を駆動する。この場合，まず物体を持って移動し (行動プランニング部 B.)，その完了をユーザに報告する (行動プランニング部 C.)。

各行動プランニング部は，物理行動と対話のどちらかだけをつかさどるのではなく，両方を行う場合もある。例えば，移動の行動プランニング部は，移動途中で停止の音声指示を受けた場合には移動を中止しなくてはならない。このためには，対話管理と物理行動の制御の両方を行う必要がある。移動中止発話の意図理解を行い，それに基づいて移動中止命令を行動実行モジュールに送る。また，移動中に障害物を発見して前に進めなくなり目標が達成できなくなった場合，それを人間に伝える必要がある。そのような処理を行うためには，移動の行動プランニングモジュールが移動状態を常時監視し，前に進めなくなったときに，行動選択処理を駆動し発話を行う。このように，各モジュールが対話と物理行動を統合した形で制御することで，物理行動と対話の間に矛盾が生じないようにできる。

4.4 エラーハンドリング

対話システムにおいて，誤解への対応は必須である。なぜなら対話では，一問一答を行うシステムとは異なり，一発話の解釈の誤りが，それに対する応答だけでなく，つぎの発話の解釈にも伝搬し，新たな誤解や対話の破綻を招くためである。

人間どうしの対話でも，しばしば確認が行われる。つぎに，話を理解した結果が曖昧であれば，その内容に対する確認を行う。話の中に聞き取りにくい箇所があれば，その箇所に関して聞き直すこともしばしば行われる。

対話システムでのエラーハンドリングは，以下の要素からなる。

① **誤り検出** (error detection)

② 誤りに対する**回復戦略** (repair strategy)

本節の前半では，まず 4.4.1 項で，相互信念への誤りの混入を防ぐために，システムが信念の基盤化（2.3 節）を行う必要性を述べ，続いて 4.4.2 項では，誤りの存在を同定し，これを除外するために確認を行うプロセスについて述べる。これは，誤りに対する回復戦略のうち，局所的なものと位置づけることができる。つまり，検出された誤りに対して，短い副対話 (sub-dialogue) をすぐに行うことで，誤りが相互信念に混入することを防ごうとするものである。この短い副対話は，**確認要求** (confirmation request)（例：「京都駅への行き方でよろしいですか？」）と，それに対する肯定応答による基盤化（例：「はい，そうです」）から成る。これに対して，システム全体の対話戦略を変更し，さらに誤りが発生するのを防ぐことも考えられている。このような大域的な回復戦略については，5.2 節で述べる。

本節の後半，4.4.3 項では，特に音声を用いた対話システムにおいて，音声認識誤りに起因する誤解を検出するための手法について述べる。具体的には，音声認識結果の確信度に基づく確認や，対話に問題が生じている状態を検出する手法について紹介する。より大域的な問題検出については 5.3 節で紹介する。

4.4.1　基盤化の必要性

基盤化とは，対話に参加している二者の間で，相互信念を形成することを指す（2.3.1 項）。基盤化を行う手段の一つに確認というプロセスがある。ここではまず確認要求を行い，それに対する応答を相手から得ることで，理解状態への誤解の混入を防ぐ。つまり，対象とする信念に対して確認要求を行い，それが何らかのかたちで肯定されると，その信念が確認された，すなわち相互信念として基盤化された，ということになる。

対話システムにおいては一般に，システムへの入力の解釈に誤りがある可能性がある場合に，基盤化が必要となる†。典型的には以下の 2 例が考えられる。

① ユーザ発話の内容に曖昧性がある場合

② ユーザ発話の理解結果が信頼できない場合

1 点目には，語彙の曖昧性と，ドメイン知識における曖昧性が例として挙げられる。語彙の曖昧性により基盤化が必要となる例を以下に示す。

U1:　空港で寿司が食べたい
S1:　空港は，羽田空港のことでよいですか？
U2:　はい
S2:　10 軒あります

ここでは,「空港」という語が，複数の地名のエンティティを指し得るため，曖昧性が生じている。

また，ドメイン知識における曖昧性により，基盤化が必要となる場合もある。

U1:　ホットコーヒーください
S1:　レギュラーですか，ラージですか？
U2:　レギュラーで
S2:　かしこまりました

このドメインでは，ホットコーヒーのサイズにレギュラーとラージの 2 種類があり，それを指定しないとタスクが遂行できないため，齟齬が生じないように基盤化が行われている。

つぎに，音声認識結果や言語理解結果の誤りの可能性を考えて，相互信念に齟齬が生じないようにするために，基盤化が必要となる場合である。音声入力を扱う対話システムで扱われる基盤化は，こちらに関する研究が多い。これは，

† 本来，基盤化は双方向であり，システムへの入力だけでなく，システムからの出力がユーザによって基盤化されたかどうかも考える必要があるが，ここでは前者のみを扱う。

音声認識誤りや言語理解誤りにより生じる相互信念の齟齬が，タスクの破綻につながるからである。

ある信念が基盤化されたかどうかは，大まかにいって，3 状態（基盤化されていない，確認要求を行った，基盤化済み）で管理される。Traum は，表 2.4 (2.3.3 項) のような状態を定義しているが，修復 (Repair) や破棄 (Cancel) を除くと，おおよそこの三つであるといってよい。

4.4.2　確認要求の方法

基盤化が必要であると判定された場合には，システムは確認要求を行う必要がある。本節ではこの確認要求の方法について説明する。

確認要求の方法には，**明示的確認** (explicit confirmation) と**暗黙的確認** (implicit confirmation) がある。ここではさらに，続行戦略についても紹介する。

〔1〕 **明示的確認**　　明示的確認の例を以下に示す。

U1:　飯田橋にある中華料理の店を教えて
S1:　飯田橋でよろしいですか？
U2:　はい
S2:　96 軒見つかりました

この例では，U1 を理解する際に,「飯田橋」という内容に対して，システムは基盤化が必要と判定したとする。この際に,「飯田橋」という内容が正しいかどうかを，S1 のように Yes/No 質問形式で明示的に確認要求している。これに対して，U2 のように，ユーザがその確認要求に対して肯定応答を行うことで，その内容が基盤化されたとみなす。これを明示的確認という。

明示的確認の利点として，最も確実に基盤化を行える点がある。一方で，このプロセスでは，ユーザとシステムに 1 ターンずつを必要とするため，対話が長くなるという欠点がある。

なお，音声入力を扱う対話システムの場合，Yes/No 質問に対するユーザ発話を認識する際に，語彙を「はい」「いいえ」に限るということも考えられるが，ユーザは必ずしも U2 のように「はい」「いいえ」のいずれかのみで答えるとは限らない。つまり，肯定の場合でも「はい」といわずに「そうです」「それでお願いします」など別の表現を使うことがある。否定の場合は，ユーザは内容の訂正を付加しがちであることから，さらに表現のバリエーションは多くなる（例えば,「いや，飯田橋じゃなくて板橋」）[331]。このため，多様な一般ユーザに対するシステムでは，明示的確認の後に「はい，またはいいえで答えてください」のようなヘルプメッセージがしばしば用いられる（5.2.4 項）。

〔**2**〕 **暗黙的確認**　暗黙的確認の例を以下に示す。

U1:　飯田橋にある中華料理の店を教えて
S1:　飯田橋にある中華料理の店は，96 軒見つかりました

この例では，U1 の理解結果である「飯田橋」「中華料理」という内容を，質問に対する回答である S1 に含めて応答している。この後にユーザが特に訂正を試みなければ，これらの内容を基盤化されたとみなす†。これを暗黙的確認という。

暗黙的確認の利点として，確認する内容に誤りがなければ，確認のためだけに 1 ターンを費やすことがないため，明示的確認と比べて対話を短くできるという点が挙げられる。このような特性を，数学的な解析に基づき明らかにした研究も行われている[265]。一方で，もし確認内容が誤っていた場合，ユーザはどのように訂正すればよいのかわからないという問題がある。またその結果，訂正を行うユーザの発話表現は多様となる。このため，システム側から見ても，多様な訂正表現を認識・理解する必要が生じてしまう。

このことから，後述する確信度を用いる場合，明示的確認と暗黙的確認を比較すると，より確信度が高い場合にのみ，暗黙的確認を行うのが妥当である。一方で，一般ユーザに対して暗黙的確認を行った場合には，その内容が誤っていた場合の修復が困難であるため，結局使用できないという報告もある[332),374]。

〔**3**〕 **続 行 戦 略**　基盤化が必要となった場合に，直接確認要求を行わず

† 4.4.3 項で述べる，基盤化の度合を表すモデルのように，明示的確認による基盤化状態と，暗黙的確認による基盤化状態を別にすることも考えられる。

に，間接的に基盤化を試みるという戦略である。ここでは，利用する知識によって二つに分けて紹介する。

一つ目は，理解できなかったことを必ずしも知らせず，異なる質問により対話を進める戦略である。Skantze は，wizard-of-Oz 法 (4.5.2 項で詳述) による実験を通して，人間のオペレータはこのような戦略を採ることを示した[321]。この戦略はシステムにおいてはつねに有効ではなく，代替となるプランがある場合に使用可能である。例を以下に示す。これはユーザが講義室を検索し予約するタスクにおける対話例である[38]。

S1:　大きい部屋と小さい部屋のどちらがいいですか？
U1:　(システムが理解できない応答)
S2:　すみません，わかりませんでした。例えばセミナー室 A は，収容人数 20 名で，プロジェクタもあります。この部屋を予約しますか？

ここでは，U1 の発話内容が理解できなかった場合に，S2 として S1 の内容を再度質問するのではなく，別の質問を選択している。これにより，S1 に対する回答が得られなくても，予約する講義室を絞り込むという目的を達している。

二つ目は，コンセプト間の制約を利用して，別の質問内容により信念の基盤化を行うものである[271]。コンセプト間の制約を利用して，複数理解候補を保持したうえで適切な確認を行う手法も提案されている[189]。例を以下に示す。

S1:　目的地の市町村名を言ってください
U1:　(堺市か加西市か不明。確認が必要)
S2:　その市はどの都道府県にありますか？
U2:　大阪府
S3:　わかりました。大阪府堺市ですね

ここでは，U1 を理解する際に曖昧性が生じ，市町村名の内容について基盤化が必要となっている。ここで S2 として「市町村名をもう一度いってください」と再発話要求するのではなく，例の中の S2 のように，都道府県名を確認している。この結果，U2 により得られた「大阪府」という結果と，「堺市は大阪府にあり，加西市は兵庫県にある」というコンセプト間の制約から，U1 の内容は

「堺市」であったと推測できる。

これらの戦略の特徴として，ユーザ応答を理解できなかった質問を繰り返さない点が挙げられる。これによりまず，音声認識や理解が困難な発話を，ユーザに繰り返させることを避けている。特にユーザが発話した内容に語彙外 (out-of-vocabulary) の単語が含まれる場合，何度同じ質問をしても正しい音声認識結果や言語理解結果が得られる可能性はないため，この戦略は有効である。また，システムがU1の発話を正しく認識できなかったことにユーザは気付かないため，システムが誤っていることをユーザに示さずに済む。何度も同じ質問をされることより，ユーザを不快に感じさせることも防げる。

一方で，適用可能な場合が限られるという問題がある。上記の例では，この戦略が適用可能となるのは，代替となるプランや，ドメイン知識がうまく使える場合にのみに限られる。また，ユーザの応答内容によっては，システムが突然質問を変えることになるため，システムの質問の意図をユーザが理解できなくなる可能性も指摘されている。

4.4.3 確信度に基づく確認要求

音声入力を扱う対話システムの場合，音声認識結果やそれに基づく言語理解結果が正しいと予想される度合を考慮して，前項で述べた各種の確認要求を行うのがよい。この度合は，3.1 節で触れた**確信度** (confidence) である。

〔**1**〕 **確信度を利用した確認要求戦略**　連続値である確信度に，しきい値を設定し，システムの確認要求を制御する戦略が考えられる。具体的には確信度をCM，それに対するしきい値をθ_1，θ_2 ($\theta_1 \geqq \theta_2$) とすると

- $CM \geqq \theta_1$ の場合，確認要求せずにそのまま受理する。
- $\theta_2 \leqq CM < \theta_1$ の場合，その内容に対して確認要求を行う。
- $CM < \theta_2$ の場合，棄却する。

の戦略が考えられる[194),265)]。つまり，確信度が高い（θ_1 以上である）場合は，システムが正しく理解できている可能性が高いため，確認要求を行わずに受理する（基盤化済みとする)。確信度が中程度（θ_1 と θ_2 の間）の場合は確認要求

を行う。確信度が低い（θ_2 未満である）場合は，そもそもその認識結果自体が誤りである可能性が高いと考え，確認要求を行わずに棄却する。音声認識結果の中には，実際の発話音声には含まれない単語が，認識結果に誤って現れてしまう場合がある（**湧出し誤り** (false alarm)）。このような誤りである可能性が高い内容に対しても確認要求を行うと，ユーザに逐一それを否定させる必要が生じてしまう。このため，棄却という選択肢は必要である。

これらのしきい値は，誤受理や誤棄却の重みを考慮したうえで，学習データにおける損失が最小となるように決めることができる[37),194)]。

どの単位で確認要求を行うかは，この確信度をどのような単位で計算するかに依存する。つまり，上記の確認要求を一発話単位で行う場合[265)]は，一発話の理解結果に対する確信度を計算する必要があり，一発話中のコンセプト（本項では対話行為の属性の意味で用いる）ごとに確認戦略を分ける場合[194)]は，各コンセプトに対する確信度が必要となる。

本来，対話システムにおいて基盤化の対象となるのは，一連の入力理解結果から得られる意図理解結果である（図 3.4 参照）。上で述べた研究では，一回の入力ごとに確認要求の必要性を判定するように問題を簡単化しており，発話理解結果の確信度を，そのまま意図理解結果の確信度とみなしている。意図理解結果に対して，文脈から得られる情報を考慮して確信度を計算する研究もある[132)]。この論文では，文脈を表す特徴を導入することで，より性能の高い確信度が得られることが示されている。

〔**2**〕 **音声理解結果に対する確信度の計算**　　音声理解結果の確信度は，音声認識結果の確信度を利用して得ることができる。ここではまず音声認識の確信度計算の原理を述べ，続いて理解結果の確信度の計算の例を示す。音声認識結果に対する確信度の計算は，音声認識の後処理として認識結果を受理/棄却する**発話検証** (utterance verification) と深い関係がある[177),181)]。発話検証では，得られた音声認識結果の尤度（ゆうど）と比較検証用のモデルや仮説の尤度を比較する[†]。

† **尤度** (likelihood) とは，与えられたモデルにおいて，そのデータが生じる確率のことである。つまり，そのデータがモデルにどの程度あてはまるかを表す。

この**尤度比** (likelihood ratio) LR を用いて，音声認識結果の受理/棄却を判定する。つまり，入力を X，得られた音声認識結果 W_0 に相当するモデルに対する尤度を $P(X|W_0)$，検証用モデル λ_V に対する尤度を $P(X|\lambda_V)$ とすると，尤度比は式 (4.1) で表される。

$$LR = \frac{P(X|W_0)}{P(X|\lambda_V)} \tag{4.1}$$

これは対数をとると対数尤度の差になる[†1]。

$$\log LR = \log P(X|W_0) - \log P(X|\lambda_V) \tag{4.2}$$

この LR が意味するのは，比較検証用のモデルに対する尤度と比べて，現在の音声認識結果の尤度がどの程度高いかである[†2]。この LR を発話長で正規化したものを用いて，音声認識結果の確信度を定義できる[181)]。

この検証用モデルの尤度 $P(X|\lambda_V)$ を得る方法には以下がある[178)]。

①　**定　数**　　検証用モデルを用いず，尤度そのものを確信度とする場合に相当する。尤度の値域は，話者や入力環境によって大きく変動するため，性能はよくない。

②　***N*-best 仮説**　　音声認識結果の複数候補を求めて，対立候補，つまり第二候補（以下）の尤度と比較する手法である。第一候補が，対立候補よりも十分に高い尤度を得ている場合，正解である可能性が高いと考える[†3]。多数の候補を求め，その尤度の総和で第一候補の尤度を正規化する場合[42)]，音声認識結果の事後確率を求めていることに相当する。音声認識器の語彙サイズが小さい場合には，まったく異なる対立候補しか存在せず，つねに対立候補との尤度比は大きくなるため，この方法は信頼できない。

---

†1　音声認識のスコアは，一般に対数尤度として計算される。

†2　後述する②ではこの尤度差は必ず 0 以上の値を取るが，③から⑤では音声認識結果として言語モデルの制約がかかった音素列が得られるため，多くの場合検証用モデルの尤度の方が高い。

†3　音声認識エンジン Julius が出力する確信度も，基本的にはこの考え方に基づいている。つまり，認識結果出力後ではないものの，認識結果の探索の過程で，対立候補とのスコア比較を行い，確信度を算出している[205)]。

③ **音節連接モデル**　日本語の音節を任意の数だけ連続させたものを，検証用モデルの言語モデルとして用いる方法である[373)]。日本語一般で用いられる音節の連続と比べて，得られた音声認識結果がどの程度音響的に当てはまっているのかを表している。

④ **大語彙言語モデル**　上記の音節連接モデルの代わりに，一般的な大語彙言語モデルを用いる方法である。音節連接モデルよりも，実際にあり得る日本語の音素列を比較対象にしていることになる。新聞記事や Web から学習された，数万語彙以上のモデルが用いられることが多い。

⑤ **参照用音響モデル**　比較参照用の音響モデルを作成・学習して検証用モデルとし，その尤度を利用する。比較的小語彙の音声認識において効果が示されている。

一般に，発話検証では，小語彙の音声認識では参照用音響モデルと比較することが有効であり，大語彙ではほかの候補（N-best）や大語彙言語モデルに基づく音声認識結果と比較することが有効であるといわれている[178)]。

また，確信度を，音声認識スコアからだけではなく，音声認識結果に含まれるさまざまな特徴を用いて計算する手法も提案されている[126)]。

続いて，音声認識結果の N-best 仮説（N-best 音声認識結果）を用いて，言語理解結果に対する確信度を求める方法の例を示す。

N-best 仮説中の各文に対して認識スコア（音声認識での対数尤度）が得られており，また各文に対する言語理解結果も得られているとする。この場合，コンセプト r の確信度 $CM(r)$ は図 **4.12** に示す手順で求められる[42),194)]。

1. N-best 仮説中の i 番目の文のスコア $score_i$ $(1 \leqq i \leqq N)$ に定数 α $(\alpha < 1)$ を乗じた後，指数化し，i 番目の文の事後確率 p_i を求める†。α はスムージング係数で，実験的に定められているとする。

$$p_i = \frac{e^{\alpha \cdot score_i}}{\sum_{j=1}^{N} e^{\alpha \cdot score_j}}$$

† なお，N を大きくしても，$e^{\alpha \cdot score_i}$ の値が十分に小さくなり確率の総和が収束するため，N は 10 程度でよい。

入力発話：「付帯施設にレストランのある宿」

i	音声認識結果	p_i
1	あー 施設 に レストラン の 加悦町	.24
2	あー 施設 に レストラン の 桂 の	.24
3	あー 施設 に レストラン の 上賀茂	.20
4	あ 施設 に レストラン の 加悦町	.08
5	あ 施設 に レストラン の 桂	.08
6	あ 施設 に レストラン の 上賀茂	.06
7	あー 施設 に レストラン の カフェ	.05
8	あ 施設 に レストラン の カフェ	.02
9	あ 設備 を レストラン の 加悦町	.01
10	あ 設備 を レストラン の 桂 の	.01

$CM(r)$	コンセプト r
1	施設：レストラン
0.33	エリア：加悦町
0.33	エリア：桂
0.26	エリア：上賀茂
0.07	施設：カフェ

図 4.12　言語理解結果の確信度の計算例[42),194)]

2. あるコンセプト r が i 番目の文に含まれるとき $\delta_{r,i}=1$，含まれないとき $\delta_{r,i}=0$ とすると，入力発話に r が含まれていた確率 p_r は

$$p_r = \sum_{i=1}^{N} p_i \cdot \delta_{r,i}$$

となる。この事後確率 p_r をコンセプト r の確信度 $(CM(r))$ とする。

具体例として,「付帯施設にレストランのある宿」という発話に対する音声認識結果の 10-best 仮説と，文ごとの事後確率 (p_i)，コンセプトの確信度 $CM(r)$ を図 4.12 に示す。コンセプトは,「属性名：値」の形式で表されている。発話末に湧出し誤りが生じているが，各 N-best 仮説に対する言語理解結果が異なることから，それらの確信度は低くなっている。確信度を使うことで，これらの湧出し誤りを棄却できる。

〔**3**〕 **基盤化の度合**　　**基盤化の度合** (degree of groundedness) とは，二者間の基盤化が，どの程度確実かという度合を表すものである。つまり，2.3.3 項で述べた Traum らによる表 2.4 のように，決定的な状態遷移として基盤化の状態を表すのではなく，その確実さをいくつかの度合で表す。

上で述べた確信度は，この基盤化の度合に対応すると捉えることができる。つまり，確信度が高い場合には基盤化の度合は高く，逆に確信度が低い場合に

は基盤化の度合が低いため確認要求が必要と考えることができる。上で述べた音声認識結果に対する確信度の場合では，音声認識結果のみを用いて確信度を計算しているが，ほかのさまざまな手がかりを用いて，基盤化の度合を考えた研究を以下で紹介する。

この基盤化の度合は，まず船越らによって提案されている[99]。この論文では，ソフトウェアエージェントに動作を指示するタスクにおいて，4 段階で提案されている（**表 4.3**）。具体例を挙げると，"turn to the right." という指示に対して，Level 1 は "OK" という応答があった場合，Level 2 は "to the right" という応答があった場合，Level 3 は指示側の意図どおりに実際に右に曲がった場合にそれぞれ相当する。この 4 段階の基盤化の度合は，指示の訂正対象を推論するのに使われている。つまり，複数の訂正対象候補がある場合，基盤化の度合が低い候補が訂正対象であると推論するのに用いられている。

表 4.3　動作指示タスクにおける 4 段階の基盤化の度合[99]

度　合	動作指示タスク
Level 0	基盤化されていない
Level 1	受け手は，自分が指示を理解したと思っている（正誤はわからない）
Level 2	受け手は指示の一部を理解した
Level 3	受け手は指示を完全に理解した

Roque らも同様に，音声言語のみによる対話における基盤化の度合を提案している[299]。まず基盤化の度合の手がかりとなる，対話中の表層的特徴として八つを示している。これを**表 4.4** に示す。これを手がかりとして，この論文で

表 4.4　基盤化の度合を示す八つの手がかり[299]

度　合	度合を決める手がかり
Submit	ある表現が初めて提示された
Repeat Back	Submit したのと違う話者に同じ表現が使われた
Resubmit	同じ表現が再度提示された
Acknowledge	承認された（「了解」と応答されたなど）
Request Repair	再発話が要求された
Move On	話題が次に移った
Use	意味的に理解されていることが確認された（質問に答えた場合など）
Lack of Response	一定時間応答がない

は9段階の基盤化の度合が定義されており（**表 4.5**），この度合に応じてどのような基盤化戦略を採るべきかを決定している。

表 4.5　9段階の基盤化の度合[299)]

度　合	度合を決める手がかり
Unknown	まだ対話に現れていない
Misunderstood	(anything, Request Repair)
Unacknowledged	(Submit, Lack of Response)
Accessible	(Submit) or (anything, Resubmit)
Agreed-Signal	(Submit, Acknowledgment)
Agreed-Signal+	(Submit, Acknowledgment, other)
Agreed-Content	(Submit Repeat Back)
Agreed-Content+	(Submit Repeat Back, other)
Assumed	ほかの手段により基盤化済み

4.5　対話システムの開発と評価

ここまで対話システムの基礎的な技術をみてきた。これらの技術をもとに実際に対話システムを構築するには，多くの作業が必要であり，そのコストは無視できない。本節では一般的な対話システムの構築プロセスを説明するとともに，いかにしてコストを低下させるかについて述べる。また，構築したシステムの評価法を述べ，継続的にシステムを改良していく方法について述べる。

4.5.1　対話システムの開発プロセス

4.1節で述べたように，対話システムを構築する際には，①モジュール構成，②各モジュールのアルゴリズム，③知識の表現形式，④内部状態の表現形式を決めたうえで，各モジュールを実装し，4.1節で列挙した知識を構築していく必要がある。

具体的な開発プロセスは，個々の事情によるが，おおむね以下のようになる。

①　対話システムがどのようなサービスを行うかを定義し，典型的な対話例を記述する。

② タスクプランニング部や外部連携部などが必要かどうかを判断し，モジュール構成を決める。バックエンドのサービスもこの時点で決める。

③ 内部状態の表現形式を決める。

④ オントロジを構築する。ここでコンセプト（オントロジのノード）はバックエンドのサービスで使われる記号と対応づけられている必要がある。

⑤ 考えられる入力を可能な限り列挙し，それをもとに対話行為タイプと属性の集合を決める。このとき，ユーザがバックエンドのサービスが扱える範囲を完全には把握していないことに注意しなくてはならない。例えば，レストラン予約システムが個室の希望を受け付けられない場合でも，ユーザが「個室にしてください」といわないとは限らないので，そのような発話も理解して応答する必要がある。

⑥ 対話行為タイプに応じた内部状態更新のプログラムと知識を記述する。

⑦ 入力理解，行動選択，外部連携，タスクプランニング，状況理解，出力生成などのプログラムと知識を記述する。この際に入力理解知識と出力生成知識の中に，コンセプトと言語表現の対応すなわち辞書を記述する必要がある。

⑧ 完成したシステムを使ってもらい，想定していなかった入力を見つけ，それに対応できるようにする。具体的には，対話行為タイプと属性の集合，オントロジ，そのほか各モジュールで必要な知識を随時アップデートする。これについては 4.5.3 項で取り上げる。

対話システムを実際に運用していくと，ユーザの要望などに応じて機能を拡張したり，不具合に対処したりする必要がある。そのようなメンテナンスがしやすくなるように気をつけるべき点を以下に述べる。

（1） プログラムとデータの分離　　4.1 節で列挙した知識をプログラムの中に埋め込んでしまうと，知識をアップデートしたときに，プログラムを見直さざるを得なくなる。したがって，なるべくプログラムのコードの中には知識を書かないようにするのが望ましい。ただし，フレームに基づく対話管理の行動選択規則などを外部知識にしようとすると，複雑な規則を解釈するプログラムを記述せざるを得ないという問題と，規則の形で書けない処理が記述できないという問題がある。このような場合には規則をプログラムの形で記述するのも一つの方法である。ただし，システムのほかの部分から十分に分離された形で記述するのが望ましい。これについては 4.5.2 項で述べるオブジェクト指向のアプローチが有用である。

（2） **知識の整合性**　対話行為タイプ，属性，コンセプトの集合は対話システムの中で一貫していないといけない。モジュールごとに知識を構築する場合，それらの整合性をとれるような工夫が必要である。

（3） **ドメイン非依存知識とドメイン依存知識の分離**　あるドメインの対話システムを作ったあとに，他のドメインの対話システムを作るとき，一から作り直すとコストがかかる。そのため，各モジュールで必要とする知識のうち，ドメインに依存しない部分をドメインに依存する部分から分離することで，別のドメインの対話システムを作るときに，ドメイン非依存知識を再利用できるようにすることが有効である。

4.5.2 対話システムの効率的な構築

〔1〕 **対話システム構築ツール**　対話システムを効率的に構築する一つの方法として，対話システム構築ツールを利用する方法がある。対話システム構築ツールは，内部状態更新や行動選択のアルゴリズムをあらかじめ実装しており，ドメイン依存の知識をツールが指定するフォーマットで記述するだけで対話システムを作ることを可能にする。よく知られたツールに VoiceXML インタプリタがある。VoiceXML は音声認識の言語モデル，言語理解，対話管理部を統一的に記述するための XML に基づく記述言語である。

図 **4.13** に VoiceXML による対話記述の例（簡略化したもの）を示す。これはシステム主導の対話管理 (3.4.1 項) の例である。

`prompt` 要素がシステム発話で，その後の発話が `area.grxml` という **SRGS** (speech recognition grammar specification) フォーマットで記述された言語モデルで認識される。図 **4.14** に `area.gxml` を示す。この文法は

[<フィラー>] (しんじゅく|いけぶくろ|しぶや)

```
<?xml version="1.0"?>
<vxml version="2.0">
  <form>
    <field name="area">
      <prompt>
        レストランを検索します。エリアを言ってください。
      </prompt>
      <grammar src="area.grxml"/>
    </field>
    <filled name="genre">
      ...
    </field>
    <filled>
      <submit next="http://www.example...."/>
    </filled>
  </form>
</vxml>
```

図 **4.13**　VoiceXML による対話記述の例

```
<?xml version="1.0"?>
<grammar>
  <rule id="area" scope="public">
    <item repeat="0-1"><ruleref uri="filler.grxml#RULE_FILLER"/></item>
    <one-of>
      <item><tag>area="新宿"</tag>しんじゅく</item>
      <item><tag>area="池袋"</tag>いけぶくろ</item>
      <item><tag>area="渋谷"</tag>しぶや</item>
    </one-of>
  </rule>
</grammar>
```

図 **4.14**　SRGS による文法記述の例

という文のパターンを認識できることを示している。<フィラー>は別途 `filler.grxml` で定義されているとする。`one-of` はその中の要素のどれかであることを示す。`tag` 要素は理解結果を表す。

　　えーと しんじゅく

と発話すれば，`area="新宿"`という理解結果が生成される。そのあとジャンルを入力する対話が行われ，最後に`submit`要素によってエリアとジャンルがサーバに送られる。

本書では紹介しないが，**SISR**(semantic interpretation for speech recognition) と呼ばれる SRGS への意味タグづけ法が規定されており，音声認識と同時に言語理解結果が得られるようになっている。SISR は JavaScript によるプログラムを記述できるようになっており，例えば,「ひゃく に じゅう さん」のような数字の表現を解釈して数値 123 を得るようなプログラムを埋め込むことができる。しかしながら，文法がある程度複雑になってくるとデバッグがしにくいという問題がある。

VoiceXML インタプリタは基本的に Web ブラウザと同じ構成になっており，それを音声で制御できるようにしたものといえる。したがって Web との連携も容易である。

VoiceXML インタプリタは，混合主導対話 (3.4.3 項) も行うことができるが，おもにユーザ発話が制限されたシステム主導の商用の音声入力対話システムを作るのに用いられてきた。しかしながら，ユーザは，発話が制限された対話システムをうまく使えない。また，自由発話に対応した対話システムが一般に用いられるようになってきたため，ユーザも自由発話での音声入力を期待している。そのため，大語彙統計的言語モデルと頑健な言語理解が必要になってきている。VoiceXML も統計的言語モデルに対応しているが，現状の仕様では今後の発展には不十分だと思われる。今後の仕様拡充が期待される。

VoiceXML インタプリタ以外にも，対話システムを構築するためのツールは数多く作られている。そのうちおもなものを**表 4.6** にまとめる。対話システム構築ツールを使う際には，そのツールを使って削減できるコストとツール習熟のコストを天秤にかける必要がある。また，ツールを用いて作れるシステムのタイプには制限があるので注意が必要である。

表 4.6　対話システム構築ツールの例

ツール名	特　徴
CSLU ToolKit[336]	GUI を用いてシステム主導対話システムを簡単に構築できるツール。
TrindiKit[204]	Prolog で書かれた情報状態更新モデルに基づく汎用対話管理ツール。コラム (1) に詳述。
Dipper[41]	情報状態更新モデルに基づく汎用対話管理ツール。Open Agent Architecture (OAA)[227] に基づく。
Midiki	Java で書かれた情報状態更新モデルに基づく汎用対話管理ツール。
Galatea Toolkit[182]	顔画像を表示できるマルチモーダル対話システムツールキット。XISL (extensible interaction sheets language)[175] によって対話管理を記述できる。
OpenDial	確率的ルール[214] という手法に基づく対話管理ツール。プロダクション規則にベイジアンネットワークを用いて重みづけを行う。
RavenClaw[39]	対話管理を行うフレームワーク。アジェンダに基づく対話管理を実現可能。後述の Olympus の一部を成す。
Olympus[35]	Galaxy[106] アーキテクチャ上に構築された，音声対話システムのモジュール群。音声認識 (Sphinx)，言語理解 (Phoenix)，対話管理 (RavenClaw)，言語生成 (Rosetta)，音声合成 (Kalliope)，ターンテイキング管理 (Apollo) などのモジュールから成る。
Ariadne[76]	オントロジ，データベースとの対応規則，構文規則，生成テンプレートを記述するだけで対話システムを構築できるツール。
AT&T Statistical Dialog Toolkit[379]	統計的対話管理に基づく対話システム構築ツール。
MMDAgent[397]	エージェントアニメーション，音声認識・合成，対話シナリオ作成環境がまとめられたエージェント対話システム開発ツールキット。

コ　ラ　ム (1)

TrindiKit

汎用的な対話管理を構築するツールとして TrindiKit[204] が開発された。内部状態の記述と更新ルールを作成するだけで，複雑な内部状態更新処理を実現できる。また，モジュール間の通信も提供しているので，理解部や生成部を統合することもできる。

TrindiKit は汎用的であるがために，実用的な対話システムの構築には適さない面もあるが，リファレンスとして有用である。

TrindiKit の内部状態において保持される情報は，参加者，共通基盤，言語・

意図構造，談話義務，信念，意図，ユーザモデルなどさまざまであるが，システムに応じて内部状態として管理すべき情報を選定し，これらをフレームを用いて表現しておく。

以下に内部状態の例を示す。

$$
\left[\begin{array}{ll}
\text{PRIVATE :} & \left[\begin{array}{ll}\text{BEL :} & \text{SET (PROP)}\\ \text{AGENDA :} & \text{STACK (ACTION)}\end{array}\right]\\
\text{SHARED :} & \left[\begin{array}{ll}\text{BEL :} & \text{SET (PRO)}\\ \text{QUD :} & \text{STACK (QUESTION)}\\ \text{LM :} & \text{MOVE}\end{array}\right]
\end{array}\right]
$$

この例はシステムとユーザ間の簡単な質問応答のやり取りを管理するものである。会話参加者（ここではユーザとシステム）間で基盤化されている情報をSHARED の領域に，ユーザとは未共有であるシステムの信念や目標の情報をPRIVATE の領域に保持する。PRIVATE の領域はシステムの信念 (BEL) とシステム目標のアジェンダ (AGENDA) を保持し，SHARED 領域は共有信念(BEL) に加え，現在議論中の話題 (QUD)，直近の対話行為 (LM) が保持されている。

定義した内部状態を更新するためのルールを記述しておくと，TrindiKit が提供する状態更新エンジンにより，適宜更新ルールが適用され，内部状態が更新される。更新ルールは，適用条件とその効果から構成される。適用条件は，そのルールを適用する条件となる内部状態やそこで実行されるべき対話行為により記述される。ルールの効果とは，ルール適用後の内部状態の変更方法を規定するものである。以下に更新ルールの例を示す。

$$
\begin{array}{ll}
\text{U–RULE :} & \textbf{IntegrateSysAsk}\\
\text{PRE :} & \left\{\begin{array}{ll}\text{val :} & \text{(SHARED.LM, ask(user, Q))}\\ \text{fst :} & \text{(PRIVATE.AGENDA, raise(Q))}\end{array}\right.\\
\text{EFF :} & \left\{\begin{array}{l} push(SHARED.QUD, Q)\\ pop(PRIVATE.AGENDA)\end{array}\right.
\end{array}
$$

各ルールの定義はルール名 (U-RULE)，適用条件 (PRE)，効果 (EFF) の三つ組で構成されている。例えば，IntegrateSysAsk ルールを適用するには，直近の共有された対話行為が ask(user, Q) であり，アジェンダの先頭にあるシステム目標が質問 Q を行うこと (raise(Q)) であるという二つの条件を満たしていなければならない。また，このルールが適用されると，共有情報の QUD に Q が追加され，さらにシステムのアジェンダの先頭の項目，つまり raise(Q) がポップされ，その結果，内部状態が更新される。

〔2〕 **オブジェクト指向プログラミングを用いた開発コスト削減**　既存のツールは，プログラミングをしなくても対話システムが作れるようにしている。しかしながら，対話ドメインに応じて細かい処理を行わせるためには，対話管理をプログラムで記述したほうがよい場合がある。

プログラムの重複を減らし，プログラミングのコストを下げる方法として，**オブジェクト指向プログラミング** (object-oriented programming) に基づく方法が用いられている[258),273)]。オブジェクト指向プログラミングを用いた対話管理では，継承を用いることで，対話管理部の実装コストを下げる。抽象的なクラスに一般的なメソッド（手続き）やフィールド（データの格納場所）を実装しておき，それを具体化するときに個別のドメインに依存したフィールドやメソッドを追加したり上書きしたりする。

例えば，「レストラン検索」と「天気情報検索」を考える。レストラン検索が「ジャンル」「エリア」を，天気情報検索が「エリア」「日にち」「情報種別（天気，気温，降水確率）」を必須の属性値として持つとする。これらの値が得られればデータベース検索ができるという点は同じである。ただし，違いもあり，レストラン検索は，「予算」を任意的な属性として持つ。天気情報検索の情報種別が指定されなかった場合のデフォルト値は「天気」である。

これらの二つの対話管理部の構築コストを下げるには，両者の共通部分を取り出し，差分だけを記述すればよい。ユーザが属性値をいうとその属性値を埋め，必須の属性値が未指定の場合はユーザに尋ね，属性値の確信度が低ければ確認要求をして基盤化を行う。これらの処理は共通である。対話管理のプログラムは共通にして，個々のドメインの設定ファイルに属性のリストを書いておけばよい。また，属性値のデフォルト値も設定ファイルに書いておけばよい。ただし，レストラン検索理解で，予算の上限が下限より高くないといけないというのは，プログラムでチェックする必要がある。このような処理は，各ドメイン用の対話管理部に書いておかなくてはならない。抽象クラスである親クラスに検索対話管理の処理を書いておき，その実装である子クラスにドメイン固有の処理を書くことで実装コストを減らすことができる（図 **4.15**）。

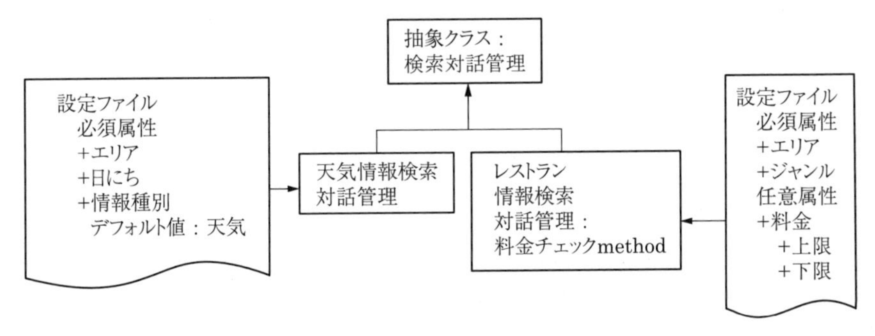

図 **4.15**　オブジェクト指向プログラミングを利用した対話管理部構築

抽象クラスは階層的になっていてもよい。基盤化のプロセスを具体的に規定しない検索対話管理クラスの子クラスとして，基盤化のプロセスを具体的に規定した検索対話管理クラスを用意し，開発者は場合によってどちらを具体化するかを選ぶことができる（図 **4.16**）。

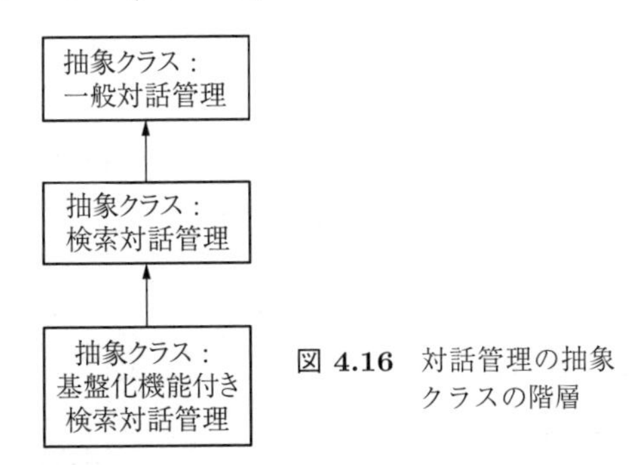

図 **4.16**　対話管理の抽象クラスの階層

このようなオブジェクト指向プログラミングによる開発は，特にマルチドメイン対話システムに向いている。内部状態更新と行動選択のメソッドを持つ対話管理の抽象クラスを用意しておけば，そのクラスやその子孫の抽象クラスを実装した個々のドメインの対話管理オブジェクトは，何でもシステムに組み込むことができる[258),273)]。

コ　ラ　ム (2)

はじめての対話システム構築

まったく経験がないときに最初に対話システムを構築するのは難しい。本節で述べたような対話システム構築ツールは，ありとあらゆるタイプの対話システムに対応しているわけではなく，どのようなタイプの対話システムにどのような対話システム構築ツールが向いているのかを判断するには経験が必要である。したがって，経験者の指導を受けるのでなければ，最初は対話システム構築ツールは用いないほうがよいと考える。実際，電話音声対話システムに VoiceXML を用いる場合を除けば，既存の対話システム構築ツールはほとんど用いられていない。大学や企業においては，研究用や商用のシステムを構築しながらそれをある程度ツール化しているが，それは一般的な対話システム構築ツールではなく，どのような対話システムを作るのかという目的を同じくする研究室やチームのメンバ内で共同作業する中でしか共有されていない場合がほとんどである。したがって，新しく対話システムを構築するには，既存のツールを用いるのではなく，新

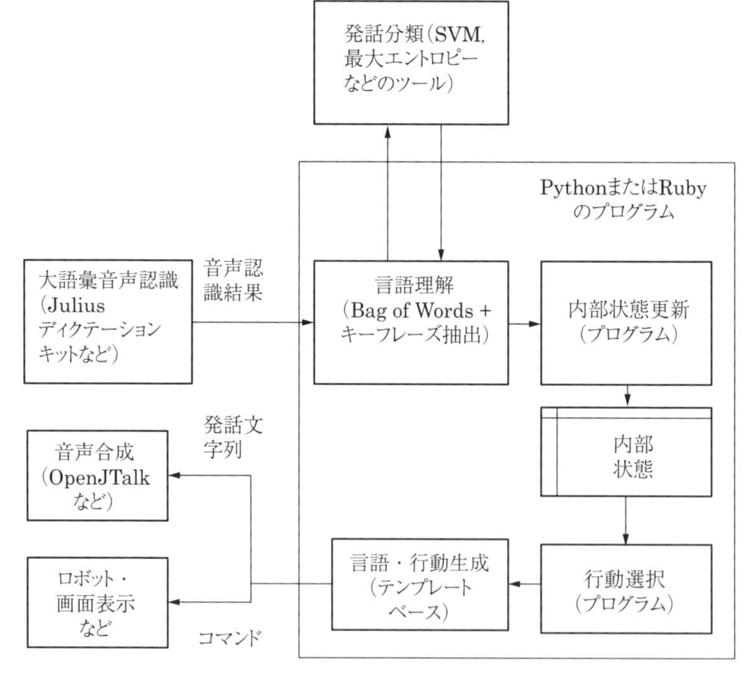

図 1　簡単な対話システム構築

たに一から作ったほうが効率的な場合が多い。ここでは，そのような方法を紹介する (**図 1**)。なお，ここで触れる周辺ツールは付録 A.3 にまとめたので適宜参照されたい。

まず，音声認識を用いる場合は，Julius のように大語彙言語モデルが付属しているものを用いる。または，企業からクラウドベースの大語彙音声認識の API が有料 (用途によっては無料のものもある) で提供されているので，それを用いる。テキスト入力の場合は，日本語なら形態素解析をする必要があるが，これは Chasen, Mecab, JUMAN のようなフリーのツールを用いればよい。

言語理解は，最初は bag of words モデルとキーフレーズ抽出を用いると容易である (3.5.2 項)。学習データが必要だが，システムを作ってデータを集めるまでは，自分たちで考えた発話を対話行為タイプごとに書けばよい。対話行為タイプ推定のための発話分類は SVM や最大エントロピー法などのツールを使えばよいだろう。

対話管理部は Python や Ruby などのオブジェクト指向スクリプト言語を用いるのが容易である。内部状態はフレーム (3.3.2 項) で表現すればよく，Python であれば dictionary で，Ruby であればハッシュで表現できる。内部状態更新や行動選択は規則で書かなくても，プログラムで書けばよい。Python や Ruby であれば理解しやすいプログラムになるし，上で述べたオブジェクト指向対話管理への拡張も容易である。

言語・行動生成は最初はテンプレートベース (3.5.3 項) で行えばよい。その出力を音声合成やロボット，画面制御部などに送る。

最初は，全体の制御は並行動作 (3.1 節) させなくても，音声認識の結果が入ってくると，言語理解，内部状態更新，行動選択，行動生成が順次駆動されるように設計し，必要に応じて理解と生成を並行動作させるように変更すればよい。

4.5.3 ユーザスタディとデータ収集

以上で述べたように，対話システムを作るときは，実際にユーザに使ってもらって，不足している知識を発見したり，評価したりする必要がある。また，そのときに収集したデータは，音声の書起し，言語理解や意図理解の正解のアノテーションを行い，入力理解用の統計モデルの訓練に用いることができる。さらに 5.1 節で述べる内部状態更新の統計モデルや 5.2 節で述べる適応的対話管理の学習データにも用いることができる。

なお，同じタスクを人間どうしで行って収録したデータは，システムの初期デザインの参考にはなるが，一般に対話システムの改良には使えない。対話システムに対してどうユーザが行動するかは対話システムの動作によって大きく異なるためである。特に音声認識を用いている場合，人間どうしのように話しても音声認識がうまくいかず，結局ユーザは機械に向けた話し方をするようになる。

開発者以外の人に使ってもらってデータを収集し，対話システムを評価するプロセスを**ユーザスタディ**(user study) と呼ぶ。ユーザスタディでは，なるべく実際の使用場面に近づける必要がある。実験参加者も，想定されるユーザに近い人たちを選ぶ必要がある。初めてシステムを使うユーザと，習熟したユーザでは使い方が異なることに留意する必要がある†1。

また，収録したデータを用いてシステムを改良するには，なるべく収録時の状況を再現できるようにデータを収集する必要がある。マルチモーダル対話システムの場合，音声，画像，ペン入力などの入力イベントを完全に同期した形で収録しなければ，マルチモーダル対話システムの評価・改良に用いることができない。

なお，対話システムの初期設計段階においては，ユーザスタディのデータがないので，入力理解などの精度が悪い。そのため，対話システムがうまく動かず，結果としてユーザスタディがうまくいかない。これだといつまでたっても良い対話システムを構築することができない。この問題を解決する方法として，**wizard of Oz 法**†2(WOZ 法と略すことがある) がある。これは，対話システムの一部の機能，例えば，音声理解などを人間が代行する方法である。人間が代行していることは，実験前には実験参加者にはいわないでおくことで，実験参加者はシステムに向かって話すように発話する。この方法で実際のシステムに近いユーザスタディができる。しかし，音声理解誤りがまったくないと，実

†1　依頼してシステムを使ってもらったユーザと実際に何か用事があってシステムを使ったユーザとでも振る舞いが異なることが知られているので注意が必要である1)。

†2　フランク・ボームによる児童文学「オズの魔法使い」に由来する。

験参加者は何を話しても大丈夫だと思い，自由に話すようになり，実際のシステム使用時の発話と異なってしまう場合もあるので注意が必要である。

ユーザスタディにおいては，実験参加者の人権に配慮して実験の説明を行い同意を得る必要がある。それらの手続きについては,148) が詳しい。

4.5.4 対話システムの評価

評価とは，システムの性能を，何らかの尺度によって表すことである。音声認識における認識率のように，構築した対話システムがどの程度適切に動作するのかを示す指標があれば，ほかのシステムとの性能比較も容易である。しかしながら，対話システムを評価する尺度を一意に定めるのは難しい。本章では，まず評価の方法論を整理し，つぎになぜシステム全体の性能比較が難しいのかを説明する。続いてこれまでに行われていた評価方法の事例をいくつか紹介する。

〔1〕 **システム評価の二つの大分類**　システム評価における二つの大分類として以下を考える。ここではそれぞれを順に説明する。

- ブラックボックス vs. グラスボックス，客観評価 vs. 主観評価

この二つの大分類により，評価尺度を例として分類したものを**表 4.7** に示す。

(1) **ブラックボックス vs. グラスボックス**　システム全体として評価するか，個々のモジュールにより評価するかという分類である。まず，システムの内部の構造を考慮せずに，外部から見た機能としてのみ評価する場合を，一

表 4.7 評価の大分類に基づく各尺度指標の位置付け

	客観尺度	主観尺度
ブラックボックス	・タスク成功率 ・ターン数 ・タスク遂行時間 ・訂正発話の数 など	全体に関数する質問 「このシステムに満足しましたか？」 「システムと話していて楽しかったですか？」 「またこのシステムを使いたいと思いますか？」 など
グラスボックス	・音声認識率 ・言語理解率 ・確認要求回数 など	個別の要素に関する質問 「システムの声は聞き取りやすかったですか？」 「システムの質問内容は適切でしたか？」 など

般に**ブラックボックス** (black box) 型の評価と呼ぶ。対話システム全体の評価という場合には，このブラックボックス型の評価を意味する場合が多い。

これに対して，システムの内部の構造まで考慮し，評価を行うことを**グラスボックス** (glass box) 型の評価[†1]と呼ぶ。具体的には，内部の各モジュールについて，入力に対して出力の正解を定め，その性能を評価する。例えば対話システムの言語理解部において，コンセプト誤り率を算出するのはこれにあたる。

(2) 客観評価 vs. 主観評価　評価をどのような尺度に基づいて行うかという分類である。まず，タスク成功率や音声認識率など，客観的に計測できる尺度を用いる場合を，**客観評価** (objective evaluation) という。結果が客観的であるのは利点であるが，あらゆるシステムの性能を適切に表す客観的指標は現状では存在しない。例えば，表 4.7 中に挙げられているタスク成功率は，タスク指向型の対話システムでは重要な尺度であるが，非タスク指向型の場合はそもそも定義できない。ターン数も，タスク指向型システムの効率性を表すのには使えるが，非タスク指向型の場合，対話が長くなるほど盛り上がっていると考えられるため，一概に少ないほうがよいとはいえない。

一方，アンケートなどで被験者に主観的な印象を尋ねる場合を，**主観評価** (subjective evaluation) という。**印象評価**とも呼ぶ。アンケートの記入に際しては，**リッカート尺度** (Likert scale) がよく用いられる。これは，例えば 5 段階の場合，五つの段階にそれぞれ説明文を作成し，被験者が一番当てはまると感じるものを選ぶというものである。また印象評価には，意味差判別法 (semantic differential scale method, **SD 法**) が用いられることもある。これは速い－遅いや明るい－暗いなど，いくつかの形容詞の対を用いて，システムの印象を評定する方法であり，システムの性能の高低というよりも，印象の違いの調査に用いられる。ほかにも，認知的負荷の計測尺度として，NASA-TLX[134] や，これを車の運転に特化させた DALI (driver activity load index)[280] などがある[†2]。ユーザビリティの評価尺度には SASSI (subjective assessment of speech

---

†1　ほぼ同じ意味で，**ホワイトボックス** (white box) 型と呼ばれることもある。

†2　認知的負荷を計測する際には，他のタスク（例えばシミュレータ上での車の運転）を同時に行う**二重課題法** (dual task method) がしばしば用いられる。

system interfaces)[139] が知られている。

〔**2**〕 **システム評価の難しさの理由** 前節の大分類において，客観評価であり，かつブラックボックス，つまりシステム全体の評価を行う指標を一意に決めることができれば，対話システム間の性能比較に使用できる。しかし，対話システム全体の性能を表す，そのような指標を定めるのは難しい。この理由には以下の三つが考えられる。

- 唯一の正解となる応答を定められない。
- システムの応答を変えると，つぎのユーザの入力が変化する。
- 対話システムは複合的なシステムであることから，システム全体の評価にさまざまな要素が関与する。

まず，一つ目は，生成系一般の問題である。音声合成や文生成においても，システムの出力が唯一の正解ということはほぼない。つまり，システムが出力したもの以外でも，正解として許容できる場合がある。これにより正解を一意に定めることができないことから，音声認識率のように，正解不正解を明確に決めるのは難しい。このため出力の評価は，主観評価に頼る部分が多くなる。

二つ目として，システムの一連の出力を評価するには，単純に入力に対する出力の適切さを考えるだけでは不十分である。対話システムでは，入力発話は独立ではない。つまり，前のシステム応答を含む，それまでの対話履歴によって，入力されるユーザ発話は変わり，それに対する適切なシステム応答も変化する。これは対話戦略の学習で用いられる機械学習手法が，入力特徴と出力ラベルとの関係を学習する教師つき学習ではなく，強化学習になるのと同じ理由である（5.2.3 項）。同じ生成系の研究である，音声合成や文生成の研究では，出力が聞き取りやすいかや，文としておかしくないかで主観評価が行われるが，それまでの履歴が重要となる対話システムの場合ではこの枠組みを単純に用いることはできない。一問一答型の応答システムの場合ではこの問題は回避できるが，対話システム一般では，この問題は回避できない。

三つ目として，主観評価を行う場合，システムのどの要素が，ユーザの印象に影響を与えるのかを予測するのが難しいという問題がある。例えば，表 4.7 中に主観評価の質問の例として,「このシステムに満足しましたか？」というものがあるが，この回答に影響を与える要素は多岐に渡る。この結果，異なるユーザの間で，主観評価の結果が同様だったとしても，それぞれが着目している点が異なっている場合もある。例えば，一方は発話内容のわかりやすさから高評価を与えていても，他方は合成音声の美しさに着目して高評価を与えている場合もある。このように，全体の主観評価結果は，全体の傾向を掴む程度にしか使えず，個別の要素にフォーカスした質問を設定する必要がある。

このような難しさから，システム間の性能を比較できる共通尺度は存在しない。このため，個々の開発者がシステムの良さを示せる尺度を設定して，それをベースラインシステムと比較するという方法がよく採られている。

〔**3**〕 **事例紹介**　　対話システムの評価についての事例を紹介する。

（**1**） **チューリングテスト**　　ブラックボックスかつ主観評価にあたるものとして，**チューリングテスト** (Turing test)[358] がある。これは1950年にアラン・チューリングが思考実験として提唱した。相手が人間か計算機かわからない状態で，テキストベースの対話（チャット）を行い，実際には計算機であるにも関わらず，人間であると思い込ませることができれば，その計算機は人間なみの知能が持つとみなしてよいという議論である。これはまさにブラックボックス方式で「相手が人間であると感じられるかどうか」という主観評価をし，これによりシステムが知能を持つといってよいかを議論している。

このチューリングテストを，現在も継続的にコンテストとして行っているのが，**ローブナー賞** (Loebner Prize) である。Loebnerの提唱により，1991年から毎年開催されており，最も人間らしく対話したシステムに賞が与えられている。しかし現実には，賢いシステムを作るかというよりは，対話を人間らしく見せるかというコンテストになっている。例えば，人間がスペルミスをしてみたり，計算問題に早く答えすぎないというような工夫が有効とされている。

チューリングテストに対する有名な反論として，サールによる**中国語の部屋**と呼ばれる思考実験がある[309]。この思考実験の状況はつぎのとおりである。中国語で質問が書かれた紙をある部屋に入れるとする。このとき，部屋の中にいる人は中国語をまったく理解していないが，（中国語でない）母国語のマニュアルを逐一引くことで，質問の文字列に対応した文字列を紙に書き，部屋の外に出すことができる。このとき，部屋の外から見ると，適切な回答が中国語で返ってきているように見えるが，実際には中の人間はまったく中国語や質問の内容を理解していない。このように，外から見た行動だけで，知能の有無を判断するのは間違いであるというのがサールの主張である。チューリングテストは，人間らしさという尺度でシステム性能を測る有力な手段である。しかし，上述したローブナー賞での傾向にあるように，人間らしさと知能の有無は完全には対応しない。また，人間らしさという一面を測っているにすぎず，これだけでシステム性能を包括的に測れるわけではない。

（2） **PARADISE**　音声対話システムにおける主観尺度と客観尺度の両方を考慮した評価を目指して，Walker らは **PARADISE** というフレームワークを提案した[364]。このフレームワークでは，システムの性能を示す尺度はユーザの満足度であるとしたうえで，これをタスク成功に関する指標と対話のコストの重み付き和で表す。これにより，タスクの異なる複数のシステム間での性能の比較や，得られた客観尺度に基づく主観尺度の予測を試みている。概略を図 **4.17** に示す。

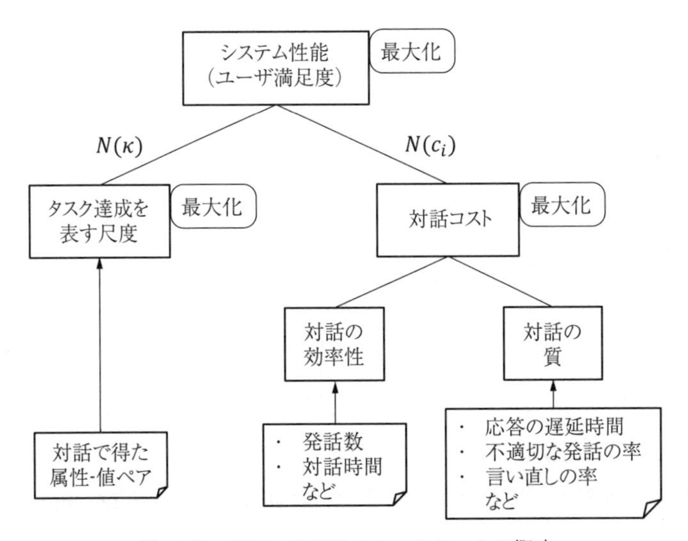

図 **4.17**　PARADISE フレームワークの概略

システム性能を表す式は，各尺度を平均が 0，分散が 1 となるように正規化する関数を $N()$ として，次式で表される。ここで使用されている重み（α, w_i）は，被験者から得たユーザ満足度を目的変数として，多変量解析によって求める。

$$\text{Performance} = \alpha * N(\kappa) - \sum_{i=1}^{n}(w_i * N(c_i)) \tag{4.3}$$

$N(\kappa)$ はタスク成功を表す尺度である。システムの最終的な理解結果と正解との間の一致率を計算して用いる。理解結果は属性－値のペアで表されている。一致率はこのペアについて，偶然の一致を考慮して **κ 値** (kappa coefficient)[54] により算出する。κ 値の使用により，タスクのサイズ（システムが得るべき属性－値ペアの数）が違うシステム間でも，公平な比較が可能としている。

$N(c_i)$ は，対話のコストを表す指標である。より詳細には，効率性を表す指標（発話数や対話時間など）や対話の質を表す指標（応答の遅延時間，不適切な発話の割合，ユーザが言い直した割合など）がこの論文では使用される。多変量解析によりこれらに対する重みを求めることで，尺度間の相対的な重要度が得られる。さらに，得られた重みを使用し，別タスクのシステムなどから得た客観尺度を入力することで，そのシステムの全体の性能を予測できる。このフレームワークを用いると客観尺度からユーザ満足度が予測できるため，ユーザ満足度を得るために行う被験者実験のコストを削減でき，また対話戦略やタスクが異なるシステム間の評価も迅速に行える。しかし，多変量解析により求めた重み（つまりそれらを求める際に用いたデータやユーザ満足度）にどれだけ一般性があるかが問題である。また，タスクがフォームフィリング型であること（理解結果が属性－値ペアの集合で表されること）や，対話が短く終わるほうがよいタスク指向型対話システムであることが前提とされている。

（3） シミュレーションによる評価　対話システムを評価するのに，実際に人との対話するデータを集める場合，時間的にも費用的にも多大なコストが必要となる。これを防ぐために，シミュレーションによって評価を行うという試みがある。荒木らや渡辺らは，ユーザ役の計算機とシステム役の計算機の間で対話させることで，システム役の計算機の対話戦略を評価する研究を行っている。ユーザ側の計算機が出力する内容に乱数でエラーを混入させることによって，音声認識誤りを模擬するという工夫もなされている[12),371)]。

計算機どうしで対話を行うことで，システムの評価を行う **DiaLeague** というコンテストも行われた[125)]。このコンテストでは，異なる路線図を持った二つのシステムが，対話を行うことで共通の経路を見つけ出すという経路課題がタスクとされ，より短い対話で正解にたどり着けるかどうかを競った。ただし，評価基準設定の難しさやコンテスト運営の労力の問題があり，対話システムの能力を多面的に測るまでには至らなかった。

シミュレーションによって対話コーパスを生成するアプローチは，統計的対話管理手法の発展に伴って盛んに行われている。この先駆けとして，Eckert らは，4 種類のユーザのモデルを作成し，それらとシステムとの対話のシミュレーションにより，対話コーパスを生成している[83)]。統計的対話管理では大量の対話コーパスが必要とであるため，シミュレーションにより生成されたコーパスがことで，対話管理部の学習や評価に用いられている。

文 献 案 内

☆ 対話のタスクと対話管理　4.2 節で扱ったようなさまざまなタスクの対話管理手法は,180),235) で触れられている。4.2 節では扱わなかったタスクを扱ったシステムも研究されている。例えば，文書検索[156),190)]，意思決定支援[244)] や情報推薦[242)] などのタスクを扱うシステムが研究されている。4.2.3 項で述べた説明対話システムは，知的教授・学習支援を扱うシステムで用いられている[220)]。また，1.2.2 項で触れた協調的問題解決型のタスクを扱うシステムも研究されてきたが[6),7)]，その難しさからあまり扱われなくなってきている。協調的問題解決型のタスクの場合，2.4.4 項で述べた BDI モデルが有効であると考えられるが，実用的なシステムが構築されるにはまだ時間がかかるだろう。

4.2.4 項で触れた質問応答には，質問例と応答のペアを利用するようなシステムだけではなく，質問を解析し，新聞記事データベースや Web などのテキスト集合から一つのフレーズで回答を出すシステムもある。このようなシステムは単純に**質問応答システム** (question-answering system) と呼ばれ，教科書155) に詳しく解説されている。テキスト集合を用いる質問応答システムも基本的には一問一答で，文脈情報は用いられないが，質問が曖昧なときに聞き返しを行う方法が提案されている[140)]。

非タスク指向型対話システムに関しては,133) が現状と課題をまとめている。

マルチドメイン対話システムでは，タスク指向対話と非タスク指向対話の統合を行うようなシステムも構築されている[207)]。

☆ **さまざまなモダリティの対話システム**　音声認識については，一般向けの解説書102) が，基礎概念を理解するのに役立つ。わかりやすい教科書として9), 312) がある。音声合成に関しては,256), 315) に解説がある。音声対話システムに関する教科書として,165), 180), 235) がある。音声対話システムについては,143), 167), 256) などの教科書でも詳しく解説されている。音声対話システムの歴史については179), 394) が詳しい。

マルチモーダルシステムに関する最も初期の研究が232) に集められており，マルチモダリティについての重要な課題が提起されている。バーチャルエージェントについては57) に重要な研究が集められている。266) ではより広範なトピックが扱われている。日本語では267) の中の一つの章で解説されている。

対話ロボットのベースとなる知能ロボット全般の技術については，教科書15) が詳しい。ロボットの知能モジュールのアーキテクチャや移動のための経路計画などが解説されている。コミュニケーションロボットについては教科書148) が詳しい。対話サービスロボットでは，産業技術総合研究所の Jijo-2[17)] が最初に開発された完成度の高いものであった。対話サービスロボットの技術や課題をまとめたものとして257) がある。

☆ **エラーハンドリング**　4.4 節で述べたエラーハンドリングについては，2003 年に ISCA Workshop on Error Handling in Spoken Dialogue System が行われた。ここでの議論や成果を発展させたものとして Speech Communication 誌での Error Handling 特集[55)] がある。また確信度計算に関するサーベイには160) がある。

☆ **対話システムの開発と評価**　4.5.2 項で触れた，VoiceXML やその他の対話システム記述言語については,9), 10) がわかりやすい入門書である。オブジェクト指向モデルに関しては,258), 273) が詳しい。

4.5.4 項で述べた評価実験に関して，被験者を用いたものは，教科書148) の 5 章に包括的な説明がある。チューリングテストや中国語の部屋については，人工知能学会誌 2011 年 1 月号の特集「チューリングテストを再び考える」がわかりやすい[229)]。

5 対話システムの発展技術

前章までに対話システム構築のための基本技術を解説した。本章では，それらの基本技術をもとに研究が進められている発展的な技術を説明する。本節で述べる内容は，まだ実用的なシステムには用いられていないものが多いが，今後研究が進むにつれて順次実用化されていくと期待される。

5.1 節では，対話の中でユーザの意図を推定する技術について述べる。ユーザの一回の発話だけでは意図が曖昧な場合でも，複数の発話から意図を絞り込んでいく方法を中心に解説する。

ある状態でシステムが発話するとき，その内容には，一般に複数の選択肢があり得る。5.2 節では，対話の進行状況や相手に合わせて適応的に発話内容を選択する技術について述べる。

5.3 節では，入力理解の誤りなどが原因で対話がうまく行かなくなった場合を検出する技術について述べる。

多くのシステムは，ユーザとシステムの発話が交互に整然に行われることを仮定しているが，実際にはそのような仮定が成り立たない。5.4 節では，話者交替を円滑に行うための技術を解説する。

5.5 節では，音声対話システムやテキスト対話システムにはない，マルチモーダル対話システムで必要となる技術について述べる。また，2 人以上のユーザと対話するマルチパーティ対話システムの技術についても触れる。

5.6 節では，人間と対話システムとのインタラクションについて考察する。対話システム研究では，対話システムの言語処理・知識処理の機能に目が行きがちであるが，よりよい対話システムを構築するためには，人間が対話システムの行動に対してどのような印象を持ち，どのように反応するかの分析に基づいた設計が欠かせない。

5.7 節では，今後有望な技術として，対話システムが自動的に知識を獲得する技術や，移動する対話ロボットの技術について述べる。

5.1　統計的意図理解

本節では，3.2.2 項で述べた内部状態更新処理のうち，意図理解結果の更新を統計的モデルを用いて行う手法について述べる。

対話システムは，ユーザの一つの入力だけから意図理解を行うのではなく，対話の中でユーザの意図を理解していく。これは，対話システムが一問一答式のシステムと大きく異なるところである。このような意図理解は，3.2.2 項で述べたように，内部状態を更新していくことで行われる。しかしながら，個々の入力の理解結果が曖昧であること，および，一つの理解結果に対し，複数の内部状態更新規則が適用可能な場合があることから，対話の途中段階では意図理解結果を確定することができない。多くの対話システムでは，意図理解結果を一つに絞ってその後の処理を進めるが，意図理解結果を曖昧なまま保持しておき，対話が進むにしたがって，曖昧性を解消していくことで，余分な確認要求を減らすことなどができる。

本節では，このような意図理解の曖昧性の表現と管理の方法について説明する。まず 5.1.1 項では，意図理解の曖昧性を表現するために，複数の意図理解結果を保持する手法を説明する。つぎに，5.1.2 項では，意図理解結果の間の制約を確率的に表現する方法として，ベイジアンネットワークを導入する。ここでは関連して，タスク遂行レベルでの意図理解でなく，対話遂行レベルでの意図理解に関する手法も説明する。最後に 5.1.3 項で，ベイジアンネットワークを，時系列を含む場合，つまり動的ベイジアンネットワークに拡張し，これを用いることで，対話が進むに従って，新たな入力理解結果と，保持されている意図理解結果の両方を考慮して，その時点での意図理解結果を管理する手法を説明する。このような意図理解結果の管理や更新は，**信念追跡** (belief tracking)，または**対話状態追跡** (dialogue state tracking)† と呼ばれ，盛んに研究されている。

† この対話状態は，本書での内部状態に対応する。

5.1.1 候補列挙法

意図理解結果の曖昧性を表現する最も単純な方法は，複数の意図理解結果を保持する方法である[131)]。

例えば，内部状態のユーザ意図が以下であったとして

$$\begin{bmatrix} \text{エリア：} & \text{新宿} \\ \text{ジャンル：} & \text{未指定} \end{bmatrix}$$

入力理解結果の候補が，以下の二つあったとする。

$$\begin{bmatrix} \text{対話行為タイプ：} & \text{ジャンル指定} \\ \text{ジャンル：} & \text{イタリア料理} \end{bmatrix}, \begin{bmatrix} \text{対話行為タイプ：} & \text{ジャンル指定} \\ \text{ジャンル：} & \text{インド料理} \end{bmatrix}$$

このような異なる理解結果は n–best 音声認識結果を用いたときには得られやすい。そうすると，意図理解結果もつぎの二つが得られる。

$$\begin{bmatrix} \text{エリア：} & \text{新宿} \\ \text{ジャンル：} & \text{イタリア料理} \end{bmatrix}, \begin{bmatrix} \text{エリア：} & \text{新宿} \\ \text{ジャンル：} & \text{インド料理} \end{bmatrix}$$

このように，複数の理解結果を保持しておき，続く対話で曖昧性を解消していく。例えば，このあと

S1:　新宿のイタリア料理ですか？
U1:　違う

と続けば，そのあと,「新宿のインド料理ですか？」と続けることができる。

上記は入力理解結果が複数ある場合の例であるが，適用可能な内部状態更新規則が複数ある場合にも意図理解結果は曖昧になる[131)]。

もし，意図理解結果 s_i が M 個ある場合に，入力理解結果 a_j が N 個あり，それぞれに対して最大 L 個の内部状態更新規則 $update_k$ が適用可能であるとすると，内部状態更新は $s_l = update_k(s_i, a_j)$ のような処理であるので，最大 $M \times N \times L$ の意図理解結果の候補ができる。これを繰り返していくと際限なく候補が増えていくので，それを避けるため，ユーザ発話を理解するごとに，意

図理解結果の候補の最大数を M に制限する。そのためには，上位 M 個を選ぶための基準を作る必要がある。

そのためのヒューリスティクスとして以下のようなものが考えられる。

① 入力理解結果（対話行為）のスコア

入力理解結果の確信度などを用いることができる。

② 対話行為タイプの連鎖確率

あるタイプの発話のあとにはあるタイプの発話が現れやすいという傾向がある。

例えば,「ジャンル指定」,「ジャンル確認要求」のあとには,「肯定」,「否定」,「ジャンル指定」がきやすい（最後の「ジャンル指定」は，システムの確認要求の内容が間違っていた場合の繰返しである)。このような現象を対話行為タイプの連鎖確率（n-gram 確率）でモデル化できる[255]。

③ それまでの内部状態の内容と対話行為タイプの共起

いま更新しようとしている内部状態（の候補）に対して，その更新のもとになっている対話行為のタイプがどのくらい起こりやすいかをモデル化したものである。例えば，内部状態のユーザ意図のジャンルが未指定の場合に，対話行為タイプが「ジャンル指定」である発話は起こりやすいが，ジャンルが指定済みで，かつ基盤化状態のジャンルが確認済みであれば,「ジャンル指定」の発話は起こりにくい。

上記で述べたようなスコアを統合することで意図理解結果をランキングし，最も高いスコアの結果に基づいて応答する[131]。

以上では，意図理解結果の全体の候補を列挙する方法を述べた。すなわち，意図理解結果がフレームで表されているなら，M 個のフレームを列挙するという方法である。これに対し，属性ごとに可能な候補を列挙する方法も考えられる[36]。属性が N 個あり，各属性が最大 K 個の値を持つとすると，最大 $N \times K$ 個の理解結果を表現できる。このほうが意図理解結果全体を列挙するより効率的であるが，属性値の依存関係を表現することができない。例えば，レストラン検索で，予算の上限が予算の下限より小さいような意図も表現されてしまう。

この場合，行動選択の基になる意図理解結果を取り出すとき，すべての属性についてスコアが最高のものを選ぶのではなく，依存関係を確認し，矛盾のない組を取り出す必要がある。

5.1.2　ベイジアンネットワークに基づく意図理解

前節の候補列挙法の最後で，意図の中身を構成する変数（属性値）の間の依存関係を考慮する必要があるということを述べた。意図理解結果の全体の候補を保持する場合は，候補を作成する時点でこの依存関係を考慮できる。しかし，属性ごとに可能な候補を列挙する場合は，最後に一番もっともらしい意図理解結果を取り出す際に，矛盾のない組を取り出すという作業が必要であった。

ここで説明するベイジアンネットワーク (Bayesian network) という確率論に基づく枠組みは，後者の「属性ごとに可能な候補を列挙する場合」の考え方に近い。しかし，確率変数間の条件付確率という形で，変数間の依存関係を自然に表現することができる。ベイジアンネットワークで推論を行うツールやライブラリを用いれば，最尤の解釈結果を得ることができる。以下の解説では，ベイジアンネットワークに関する基本的な知識を持つことを前提としている。ベイジアンネットワークについて知識のない読者は先に付録 A.2 にある簡単な解説を読んでいただきたい。

ベイジアンネットワークを使って意図理解を行う場合，まずシステムの内部状態（対話状態）を構成する要素を列挙し，それらに確率変数を対応付ける。そして，それぞれの確率変数が取りうる値を列挙する。つぎに確率変数間の依存関係を特定し，それを条件付確率表の形で表現する。確率変数間の依存関係は一般にどちらの方向でも設定することができるが，なるべく前件側の確率変数の数が少なくなる方向に設定すると必要な確率表のサイズを小さくすることができる。

Mehta らの手法[239)]では，まず図 **5.1** のようにタスクドメインに現れる概念の階層関係すなわちオントロジ (3.1 節参照) を表現する。タスクドメインに現れる概念とは，対象のシステムを用いてユーザが実行・達成しようとすること

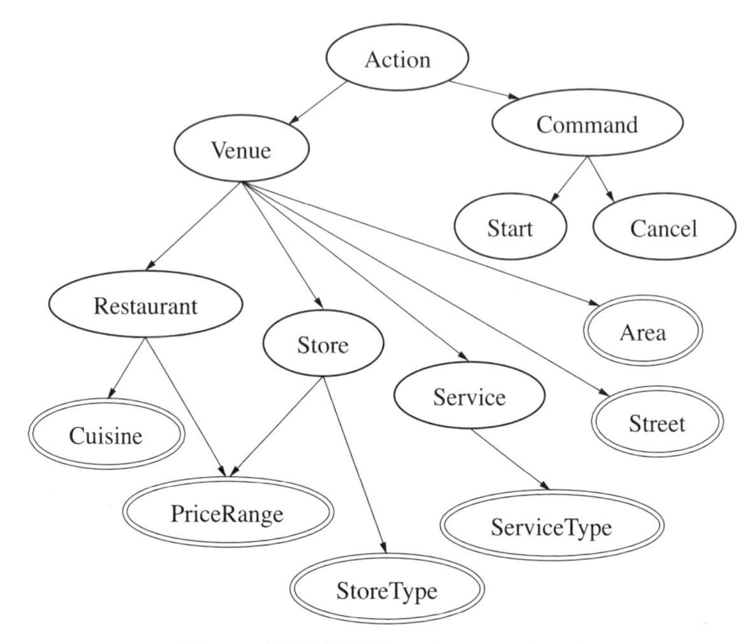

図 5.1　旅行情報提供ドメインのオントロジ
（239) より一部改変して引用）

がら（意図）に関係する概念である。

ユーザの意図推定は，オントロジを対応するベイジアンネットワークに変換して行う。変換アルゴリズムについてはここでは省略するが，オントロジのグラフは木構造に変換され，木構造の上（根）から下（葉）に向かって確率変数間の依存関係が設定される。こうすることで，各確率変数の前件の確率変数は必ず一つになる（根ノードの前件は 0)。図 5.1 のオントロジを変換したベイジアンネットワークを**図 5.2** に示す。

図 5.1 は旅行情報提供のタスクドメインの例である。図中の二重線のノード（例えば PriceRange）はその親ノード（Restaurant や Store）の属性を表す。それ以外のノード（例えば Restaurant）はその親ノード（Venue）を詳細化した概念を表す。このオントロジでは，ユーザの意図は，開始やキャンセルのようなコマンド（Command ノード）と，関心のある場所の指定 (Venue ノード)

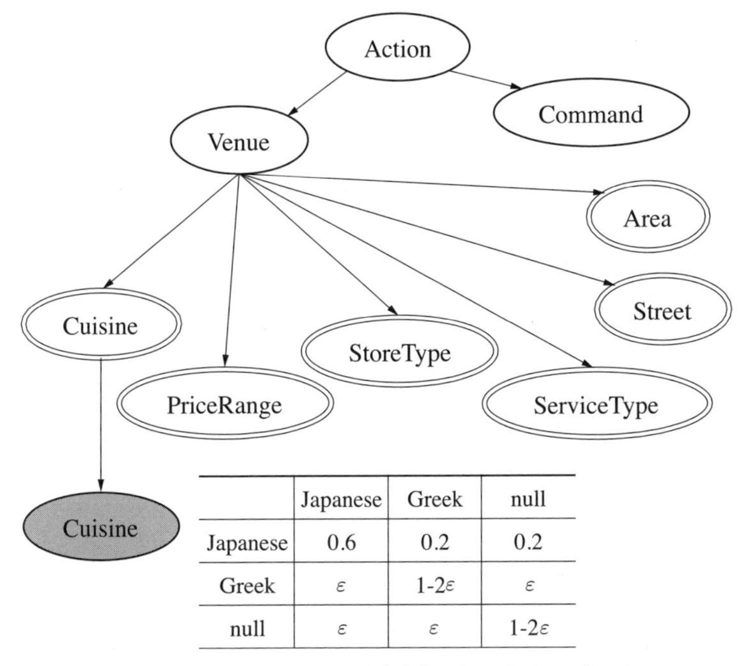

	Japanese	Greek	null
Japanese	0.6	0.2	0.2
Greek	ε	1-2ε	ε
null	ε	ε	1-2ε

図 5.2　図 5.1 のオントロジを変換したベイジアンネットワーク（239) より一部改変して引用）

の二つにまず分けられる。さらに，場所は，レストラン，販売店，あるいはサービス（ゴルフ場など）に分類される。ユーザは，これらの指令の実行や場所に関する情報の提供をシステムに要求する。システムは，情報提供のために必要だがまだユーザから指定されていない属性情報をユーザから聞き出したり，確認を取ったりしながら対話をすすめ，ユーザの意図を特定できたと判断したところで，情報提供やコマンドの実行を行う。

ここでは，ユーザは必ずいずれかのコマンドや場所に対して明確な関心を持って対話することが前提である。「だれかの個人宅」のようなことにユーザが関心を持っていたら，このシステムにとっては**ドメイン外** (out-of-domain) のことなので，システムはなにも対応できない。また，ユーザが曖昧な関心しか持っておらず，サービスについて聞いてみたり，レストランについて聞いてみたりすると，システムは混乱してまともに対応できなくなる（別のことについて聞くときは，ユーザはキャンセルコマンドによりやり直すことが期待される）。

図 5.2 に示すベイジアンネットワークでは

$$\mathcal{D}(\text{Venue}) = \{\text{Restaurant, Store, Service}\}$$

のように，オントロジで定義された詳細化ノードがその親ノードに対応する確率変数の値になる。また，オントロジ定義から必須の関係であることがわかっている概念間にはそのような制約が確率分布で表現される。例えば Cuisine（料理のジャンル）は Restaurant の必須情報なので

$$P(\text{Cuisine} = \text{null}|\text{Venue} = \text{Restaurant}) = 0$$

となる（null は指定なしということである）。

一方，オントロジ定義から関係のないことがわかっている概念間にも同様な制約が組み込まれる。例えば Service のノードと Cuisine は関係しないので

$$P(\text{Cuisine} = \text{null}|\text{Venue} = \text{Service}) = 1$$

となる。これによりドメインの知識を活用して意図推定の精度を高められる。

ユーザの発話内容から得られた情報は，灰色で塗りつぶされた「観測ノード」に表現され，その親ノードである「意図ノード」の値を確率的に制約する。確率変数 X に対応する属性について得られた情報（確率変数の値）の音声理解結果の確信度 c が 100 のとき，その情報の観測確率は 1 になり，0 のときは $1/|\mathcal{D}(X)|$ となる（ノイズによって偶然観測されただけであることを意味する）。この計算式は $1-(1-c/100)(|\mathcal{D}(X)|-1)/|\mathcal{D}(X)|$ で与えられる。ほかの値の確率は，$(1-c/100)/|\mathcal{D}(X)|$ になる。図 5.2 には，意図ノード Cuisine とその観測ノード（灰色の Cuisine ノード）との間の条件付確率表（左側に縦に並んでいるのが観測ノードの値，上側に横に並んでいるのが意図ノードの値）が例示されている。この表の 1 行目は Japanese という観測値が確信度 40 で得られたときの確率分布を表している。観測されていない他の値については意図と観測が同じである表の対角成分に 1 に近い $1-(|\mathcal{D}(X)|-1)\epsilon$ という値が設定さ

れ，ほかの成分は極小さな値 ϵ に設定されている。このようにすることで，音声認識誤りによってユーザの意図が誤って観測される可能性（不確実性）を表現して，頑健な意図理解が可能になる。このようなノード（灰色のノード）を仮想エビデンス (virtual evidence) という。

図 5.3 は，はじめにユーザが Market Street 沿いの本屋について尋ねたあとに，対象エリアをさらに downtown と詳細化した例である。2 発話目では，In downtown が dennys と誤認識されてしまったため，単純に音声理解を行うと，venue の値が store から restaurant に入れ替わってしまう。しかし，確率的意図推定を行えば，dennys がそれまでの対話文脈と相入れないため，dennys を無視することができている（ただし，downtown といったのだろうというところまでの推論はできない)。ここで注意しなければならないのは，この過去と矛盾する入力を無視するという振舞いは，先に誤った理解がなされた場合にそれをなかなかユーザが訂正できないということにもつながるということである。そのため，対話が袋小路に入り込んだら一度リセットして最初からやり直すという使い方をユーザが把握していることが重要になってくる。

ユーザ発話	Where is the bookstore on Market Street?
音声認識結果	Where is the bookstore on Market Street?
ユーザ意図	[action venue] [venue store] [street market]
単純理解結果	[action venue] [venue store] [street market]
確率推論結果	[action venue] [venue store] [street market]
ユーザ発話	In downtown
音声認識結果	dennys
ユーザ意図	[action venue] [venue store] [street market] [area downtown]
単純理解結果	[action venue] [venue restaurant] [brand dennys]
確率推論結果	[action venue] [venue store] [street market]

図 5.3 確率的意図理解による頑健な対話理解結果の例
(239) より一部改変して引用)

タスク遂行のうえでの意図理解よりも，対話遂行の上での意図理解，つまり付帯的コミュニケーション（2.3.2 項）のレベルでの意図理解，例えば「そうじゃなくて $\cdots$」というような修復意図の認識にベイジアンネットワークを使うこともできる。「そうじゃなくて」のような明示的なキーワードがない場合でも，沈黙の時間などその他の情報をベイジアンネットワークで統合して推定するのである。Paek ら[277]の手法では，2.3.1 項で説明した基盤化の階層構造モデルを基にしたベイジアンネットワークを用いて，対話がうまくいっているか，あるいは基盤化の階層のどこで問題が生じているのかを推定する。まず，**図 5.4** に示すベイジアンネットワークで，基盤化の通信路レベル (channel level) と信号レベル (signal level) を維持レベル (maintenance level) としてまとめてモデル化し，維持レベルの状態（通信路なし信号なし，通信路あり信号なし，通信路なし信号あり，通信路あり信号あり，の四状態のいずれか）を推定する。維持レベルの状態（Maintenance Status(t)）は観測できない変数であるが，観測できる変数として音声認識結果の確信度や直前のユーザの応答時間などが盛り込まれている。これに加えて言語理解の結果をもとに意図レベルの状態 (Intention Status) も推定する。

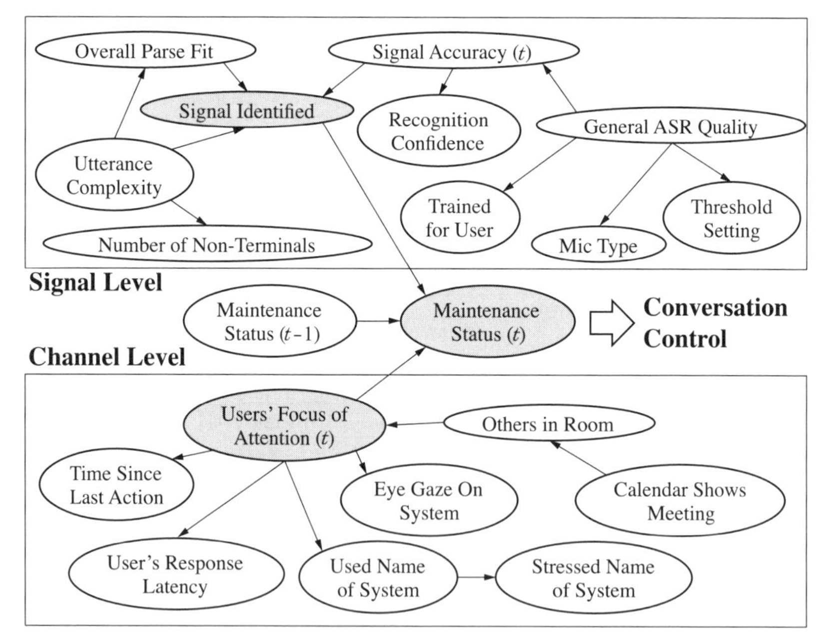

図 **5.4**　維持レベルのベイジアンネットワーク
（277) より一部改変して引用）

最後に，**図 5.5** (a) に示す対話制御（管理）用 (Conversation Control) のベイジアンネットワーク†で，維持レベルの推定結果，意図レベルの推定結果，そして一つ前のやりとりの段階（$t-1$）での基盤化状態から現在（t）の基盤化状態（Grounding Status(t)）を推定し，それに応じて最も効用 (utility) の大きくなるつぎの対話行為を決めている。図 (b) は基盤化状態の例で，Okay（問題なし）か，あるいは Channel（通信路），Signal（信号），Intention（意図）のいずれのレベルで失敗しているかを確率分布で表している。

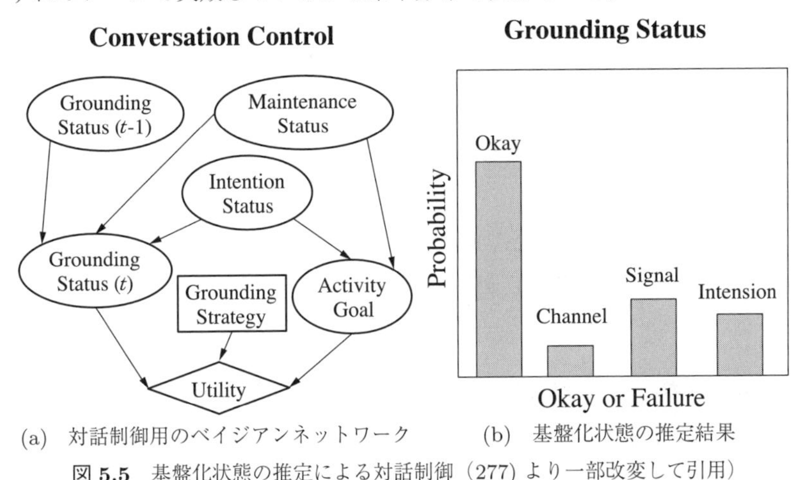

(a) 対話制御用のベイジアンネットワーク (b) 基盤化状態の推定結果

図 5.5 基盤化状態の推定による対話制御（277) より一部改変して引用）

5.1.3 動的ベイジアンネットワークに基づく意図理解

5.1.1 項で述べたように，特に音声入力を用いる場合にはユーザ発話からの入力理解結果に曖昧性があるため，複数の仮説を保持するのがよい。複数の仮説を保持しているところに，新たなユーザ発話の理解結果が得られた場合，以前保持していた仮説とユーザ発話の両方を考慮して新たな意図理解結果とする必要がある。これを時間を含むベイジアンネットワーク，つまり**動的ベイジアンネットワーク** (dynamic Bayesian network, **DBN**) を用いて行う。

ユーザの状態 s は，意図理解結果が 5.1.1 項で述べたように複数の仮説として

† この対話制御用のネットワークは，**決定グラフ** (decision graph) と呼ばれるベイジアンネットワークの亜種である。

保持されることから，離散確率分布 $b(s)$ として表され，**信念状態** (belief state) と呼ばれる。この信念状態は，直前のシステム発話と，前発話までの信念状態から定まる。またユーザから観測される入力理解結果は，直前のシステム発話と，新しい信念状態（正しく推定できていれば真のユーザ状態）の影響を受けて観測される。このような依存関係を動的ベイジアンネットワークで表したものを図 **5.6** に示す。

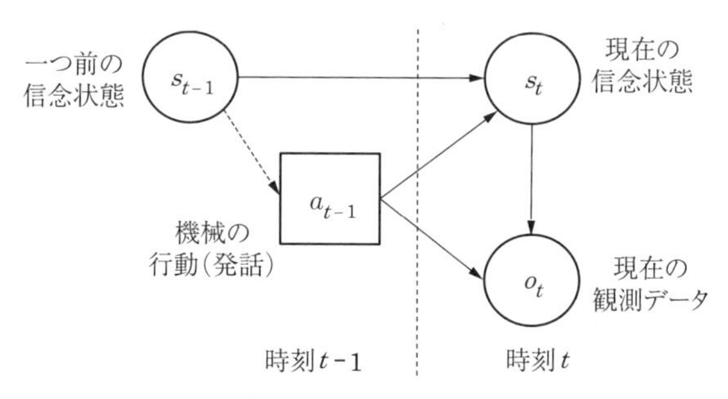

図 5.6　動的ベイジアンネットワーク
に基づく信念状態の更新

図 5.6 に現れる各記号は以下を表している。a は機械の行動（つまりシステム発話），o は観測データ（つまり入力理解結果），s は機械から直接観測できない状態（ユーザ状態）である。添字 t は時刻を表す。円は変数，四角はシステムが決定した既知の値，矢印は依存関係を表す。点線の矢印は，状態に基づいて機械の行動が決定されることを表す。このように，入力である観測値が部分的にしか得られないとするモデル化は，**部分観測マルコフ決定過程** (partially-observable Markov decision process, **POMDP**)[380] と呼ばれ，入力理解結果の曖昧性を表現するのに適している。

つまり，本項における信念追跡とは，ある時刻 t における信念状態 $b(s_t)$ を，直前の信念状態 $b(s_{t-1})$，直前のシステム発話 a_{t-1}，および観測されたユーザ発話の入力理解結果 o_t から適切に定めることである。なお，信念状態 $b(s_t)$ において，システム発話 a_t を選択する最適な戦略 π を求めるのに，強化学習が用いられる（5.2.3 項）。

信念追跡を定式化するとつぎのようになる。

$$b(s_t)=P(s_t|o_t, a_{t-1}, b(s_{t-1}))$$
$$=\eta \cdot P(o_t|s_t, a_{t-1}) \sum_{s_{t-1} \in S} P(s_t|s_{t-1}, a_{t-1}) b(s_{t-1}) \quad (5.1)$$

η は正規化係数である。式の詳細な導出については文献[380]を参照されたい。ここで $P(s_t|s_{t-1}, a_{t-1})$ は状態 s_{t-1} から状態 s_t への遷移確率，$P(o_t|s_t, a_{t-1})$ は状態 s_t において o_t が観測される確率である。図 5.6 の DBN 表記に示されているように，それぞれ a_{t-1} からも影響を受けている。$b(s_{t-1})$ は直前の信念状態の離散確率分布である。式 (5.1) が意味するのは，直前の個々の信念状態 s_{t-1} に対して，まず直前のシステム発話 a_{t-1} を踏まえた次状態 s_t の確率を，状態遷移確率 $P(s_t|s_{t-1}, a_{t-1})$ に基づいて考える。つぎに，その結果得られる，次状態が s_t となる確率に対して，観測確率 $P(o_t|s_t, a_{t-1})$ により重みをかけ合わせる。このようにして各信念状態 s_t に対する確率を計算することで，新たな信念状態の離散確率分布 $b(s_t)$ を得る。

この枠組みで問題となるのは，状態 s の表現方法である。一般に，可能な内部状態の集合は非常に大きい。切符の値段を教えるシステムならば，乗車駅と下車駅に関するユーザ意図が内部状態に含まれるが，それだけでも駅数の 2 乗の可能性がある。したがって，何らかの方法で内部状態の集合を簡略化する必要がある。各スロットの値は独立であると仮定したとしても，駅の数が 100 個であった場合，ユーザ意図の種類数は $100 \times 99 = 9\,900$ 種類となり，さらにこの任意の組み合わせに対して状態遷移確率 $P(s_t|s_{t-1}, a_{t-1})$ を定義したり学習したりする必要があり，これはきわめて困難である。この問題への対応として，論文380) では，状態 s を三つの独立な要素に分解してモデル化している。具体的には，ユーザの目標 s_u，ユーザの行動 a_u，対話履歴 s_d である。これらの間に適宜独立の仮定を置いて数式を導出することにより，問題を簡略化し，現実的なサイズで POMDP を動作させている。Williams らはこれを SDS-POMDP と呼んでいる[380]。さらに，Young らは，信念状態が取り得る空間をこの三つ組で表したうえで，ユーザの目標を固定するなどいくつかの単純化を行うことで状態空間を集約した，hidden information state (HIS) model を提案してい

る[392)]。信念状態の更新をDBNで表現し，適切な依存関係のみを考慮することで，膨大な数の組合せの管理を回避する手法も提案されている[343)]。

スロット間の依存関係をベイジアンネットワークで表す方法も考えられている。このベイジアンネットワークの構築には，一般的に対話のドメインに依存した専門的知識が用いられる。例えば，Williamsによる通信機器故障診断対話システムでは，各種障害と現象の関係がベイジアンネットワークで表されているが，これは実際の故障事例から構築されている[378)]。

5.2　適応的な対話管理・応答生成

対話相手や状況に応じて振舞いを変えるのは，対話システムにおける高度な機能の一つである。つまり，3.2節や3.3節で述べた対話管理をユーザや状況に適応させ，その結果として対話の主導権（3.4節）も管理することになる。

本節では，まず5.2.1項で，入力理解に誤りが生じている状況で，対話管理をその状況に適応させる手法を紹介する。5.2.2項で，ユーザをモデル化し，それに応じて応答生成や対話管理を適応させる手法を紹介する。5.2.3項では，対話管理の方策を，大量のデータに基づき統計的に学習する枠組みについて紹介する。具体的には，強化学習を用いることで，ユーザや状況に応じた対話管理を行う。5.2.4項では，ユーザに対してヘルプメッセージを生成する手法について紹介する。これは，応答生成における適応と位置づけることができる。5.2.5項では，ユーザの振舞いそのものに焦点を当てた研究を紹介する。

5.2.1　対話戦略のオンライン変更

対話の主導権（3.4節）や確認要求の方法（4.4.2項）を，状況に応じて変更するシステムについて紹介する。これは，大域的な対話戦略の変更によるエラーハンドリングに相当する。局所的な確認要求によるエラーハンドリングについては，4.4節ですでに述べた。ここでの前提として，システム主導のほうが，対話に時間がかかるものの誤りが発生しにくい，という事実がある[363)]。システム主導の場合には，システムはより具体的な質問を行うため，ユーザの発話の範囲を絞り込めるからである (3.4.1 項，3.4.2 項)。これは，例えば Web ブラウザ上での項目の入力を考えた場合，自由記述欄に入力させるよりは，具体的な項目についてフォームに記入させるほうが，システム開発者が想定している入力が得られやすいという事実に対応する。

以下では，問題の検出に基づき，主導権や確認要求の方法を変更する場合の例を示す。このシステムは，フォームフィリング対話システムにおける対話管理（4.2.1 項）を基本としている。つまり,《出発駅》,《到着駅》,《人数》の三つの必須属性を持ち，ユーザに主導権がある場合には「《出発駅》から《到着駅》まで」や「《出発駅》から《到着駅》まで《人数》で」のようなユーザ発話を期待している。またこの例では，音声認識結果に誤りがあった場合のみ，音声認識結果を併記する。

【混合主導，確認なし】
S1:　こちらは新幹線チケット予約システムです。どのようなご用件でしょうか
U1:　名古屋までお願いします ［音声認識結果： 名古屋から豊橋まで］
S2:　人数をお願いします
U2:　2 名です
S3:　名古屋から豊橋までを 2 席予約します。よろしいですか？
U3:　いいえ
【対話戦略変更；混合主導，明示的確認要求】
S4:　申し訳ありません。初めからやり直します。どのようなご用件でしょうか
U4:　東京発名古屋行き ［音声認識結果： 東京から宇都宮まで］
S5:　東京から宇都宮まででよいですか？
U5:　いいえ
【対話戦略変更；システム主導，明示的確認要求】
S6:　出発駅を言ってください
U6:　東京です
S7:　東京からですね？
U7:　はい
S8:　降りる駅を教えてください
U8:　名古屋です
S9:　名古屋までですね？
U9:　はい
S10:　人数をお願いします
U10:　2 名です
S11:　2 名ですね？
U11:　はい
S12:　では，東京から名古屋までを 2 枚予約しました

この例では，U3 の段階と U5 の段階で，システムが問題を検出し，対話戦略を変更している†。以下でこの例を順に説明する。まず S1 から始まる初期モードでは，【混合主導，確認なし】という戦略を採っている。具体的には，以下の2 点で混合主導対話である。

- S1 で「どのようなご用件でしょうか。」という質問によりユーザに自由な発話を許し，主導権をユーザに渡している。
- U1 から得られた情報に《人数》の内容が含まれないことから，S2 で主導権を取り，その内容を尋ねている。

また，確認なしという戦略により，U1 や U2 の理解結果について，何も確認要求を行っていない。このような対話戦略は，音声認識誤りがない場合には効率がよく，人間どうしの対話に近い。しかし実際には，U1 の音声認識結果が正しくないため，U3 の時点に至って初めて，ユーザの否定発話により，相互信念に相違があることが明らかになっている。

つぎに，システムは U3 において問題を検出したあと，S4 から【混合主導，明示的確認要求】という戦略にシフトしている。つまり，初期モードと同様に，混合主導で対話を行うが，ユーザの発話の後に，S5 のように明示的確認要求を行っている。この結果，依然正しい音声認識結果は得られていないものの，初期モードのときよりも早く，U5 のユーザの否定発話により，相互信念の相違を検出できている。

続いて，U5 で問題が検出された結果，システムは S6 から，【システム主導，明示的確認要求】という戦略に移行している。ここでは，システムは必須項目を一つずつ確認している。これにより，一項目ずつ確実に入力を促し，それを確認している。この戦略では多くのターンを必要とし，人間らしい対話ではないが，音声認識誤りが起こりやすい状況でもより確実にタスクを遂行できる。

どのように対話戦略を変更するかには，上記の例以外にもいくつかの選択肢

---

† この対話例では，システムの明示的確認要求に対するユーザから応答が否定であった場合に，問題を検出したとしている。これ以外の手がかりに基づく問題検出については，5.3 節で紹介する。

があり得る。上記の例では，主導権を混合主導からシステム主導へ，確認要求方法を確認無しから明示的確認要求へと移行させていた。これ以外にも，主導権に関しては，例えばシステム主導にしたあとでさらに，システムの質問に対して想定されるユーザ発話例をヘルプメッセージとして追加（5.2.4 項）することが考えられる。また，確認要求方法については，明示的確認要求にする前に，暗黙的に確認要求を行うことも考えられる。

これまでの研究事例としては以下が挙げられる。まず，Chu-Carroll は，適応的に応答を選択する MIMIC というシステムを開発した[61]。誤り検出と応答選択はいずれもルールベースである。また，3.4.3 項で述べたように，主導権をタスク主導権と対話主導権の 2 階層に分け，モデル化している。本項で述べた主導権の変更は，タスク主導権を取るかどうかに対応する。Litman らは，音声認識誤りを対話レベルの情報を用いて検出し[217]，これに基づき，対話戦略を変更する adaptive TOOT というシステムを開発した[216]。このシステムでは，音声認識誤りが検出された場合，ルールに基づき，より保守的な戦略（つまりシステム主導，明示的確認要求）に移行していく。Bulyko らも，エラーが検出された場合，システム主導へと移行するシステムを構築した[47]。特に，誤りがあった後のシステム発話をどう生成するか，具体的には，その前のシステム発話をそのまま繰り返すのか，少し言い換えて再度質問するのか，などを変更して，それがユーザの不満にどの程度影響するのかを調べている。

変更する戦略をどう設計するかは，システムのデザインに依存する。可能な主導権と可能な確認要求方法のすべての組合せを考えるのはあまりにも複雑であり，これらの間の変化をルールで書き尽くすのは困難である。このルールを（問題検出の部分のしきい値設定も含めて）統計的に学習しようというのが，5.2.3 項で述べる強化学習に基づく対話管理につがなる動機の一つである。

さらに，確認要求の方法を変更するだけでなく，確認要求の内容を，その確認要求のコストを考慮したうえで制御する研究も行われている。堂坂らは，対話の効率を確認コストと情報伝達コストの和として定義し，これを最小化するデュアルコスト法という対話管理方式を提案した[79]。確認コストは確認要求を行う対話の長さで，情報伝達コストはその後のシステム応答の長さである。つまり，ユーザの要求を確認して絞り込んだほうが，応答時に簡潔に答えられるというバランスを考慮して，最適な行動を導出している。翠らは，文書検索タスクにおいて，ベイズリスク (Bayes risk) 最小化という枠組みで，応答内容を選択する手法を提案した[243]。この手法では複数の応答候補に対してスコアを与え，その後のターン数の期待値が最小となるような選択を行う。さらに，スコア計算に必要なパラメータをオンラインで適応させる手法も提案している。

5.2.2　ユーザモデル

前項では，音声認識誤りなどにより対話が停滞しているという「状況」を検出し，それに対してシステムの振舞いを変える方法を述べた。これに対して，相手（ユーザ）に応じてシステムの振舞いを変えるのに必要なのが，**ユーザモデル** (user model) である。一般に，相手に応じて自らの振舞いを変えるためには，相手が誰であるかや相手がどのような属性を持つのかを推定する必要がある。モデル化するという側面により着目して，**ユーザモデリング** (user modeling) と呼ぶ場合もある。

対話システムにおいて，ユーザモデルは以下の二つの文脈で用いられていることに注意が必要である。いずれもユーザに関するモデルという点では同じだが，使われ方やモデルの実態はかなり異なる。

- 適応的な対話管理や応答生成のためのモデル
- シミュレーションにおいてユーザ応答を生成するためのモデル

前者は，システムと対話している，ある一人のユーザに関するモデルであるのに対し，後者は，システムに対してユーザが平均的にどのように応答するかをモデル化したものである。本項では，前者について説明を進める。後者については，4.5.4 項でのシミュレーションによる評価の説明の中で触れた。これらを含んだユーザモデルの分類を図 **5.7** に示す。

対話相手としてのユーザモデル（前者）は，さらにユーザ個人のモデルと，ユーザのタイプに関するモデルとに分けられる[158]。以下ではこの二つを順に

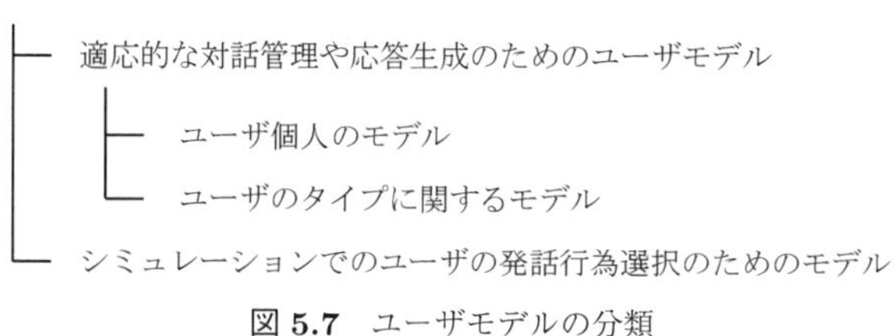

図 5.7　ユーザモデルの分類

説明する。

〔1〕 **ユーザ個人のモデル** (individual user model)　　このモデルではまずユーザを個人として同定し，その個人に応じてシステムの振舞いを適応させる。これは，同一個人が繰り返し使うシステムにおいて有効である。つまり，そのユーザの過去の使用履歴を蓄積してプロファイルとする。これが有効に働く状況として，車の中のシステム（マイカーだと運転者はごく少人数に限られる）や，携帯端末上のシステム（基本的に個人ごとに端末を持っている）などが挙げられる。つまり，システムを**個人化** (personalization) することになる。

Bernsen は，そのユーザの過去の好みをもとに，車の中でホテルを検索できるシステムを構築した[26)]。例えばこのシステムでは，過去の使用履歴に基づいて，そのユーザのホテルの好み（星の数やホテルチェーンの名前など）を記録し，それに基づいてユーザにホテルを提示する。このような個人ごとの履歴を用いるユーザモデルでは，個人を特定さえできれば，その個人に応じた応答が可能である。一方で，システムを使用したことがない個人に対しては適応できない。

同一ユーザがシステムを繰り返し使用する場合には，そのユーザのそれまでの入力に基づき，オンラインでシステムを適応させることもできる。Paek らは，携帯端末におけるコマンド&コントロールシステムにおいて，まずユーザの一般的な使用履歴をもとにつぎのユーザ意図を予測する分類器を学習したあと，オンラインで，音声認識用言語モデルを個人に適応させる手法を提案している[276)]。駒谷らは，京都市バス運行情報案内システム（音声ポケロケ）において，そのユーザのインタラクション中の特徴（どの程度バージインを行うかという割合）や，推定音声認識率を手がかりとして，音声認識誤りを予測し，誤りの棄却性能を向上させる手法を提案している[196)]。

このような個人の同定に基づくユーザモデルは，携帯電話や車内でのシステムなど，使用する個人をほぼ限定できる状況では実用的に利用可能である。個人ごとにどう作り込むかや，その作り込みをどのように一般化するかが，研究や開発の主眼となるといってよい。

〔**2**〕 **ユーザのタイプに関するモデル** (general user model)　　こちらのモデルは，個人ではなく一般的なユーザの傾向を属性として同定し，それに応じてシステムの振舞いを適応させる。つまり，同一ユーザの継続的な使用を前提とせず，新たに現れたユーザに対しても適応できる。対話システムにおいてこのタイプのユーザモデルは，古くから研究例がある。これらは，ユーザが対象ドメインの知識をどの程度知っているかを管理するものが多い[173)]。Paris は，ユーザが専門家かどうかが与えられたときに，対象の記述を相手に応じて変える手法を提案している[279)]。このほかにも，Elzer らは，講義履修のアドバイスを行う対話システムにおいて，ユーザの好みをオンラインで検出し，それに応じてシステムからの提案を変える手法を示している[85)]。この手法では，ユーザが用いる言語表現やシステムの提案に対する応答に着目し，属性ごとにそのユーザの好みを管理している。

音声対話システムでは，ドメイン知識やユーザの好みなどの発話内容以外にも，ユーザのシステムへの慣れ具合（習熟度）や，ユーザの急ぎ具合（性急度）に応じて，システムの挙動を変えるのが望ましい。駒谷らは，以下の三つのユーザ属性からなるユーザモデルを提案し，学習した決定木により 1 発話ごとにそれぞれの度合を判別して利用する手法を提案した[197)]。この各属性は，高い/中間/低いの三つの度合を持つ。

1. システムに対する習熟度
2. タスクドメインに関する知識レベル
3. 性急度

決定木学習に用いる特徴は，対話中に得られるものを用い，オンラインでユーザの属性を推定している。システムに対する習熟度判別の決定木の例を**図 5.8** に示す。この論文では，その一発話から得られる特徴として，対話の状態（既に埋められたスロット値で定義）や，その発話がバージインであったか否かが用いられている。また，対話におけるそれまでの履歴を利用した特徴として，それまでに一発話で入力されたスロットの最大数や，無入力の割合，音声認識スコアの平均値などが用いられている。

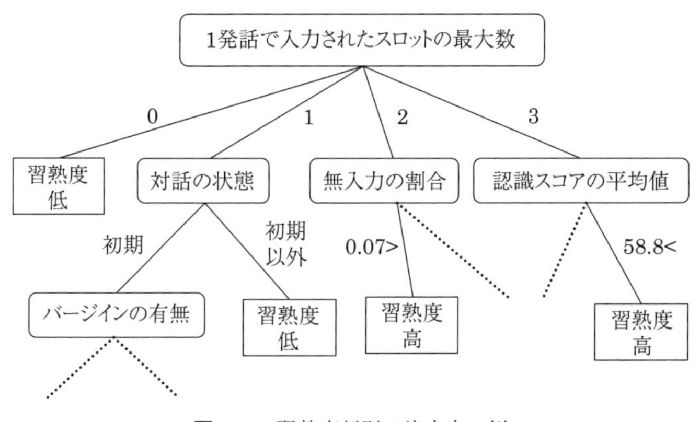

図 5.8　習熟度判別の決定木の例

推定された属性の度合に基づいて，システムは対話管理と応答生成を以下のように適応させる。

- 対話管理： 習熟度および性急度により変化させる。
  - 習熟度が低い場合にはシステム主導に変更し，項目ごとに具体的に質問を生成する。高い場合には，多様な回答を許す質問を行い，ユーザに主導権を渡す。
  - 性急度が低い場合には逐一確認要求を行う。高い場合には，確認を省略し，そのまま検索結果を出力する。
- 応答生成： 性急度が低い場合には，以下の情報をシステム発話に追加する。高い場合には省略する。

– 習熟度が低い場合には，対話管理情報を追加する。例えば「はい，またはいいえで答えてください」や「順におうかがいします」などである。

– ドメインに関する知識レベルが低い場合は，最寄りのバス停名などを付加する。高い場合には，別ルートの提案など複雑な内容を付加する。

対話例を図 **5.9** に示す。ここでは，習熟度，知識レベル，性急度の三つともが，低いと判定されている場合の例が示されている。下線の部分は，習熟度や知識レベルが低いと判定されたことにより付加された情報である。これらは，性急度が高い場合や，習熟度または知識レベルが高い場合には省略される。また性急度が高い場合には，例の中の S4 のような，確認要求も省略される。

【習熟度：低】【知識レベル：低】【性急度：低】の場合
S1：　利用するバス停，系統番号をどうぞ
U1：　円山公園
S2：　<u>順におうかがいします</u>
　　　（【習熟度：低】により対話の流れの説明を付加）
　　　乗車場所は円山公園でよろしいですか
　　　（【性急度：低】により対話のフローとして確認要求を行う）
　　　<u>はい，またはいいえで答えてください</u>
　　　（【習熟度：低】により答え方の説明を付加）
U2:　はい
S3:　降車場所を <u>バス停名，または最寄りの有名施設で</u> いってください
　　　（【習熟度：低】により答え方の説明を付加）
U3：　東福寺です
S4：　降車場所は東福寺でよろしいですか
　　　<u>はい，またはいいえで答えてください</u>
U4：　はい
S5：　<u>検索結果はつぎのようになります</u>
　　　（【習熟度：低】により対話の流れの説明を付加）
　　　<u>円山公園の最寄りのバス停は祇園になります</u>
　　　（【知識レベル：低】によりドメイン情報を付加）
　　　202 系統の九条車庫・西大路九条行きのバスは，
　　　二つ手前の東山三条を出発しました

図 **5.9**　ユーザモデルを導入したシステムの対話例[197)]

これにより，急いでいるユーザには，できるだけ簡潔な対話を実現している。その一方で，システムに対する習熟度が低いユーザには対話の流れを丁寧に説

明したり，ドメインに関する知識が少ないユーザには参考となるドメイン情報を追加したりするなどして，初心者に使いやすいシステムを実現している[197)]。

ここで述べたユーザのタイプに関するモデルを実用的なシステムにおいて使用するには，まず対象タスクやドメインに応じた，適切なタイプを決める必要がある。さらに，実行時には個々のユーザのタイプを推定するため，推定性能の向上も課題となる。実用システムに頑健に利用可能という段階にはまだないが，未知のユーザにも細かく適応するシステムの構築には必要な技術である。

5.2.3 強 化 学 習

対話システムにおける行動選択規則を，人手で記述するのではなくデータから得るために，**強化学習** (reinforcement learning) を用いる研究が行われている。

強化学習とは，機械学習の一種である。ここでは，よく用いられる教師あり学習と対比しながら，強化学習の特徴を説明する[†1]。教師あり学習は，入力を特徴ベクトルで表現し，それに対する出力を教師信号として与えることで，それらの間の写像関係を学習するものである。つまり，1 回の入力に対して，つねに正解が一意に定まる。これに対して強化学習では，一連の入力（環境 (environment) に対する状態観測）に対して，システムがどのような戦略で行動するのがよいか，つまり方策[†2](policy) を学習する。教師あり学習と比較した場合には

- 対象とするタスクは，1 回の行動で目標を達成できるものではなく，複数回の行動により達成できるものである。このため，1 回の入力に対する出力を求めるものではなく，一連の入力が対象である。
- システムの行動によって，つぎの時点でのシステムへの入力は変わる。つまりシステムの行動は環境に影響を与える。
- あるシステムの行動が正しいかどうかという正解は各時点ではわからない。目標が達成された際に，報酬として，遅れて与えられることも多い。

などの特徴がある。このような強化学習の特徴は，対話システムにおける行動

[†1] 教師あり学習など機械学習一般については，付録 A.1 やその文献案内を参照のこと。
[†2] 政策とも呼ばれる。

選択（次発話選択）の問題設定によく合致する。例えば，ある時点で，システムがユーザに対して，確認要求を行うべきか，質問を行うべきかを選択するとしよう。この場合，どちらを選ぶかを考えるには，その時点での情報だけではなく，最終的にどのように目標を達成できそうかという長期的な先読みに基づいて決めるのがよい。上述した「報酬が遅れて与えられることが多い」という特徴は，これに対応する。つまりシステムは，学習時に試行錯誤を繰り返すことで，最終的に得られる報酬がより大きくなるような方策を学習する。

対話システムにおける強化学習の枠組みを**図 5.10** に示す。

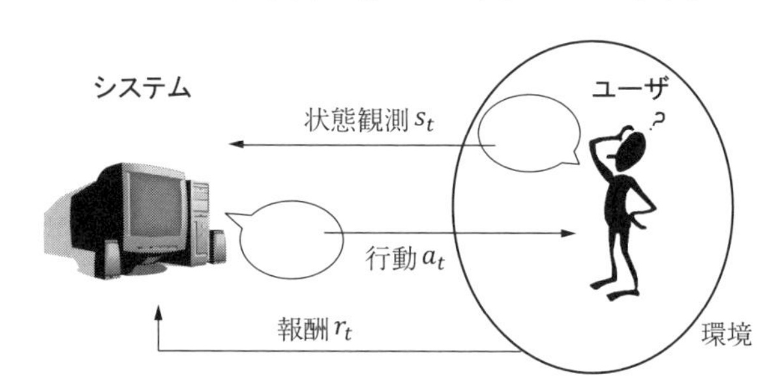

図 5.10　対話システムにおける強化学習の枠組み

ここでは以下に述べるやりとりが繰り返される。

① システムは時刻 t において，環境の状態観測 s_t に応じて意思決定を行い，行動 a_t を実行する。

② システムの行動により，環境は s_{t+1} へ状態遷移し，この遷移に応じた報酬 r_t がシステムに与えられる。

③ 時刻 t を $t+1$ へと進めてステップ 1 に戻る。

〔1〕 MDP と POMDP　上記のやりとりを以下のように定式化したものが**マルコフ決定過程** (Markov decision process, **MDP**) である。

- S: 状態の有限集合 $\{s^{(1)}, s^{(2)}, \cdots, s^{(|S|)}\}$
- A: 行動の有限集合 $\{a^{(1)}, a^{(2)}, \cdots, a^{(|A|)}\}$
- $P(s_{t+1}|s_t, a_t)$: 状態遷移確率（システムが状態 s_t において行動 a_t をとったあとに，状態 s_{t+1} に遷移する確率）

- $r(s_t, a_t, s_{t+1})$: 状態 s_t で行動 a_t を取り，状態 s_{t+1} に遷移した場合に得られる報酬

ここでは問題の単純化のために，状態の遷移にマルコフ性が仮定されている。つまり，次状態は，現在の状態と行動にのみ依存し，過去の状態や行動には依存しない†。

MDP では，状態 s_t が完全に観測できることを仮定している。これに対して音声対話システムでは，音声認識誤りがあるため，状態を誤りなく観測することはできない。MDP をこの点に関して一般化し拡張したモデルが，**部分観測マルコフ決定過程** (partially-observable Markov decision process, **POMDP**) である。対話システムにおいて MDP 上の強化学習を用いる研究は 1990 年代より行われていたが[210),362)]，入力理解結果の曖昧性を確率的に表現できないという問題があるため，あまり研究されなくなっている。これに対して，2005 年頃から POMDP 上の強化学習に基づく手法が数多く研究されている[380)]。

POMDP では，時刻 t における環境の真の状態 s_t は直接観測することはできず，s_t から確率 $P(o_t \mid s_t)$ に従って生成される o_t が観測できるとする。このため，システムの状態は決定的には決まらず，状態に関する離散確率分布となる。つまり，この $P(o_t \mid s_t)$ を用いて，システムの状態に関する離散確率分布が更新され，管理される。対話システムでは，時刻 t において，状態 s_t である離散確率分布 $b(s_t)$ を用いる。これを**信念状態**と呼び，管理・更新する[380)]。この部分の詳細は 5.1.3 項を参照されたい。

〔**2**〕 **強化学習による最適方策の学習**　強化学習の目的は，得られる報酬の総和の期待値を最大とするような方策を得ることである。方策とは，各状態 s_t から行動 a_t への写像関数である。つまり，状態 s_t において，$\pi(s_t)$ で得られる行動を続ければ利得 (return)V_t が最大となるように，方策 π を求める。

ここで，時刻 t におけるある行動によって，将来的に得られる報酬の時系列を考え，その総和を利得 V_t とする。これは以下の式で表される。

† 過去の情報は，現在の状態として表現されていると考える。

$$V_t = r_t + \gamma r_{t+1} + \gamma^2 r_{t+2} + \cdots = \sum_{k=0}^{\infty} \gamma^k r_{t+k}$$

ここでの γ は割引率 (discount factor) と呼ばれ，$0 \leq \gamma < 1$ の値をとる。これにより，将来得られる予定の報酬を割り引いて評価する。遠い将来に得られるかもしれない報酬よりも，近い将来に確実に得られるであろう報酬を重視することで，より早く目標を達成できる方策を高く評価する。

報酬は，多くの場合，システム開発者が具体的な数値を設定する。つまり，強化学習の枠組みにおいて，報酬はデータから自動的に求まるものではない。例えば，ユーザが発話するごとに -1 を，対話が成功した場合に $+20$ の報酬を与えることが行われる。このように，システム開発者が望ましい状況やその度合を報酬として事前に設定することで，利得が最大化される方策が学習される。

状態の遷移確率 $P(s_{t+1} \mid s_t, a_t)$，状態とシステムの行動から観測値が生成される確率 $P(o_t \mid s_t, a_t)$，報酬関数 $r(s_t, a_t)$ があらかじめわかっているときに最適方策を求める方法として，方策反復法 (policy iteration)，価値反復法 (value iteration) などの方法が知られている[301]。これらの確率がわかっていないときに，対話システムが試行錯誤を繰り返すことで最適方策を求める方法については，強化学習の分野でさまざまなアルゴリズムが提案されている[301]。

どの方法を用いるにせよ，大量の対話データ，または，多くの回数の対話の試行が必要となる。一般ユーザにシステムと非常に多くの回数の対話を行ってもらうのは困難である。そこで，人間のユーザをシミュレートするシステム（ユーザシミュレータと呼ぶ）を構築して，データを自動的に収集する方法が用いられている[303]。シミュレーションによるデータ収集は，システム評価においても行われている（4.5.4 項）。

5.2.4 ヘルプ生成

一般に，ユーザインタフェースにおいて，インタフェース自体が**アフォーダンス** (affordance) を備えていると，使いやすいデザインであるとされる[269]。ここでのアフォーダンスとは，そのインタフェースにどのような行為が可能かを人間に知覚させる手がかりである。例えば，**図 5.11** に示す GUI による検索フォームでは，ユーザが寺社名をテキストで入力することや，調べたい項目をプルダウンメニューから選択できることを，インタフェース自体から読み取ることができる。

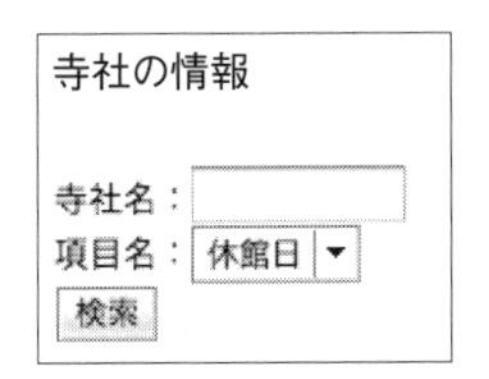

図 5.11 GUI による検索フォームの例

この観点から考えると，音声対話システムはアフォーダンスを備えていない。つまり，システムが理解できる表現は限られているにも関わらず，その表現を示す手掛かりはユーザには示されない。この結果，ユーザがシステムの受理できない発話を繰り返したり，ユーザが何といってよいか困ってしまったりする事態が生じる†。このとき，システムからのエラーメッセージが単に「理解できませんでした。もう一度いってください」だけであった場合，ユーザは受理できない同じ発話を繰り返し，同様のエラーが繰り返されてしまう。このことから，システムがどのような入力を受理可能であるかをユーザに示す**ヘルプメッセージ** (help message)（短くいうと**ヘルプ**）が必要である。

この問題は特に，電話や，ディスプレイを持たないヒューマノイドロボットなどでは顕著である。テキストをディスプレイに表示する場合は，一覧性があるため，音声認識結果を含め十分な情報を画面に表示できる。一方で，ディスプレイを持たず，出力を音声だけで行う場合には，音声には一覧性がなく，また情報がその場でなくなる（揮発性がある）ため，提示する情報を厳選する必要がある。5.2.2 項で紹介した，電話を介した京都市バス運行情報案内システム[197]では，ユーザモデルの推定結果に応じて応答内容を取捨選択している。

† この問題に対して，ユーザに完全に自由に発話させるのではなく，音声入力インタフェース用の制限言語を設計し，それを標準化するという Speech Graffiti という試みも行われた[350]。

システム主導の対話システムの場合，各状態に対して，固定的にヘルプメッセージを実装できる。最も単純なものは，ユーザに明示的に「ヘルプ」などと発話させることで，ヘルプメッセージ生成モードに移行し，受理可能な語彙や文法をユーザに示すものである。また，有効な入力理解結果が得られなかった回数や，何も入力されずタイムアウトした回数をカウントし，それが一定回数を超えた場合にヘルプメッセージを出力することも考えられる。

一方，混合主導型の音声対話システムにおいて，ユーザから得た音声認識結果に応じて，適応的にヘルプメッセージを生成する **targeted help** と呼ばれる手法が検討されている。この手法では，音声認識や言語理解を文法に基づき行うシステムにおいて，発話がその文法に合致しない場合にヘルプメッセージが出力される。Gorrell らは，統計的言語モデルに基づく音声認識結果を併用して，以下のようなヘルプメッセージを出力する手法を提案した[110)]。

“理解できませんでした。【機器の電源を操作する】には,【キッチンのライトをつけて】のようにいってみてください。”

上記の【 】内にはそれぞれ，システムが実行可能な動作（12 種類）と，その具体的なコマンド例が入る。音声認識結果を入力として，現在の発話がこの12 種類の動作のいずれに当てはまるかを判別し，生成するヘルプメッセージを決定する。さらに Hockey らは，誤りが起こる原因を 3 種類に分けたうえで同様のシステムを実装し，被験者実験により有効性を示した[138)]。

福林らは，音声認識結果だけではなく，対象ドメインのオントロジとそれまでの対話履歴を利用し，動的にヘルプメッセージを出力する手法を提案した[96)]。ユーザ発話の言語理解結果から，ユーザが知っているであろう概念を推定し，対象ドメインのオントロジ上で管理する。この結果に基づき，ユーザが知らないと考えられる概念に対してヘルプメッセージを生成する。これにより，同じ入力理解結果に対しても，履歴に応じて動的なヘルプメッセージが出力できる。

マルチモーダルな対話システムにおいても，ある状況でどのような入力が受け付けられるのかを表示するのは有用である。Gruenstein らは，City Browser と呼ばれる，音声入力を備えた地図インタフェースにおいて，システム状態に応じた発話提案機能を実装した[121)]。ある状態でシステムが受理可能な発話の例が，地図画面の右側に表示され，ユーザ発話の誘導を試みている。

5.2.5 ユーザの振舞いのモデル

この 5.2 節では全体として，システムがユーザにあわせて適応的に動作を変えるための方法について説明してきた。一方で，ユーザもシステムと話すにつれて振舞いを変える。これは人間どうしの対話における**同調**や**エントレインメント** (entrainment) と呼ばれる現象に対応する（2.5.3 項）。本項では，適応的な対話の一環として，対話システムにおけるこのような現象について紹介する。

前節で述べたヘルプ生成は，さらなる音声認識誤りなどによる入力理解誤りを防ぐために，ユーザに受理可能な発話を知らせるものである。システムが受動的にあらゆる発話を受理しようとするだけでなく，対話相手であるユーザに，対話が成り立つように協力を促すというアプローチは，今後さらに重要となってくると考えられる。このようなアプローチに基づくシステムの実現には，ユーザの振舞いが，システムと対話するにつれてどう変わるのかに関する知見の蓄積が必要である。特に，5.2.2 項の前半で述べた，ユーザ個人のモデルが有効になる状況，つまり，特定の個人が音声対話システムを繰り返し使用する状況では，このような知見が有用になる。特定の個人がどのように話すのかを予測できれば，システムの性能向上が図れる。

ユーザの振舞いが音声対話システムの性能に対して大きな要素であることは，これまでにも指摘されている。まず，Kamm らは，事前教示による影響を実験的に確かめている[168)]。4 分間の事前教示を行うことで，初心者から得た各指標の値が熟練者の値に近くなることや，初心者の中でも事前教示の有無により各指標に差が生じることを確認した。つまり，事前教示により，例えばタスクの遂行にかかる時間は短くなり，ユーザ満足度も高くなることを示した。Jokinen らは，ユーザに適応的な音声対話システムを用いた被験者実験において，エラーが減少する原因として，ユーザのシステムへの慣れを挙げている[164)]。

このようなユーザの振舞いの変化として，最も観察されているのが，語彙の

同調 (lexical entrainment)[44] である。語彙レベルで適応が起こる現象は，機械翻訳を用いたコミュニケーション[387] や，ロボットとの会話での物体指示[145] においても確認されている。

音声対話システムを使用した際に，文法レベルでの同調が起こることも報告されている。Stoyanchev らは，Let's Go! バスシステム[288] を用いて，システムのプロンプトがユーザの語彙や構文の使用に与える影響について分析している[330]。具体的には，ユーザ発話中の動詞の形や前置詞の有無の変化について調べている。また，システムのプロンプトを変化させた際に，時間を指定する表現の変化についても調査している[329]。Parent らは，このような変化を，さらに大規模なデータを用いて確認している[278]。

話速や音量など，ユーザ発話の韻律的な変化に着目した研究も行われている。Fandrianto らは，同じく Let's Go! バスシステムにおいて，システムの発話の話速や音量を変化させることにより，ユーザ発話にも同様の韻律的変化が生じるかどうかを調べている[87]。

上記の研究は，ユーザ発話自体が実際にどのように変化したかを，発話を書き起こすなどして分析したものである。これに対して，音声認識率など，システムの観点から，ユーザの慣れを観察した研究も行われている。Walker らは，システム主導と混合主導のシステムの実験的な比較において，バージインがユーザの慣れ具合を示す可能性を指摘した[363]。その際に，連続する 3 回のタスクにおいて，バージインの使用回数の平均が増えることを示している。Levow らは，音声対話システムの初心者に対して，音声認識率，語彙外発話の率，使用される語彙サイズが，経時的にどう変化するのかを研究室環境で調査した[212]。ここでは，ユーザが慣れるにつれて音声認識誤りが減少することが観察されている。Le Bigot らは，ユーザの一発話中の項目数や単語数の変化を調査している[28]。駒谷らは，京都市バス運行情報案内システムにおいて，同一ユーザの長期間にわたる振舞いの変化を分析しモデル化した[195]。具体的には，ユーザの音声認識率やバージインをする度合の変化について分析し，ユーザがシステムに慣れる過程に関するモデルを提案している。

ここで述べた，ユーザの振舞いのモデルは未だ発展途上であり，現状では実用的なシステムで利用されるには至っていない。一方で，ユーザの振舞いがシステムの性能に大きな影響を与えることは事実である。今後，現実のユーザのデータを継続的に収集するシステムが増えれば，このような研究はさらに進むであろう。5.2.4 項で議論したインタフェース設計とともに，初心者から熟練者までを含む現実のユーザを扱う対話システムを実現するには，これらは考慮されるべき要素である。

5.3 問題のある状況の検出

本節では，4.4 節で述べたエラーハンドリングのうち，大域的な誤りを検出する手法について紹介する。5.2.1 項で述べた対話戦略のオンライン変更は，対話中に問題があることを検出できた場合に，対話の主導権を変更するというものであった。本節では，どのように問題を検出するかについて述べる。

具体的には，5.3.1 項では，実際に収集した対話コーパスにおいて，問題が生じている状況を人手で付与し，それを予測する手法を紹介する。つぎに，ユーザが明らかに同じ発話を繰り返している場合，ユーザによる修復（2.3.2 項），つまり発話の訂正が行われている可能性が高い。このような訂正発話を検出する方法を 5.3.2 項で紹介する。

5.3.1 問 題 検 出

ユーザの発話を正しく理解できない状況が続いている場合，それを検出したうえで，対話戦略を変更することが望ましい。例えば，システムが同じ質問（例：「出発地をもう一度いってください。」）を繰り返している場合，ユーザの発話をうまく理解できておらず，何らかの問題が生じていることがわかる。このような場合，確認要求を明示的に行うなど，より保守的な戦略へ移行したり，商用システムの場合ならオペレータに転送したりするなど，何らかの対応が必要である。本項では，入力理解誤りにより，対話が「うまくいっていない」状況を，機械学習を用いて検出する研究について紹介する。

まず，Litman らは，対話レベルの情報を用いて，音声認識がうまくいっていない状況を検出する手法を開発した[217]。音声対話システムで収集された各発話に対して，意味的に誤認識されたか否かを，正解ラベルとして人手で付与した。各発話における特徴として，**図 5.12** に示すように，音響的特徴や語彙的特徴以外に†，対話効率や対話の質に関する特徴を含めている。これを分類問題（付録 A.1.1）として定式化し，機械学習を用いて分類器を構築している。この結果，図 5.12 に挙げたすべての特徴を用いた場合，誤認識されたか否かの二値判別の性能が有意に向上することや，上記で導入した対話的特徴を加えることが，性能向上に貢献することを実験的に確認している。

- **音響的特徴**
  - 確信度（対数尤度スコア）の平均，確信度がしきい値以下となる発話の割合，など
- **対話効率に関する特徴**
  - 経過時間（秒），システムのターン数，ユーザのターン数
- **対話の質に関する特徴**
  - 棄却の回数，タイムアウトの回数，ヘルプメッセージを発話に含めた回数，ユーザが前の動作を取り消した回数，ユーザが割り込んで発話しようとした回数
  - 上記五つそれぞれの，全ユーザ発話に対する割合
- **語彙的特徴**
  - 音声認識結果の単語列そのもの

図 5.12　問題検出に用いられた特徴[217]

Walker らは，対話ごとに，問題がある状況を検出する手法を開発した[366]。実際のユーザに対してサービスを行っていた How May I Help You (HMIHY) システム[109]において，ユーザが途中で電話を切ってしまった対話（`HANGUP`），人間が途中でシステムと入れ替わった対話（`WIZARD`），ユーザの意図した目的が達せされなかった対話（`TASKFAILURE`）の三つを，問題のある状況と定義し，これを機械学習で検出する手法を提案した。機械学習の特徴には，音声認識部

† 論文中で用いられる，システムそのものを表す特徴は除いた。

から得られるものに加え，言語理解部や対話管理部から得られる特徴も用いられている。

5.3.2 訂正発話検出

音声対話システムでは，ユーザが同じ発話を繰り返している場合に，事後的に，何らかの誤りがあったとみなせる。この例を以下に示す。

U1: 飯田橋にあるレストランを教えて
S1: 板橋にあるレストランですね
U2: 飯田橋です

この場合，U2 が U1（の一部）の繰返しであることを検出できれば，S1 の発話内容の元となった理解結果が誤っており，U2 は S1 に対する訂正発話であるとわかる。

このような繰返し発話の音響的特徴を分析した研究として，Levow によるものが挙げられる[211)]。元となる発話とその繰返し発話の組に対して，発話長や無音区間，韻律，波形の振幅などの特徴を分析した。さらに，決定木学習により，元となる発話とその繰返し発話の組を識別する特徴について議論している。

このような訂正発話では，ユーザの発話に音響的な変化があることが指摘されている。これは過剰な調音 (hyperarticulation) と呼ばれ，例えば，一部を強調して話す，ゆっくりと話す，音高が高くなる，音量が大きくなる，などといった現象がある[136),325)]。これらの音響的な特徴に加え，音声対話システムにおいて利用可能な特徴，例えばそのときのシステムの対話戦略などを含めて分析し，機械学習により訂正発話を検出する研究が，Litman らによって行われている[219)]。

音声認識器の中での仮説のレベル，つまり音響的特徴量のレベルで，現発話が前の発話の繰返しであり，訂正発話であるかどうかを検出する手法も提案されている[147)]。さらに，前の発話の一部分が繰り返された場合にも対応する手法も提案されている[187)]。

コ ラ ム

対話システムと機械学習

2000 年以降の対話システム研究においては，本節で紹介した研究のように，ユーザの意図や状態などの推定を，データから学習した分類器で行おうとするものが多い。分類器だけではなく系列ラベリングなども用いられる。また，5.2.3 項で説明した強化学習も用いられている。しかしながら，実用に用いられる対話システムではこれらの機械学習を用いた手法が採用されることはまだ少ない。これにはおもに二つの理由がある。

一つは，学習した結果どのような動作をするかが予測不可能な場合があり，機械学習の専門家ではない，対話システム開発者には対処が難しい場合があることである。

もう一つは学習に用いるデータを収集することが難しいことである。より良いデータを集めようとすると，同じドメインの同じ性能の対話システムを用いてデータを収集をしなくてはならない。これには構築しようとしている対話システムが必要なので，鶏と卵の関係である。また，人を集めて行うデータ収集には非常に高いコストがかかり，結果として得られた対話システムの向上がもたらす効果に見合わない場合もある。

人間どうしの対話データを用いたり，wizard of Oz 法 (4.5.3 項) を用いたりしてデータを収集する方法が考えられるが，人間は現状の対話システムと違って一般常識を用いて判断ができるため，対話システムの振舞いとはどうしても異なり，結果としてユーザの振舞いも変わってしまう。

したがって，機械学習を用いた対話システムを今後構築していくには，少ないデータ量から効率的に学習する方法や，多少設定の異なる対話データから学習する方法，学習した結果を，ほかのドメインの対話システムでも有効に使えるようにする方法の開発が必要である。

5.4　話 者 交 替

2.2.4 項で述べたように，話者交替とは対話の参加者が交互に発話を行うことである。ここでは対話システムにおける柔軟な話者交替の実現について解説する。また，関連して相づちの生成手法についても紹介する。

5.4.1 柔軟な話者交替

はじめに，現在の音声入出力を用いた対話システムで一般的に使われている，二つの固定的な話者交替の方策を説明する。どちらもタイムアウト方式という方法が基本になっている。これらの話者交替方策にどのような機能を加えれば，タイムアウト方式の問題点を解決して，柔軟な話者交替を実現することができるか説明する。

〔1〕 **push-to-talk**　対話システムにおける話者交替の最も基本的な方策は **push-to-talk** と呼ばれるもので，ユーザがシステムに向かって発話するときスイッチボタン（PTT スイッチ／トークスイッチ）を押すことでユーザのターン取得を明示する。

push-to-talk には，発話開始時だけスイッチを押すクリック方式と，発話している間スイッチを押し続けるホールド方式との二つがある。いわゆる無線（トランシーバー，アマチュア無線，タクシーで使われている業務無線などの無線電気通信）では，後者のホールド方式が一般的（ハンドマイクや受信機についている PTT スイッチを押し続ける）だが，音声インタフェースでは，前者のクリック方式が一般的である†。

クリック方式においては，一定以上の長さの無音区間（**タイムアウト** (time-out)[235]）を検出することで発話末を特定する。以後，これをタイムアウト方式と呼ぶ。発話末が特定された時点でユーザのターンは終了したとみなされ，システムがターンを取ることができるようになる。そのため，システムにターンを取られないためには，ユーザは途切れることなく発話することが求められる。

push-to-talk では，以下のようにシステムに振る舞わせることで，システムとユーザの発話が重複しない話者交替を実現する。

- システムは PTT スイッチが押されたあと，発話末が検出されるまで待ってから応答する

† Apple が提供する音声エージェント Siri では，当初クリック方式が採用されたが，後（2014 年 3 月）にホールド方式に対応した。技術的には後退ともいえる選択だが，本書執筆の時点では，少しでも正確な応答を行うためには，後述のデメリットがあるとしても，ホールド方式がまだ最善であるといえる。

- システムの発話中に PTT スイッチが押されたらシステムは発話を停止する（あるいはシステムの発話中は PTT スイッチの押下を無視する）

push-to-talk の最大の利点は，システムが応答すべき入力を容易に特定できることである。実際の利用環境では，ユーザ以外からのさまざまなノイズがマイク入力として拾われてしまうが，push-to-talk にすることで大部分のノイズを音声信号処理以前に確実に遮断することができる†。またユーザ自身も，独り言や，くしゃみ・咳などによってノイズを生み出すが，システムはユーザがスイッチを押したときだけに反応すればよいので，これらのノイズについても考慮する必要がなくなり，システム開発が容易になる。

push-to-talk の短所は，ユーザが発話するたびにきちんとスイッチを押さなければならないという点である。一問一答型の音声インタフェースで，毎回スイッチを押してから発話するように指示される場合でも，慣れないうちは押さずに話し始めてしまうことが多い。より対話的になり，システムからの質問にユーザが答えるような場面になると，いっそう押し忘れがちになる。

音声インタフェースにおける push-to-talk は基本的にユーザの行動を制限することで，システムの対話能力の不足を補おうとするものであり，音声言語処理技術が未熟であるために採用される方策と一般的に捉えられている。しかしながら，push-to-talk にすることで対話が効率的になる可能性が人間どうしの対話実験からも示唆されており[90)]，必ずしも対話の方策として push-to-talk が悪いとは限らない。

〔**2**〕 **発話区間検出方式**　push-to-talk と並んで一般的な二つ目の話者交替の方策は,「PTT スイッチを使わない push-to-talk」とでもいうもので，ユーザにボタンを押させる代わりに，システムがユーザの発話開始を検出することで，ユーザのターン取得を認識する方策である。4.3.1 項で説明した発話区間検出によって検出された区間をユーザのターンとみなしている。ここではこの方策を「発話区間検出方式」と呼ぶことにする。

ユーザはボタンを押すという操作義務から解放されるが，一定長以上の無音

† 当然ながらユーザの発話中に背景的に存在するノイズは遮断できない。

区間の存在によって発話末が同定され，ユーザがシステムにターンを譲ったと強制的に認識されてしまうタイムアウト方式であることに代わりにはないので，ユーザは依然として対話の仕方を制限された状態にある。

また，単純にこの方式を実装すると，push-to-talk では排除できていたノイズ入力に対してシステムが応答してしまうことになる。そこで，それらに対処するための仕組みが対話システム側に必要になる。

咳やくしゃみ，明らかに音声ではない騒音の入力については，音種の分類に基づく入力棄却[206]によって無視するべき入力として処理ができる。しかし，「えーっと」や「うーん」というような間投詞や「どうしようかなぁ」といった独り言はユーザの音声であるので，上記の入力棄却では対処が難しい。これらの音声に対しては音声認識結果をもとに応答する必要のある入力かどうかを判断するというのが基本的な対処方法になるが，実際には独り言や間投詞を正確に認識することは難しいため，とんちんかんな応答をしてしまったり，単に黙っていればいいだけの状況でも「すみません。もう一度お願いします。」というような応答をいちいち返してしまったりしてユーザの不興を買うことになる。

また，タイムアウト方式では，ユーザは発話終了後に必ず一定時間待たなければならない。ユーザの発話の途中で誤って発話終了と認識されないようにするためには，タイムアウトの制限時間を長くとる必要があるが，そうするとユーザは必要以上に待たされてしまうことになる。

〔**3**〕 **タイムアウト方式の問題点とその解決方法**　タイムアウト方式の問題点は，(I) 発話末の検出を無音区間の長さ（ポーズ長）だけに頼ること，(II) そのポーズ長が固定的であること，の 2 点にある。

日本語の場合，発話末には「です」や「してください」のような特徴的な表現が現れることが多い。また，無音区間の前の発話の抑揚や声量に注目すると，そこが発話末であるか，それともまだ発話が継続するのかによって，傾向の違いが見て取れる。例えば，発話が継続する場合より，発話が終わる場合のほうが，声量が低下する傾向が強い。そこで Kitaoka ら[188]は，これらの言語・韻律言語情報を用いた判別器によって，発話中に 50 ミリ秒の無音区間が出現したときに，そこで発話が継続するかどうかを判定する方法を提案している。これはタイムアウト方式の問題点 (I) に対処するものである。

タイムアウト方式では通常 400 ミリ秒から数秒の幅のポーズ長を設定するので，発話末であることが正しく認識されれば，タイムアウト方式よりも素早い応答をシステムから得られる。一方で，発話継続と認識された場合は，通常のタイムアウト方式のポーズ長よりも長く黙ってしまったとしても，システムは後続の発話を待っていてくれるので，考えながらゆっくり話すことができるようになる。push-to-talk および発話区間検出方式では，発話する前に発話内容をまとめて，それを淀みなく発話する必要があった。

このように，ユーザが判別器の持つモデルにあった話し方をし，その発話が正しく音声認識されれば，単純なタイムアウト方式の場合よりも，自然でストレスのない円滑な対話が行えるようになる。しかしながら，音声の誤認識が発生した場合や，システムの持つモデルと異なる話し方をするユーザであった場合，上記の発話内容と韻律に基づく手法だけでは破綻してしまう。この問題に対して，Raux ら[290] によって，入力音声の特徴だけでなく対話の状態も考慮して，戦略的にタイムアウトするポーズ長を設定する手法が提案されている。これは，上記の問題点 (I) だけでなく問題点 (II) にも積極的に対処するものである。

例えば，対話のはじめのほうではユーザからシステムへの少しまとまった量の要求が発話されることが多いが，その際には，余分な間投詞が先頭についたり，無音区間が挟まれていたりする。ここで急いで応答を返しても，ちぐはぐな回答を返してしまったり，ユーザの継続発話とシステムの応答発話が衝突してしまったりする可能性が高い。そこでこのようなトラブルを回避して確実に対話を成立させるという戦略的観点からは，対話の開始時にユーザの要求を待っている状況では，ポーズ長を長めに取るほうがよいことになる。一方，答が「はい」か「いいえ」であるような質問をシステムがユーザに行った場面では，ユーザが「はい」といっているのが認識できた時点で応答を返してしまえばよい。かりに「はい」のあとにユーザが何かを続けても，「それでいいです」のような対話の進行には寄与しない発話であることが多いので，無視することになっても支障がない。(一方で，ユーザの「はい」という回答のあとでシステムの応答が遅いと，ほかの場合に比べてシステムに対するユーザの印象が悪化しやすい[97]。）このように対話の状態に応じてタイムアウトのポーズ長を変化させることで，固定的な話者交替よりも柔軟でありながら，誤認識やユーザの話し方のスタイルの違いに対してより頑健な話者交替を行うことができる。

Raux らは，さらに話者交替を内部状態に基づく意思決定問題として定式化し[291]，ポーズが発生した時点だけでなく任意の時点で（つまりユーザが発話中の場合であっても）システムが発話を始められるモデルを提案し，より応答性の高いシステムを実現している。

5.4.2 相づちの生成

2.2.4 項で述べたように，話者交替と関連する現象として相づちがある。対話システムにも相づちをさせることで，ユーザが話しやすく感じる効果が期待できる。先に述べた Kitaoka らの研究[188]では，発話継続の判定（言い換えれば，システムがターンをとるべきタイミングかどうかの判定）と同じ枠組みで，相づちを出力するべきタイミングかどうかの判定を行っている。50 ミリ秒の無音区間が検出された時点で判定を行い，ターンは取らないが相づちをするべきタイミングであるという結果が得られれば，「はい」と返す。

ただし，相づちの扱いは簡単なようで，意外に難しいものである。不自然なタイミングで相づちを返されると，ユーザは違和感を覚えやすい[135]。Kitaoka らの評価実験の結果でも，システムに感じる親近感は相づちをするシステムよりも相づちをしないシステムのほうが高いという結果になってしまっている。機械による自動判定でなく裏で人間がシステムを操作して相づちを行った場合は相づちをするシステムのほうがよい結果を得ているので，相づちを返すこと自体は好意的に受け止められている。良好な相づちの生成を行うためには，判別技術のさらなる高度化とユーザ個人への適応が必要だろう。また，相づちには，タイミングだけでなく，その使い分けの問題もある。Tsukahara ら[355]の実験では，ユーザの心理状態（自信のありなしなど）に基づいた使い分けによって，ユーザのシステムへの主観評価が高くなることが確認されている。

5.5　マルチモーダル・マルチパーティ対話技術

4.3 節では，複数の入出力モダリティを持つ対話システムとして，マルチモーダル対話システム，バーチャルエージェント，対話ロボットについて，そのアーキテクチャと入出力に焦点を当てて解説した。本節では，話者交替や基盤化といった，ユニモーダルな対話システムにも共通する対話管理の基本問題について，マルチモーダルな対話システムではどのように扱われるのかについて解説するとともに，三者以上の対話参加者による**マルチパーティ対話システム**においてもマルチモーダル情報が有用，かつ重要であることを説明する。

5.5.1　マルチモーダルな話者交替

マルチモーダルなコミュニケーションでは，話者交替のシグナルとしてさまざまなモダリティの行動が利用される。**図 5.13** に三者が旅行先について対話しているときの視線行動の例を示す。各参加者について，発話，ジェスチャ，視線を示すトラックが示されている。最上段に経過時間を秒で示す。例えば，0 秒

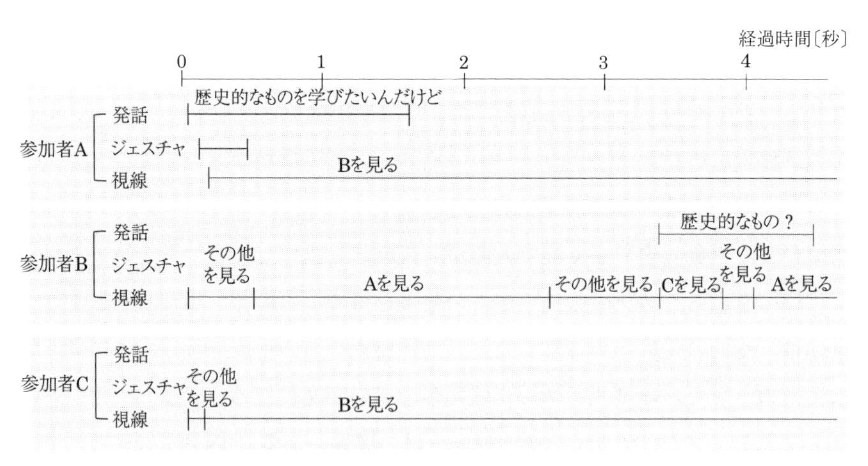

図 5.13　対話中の視線行動の例

付近から開始される参加者Aの発話「歴史的なものを学びたいんだけど」において，話者であるAは，発話中の「歴史的なもの」の部分でこの部分を強調するためのジェスチャを行っている。また，発話開始直後からBに視線を向け，その後Bを注視し続けている。一方，Bは，AがBに視線を向けた直後からAに視線を向け，CはBを注視し続けている。さらに，Bは3秒過ぎにつぎのターンをとり，発話開始直後はCに視線を向けるが，そのあとは，Aを注視している。このように対面会話では，複数の行動が音声言語と共起しながら並列的に発生し，それが円滑な話者交替を支えている。

話者交替の統制を**フロアマネジメント** (floor management) といい，話者交替を統制する言語・非言語行動はフロアマネジメント行為と呼ばれる[34)]。対話システムのフロアマネジメントにおいても，ここで観察されるような複数のモダリティによる表現を理解・生成することにより，音声情報のみを用いるよりも，より円滑な話者交替を実現できると考えられる。

表 5.1，に対面会話におけるフロアマネジメント行為に関連する各モダリティの情報をまとめる[81),183)]。例えば，Duncan[82)]は，話者交替時に特徴的に現れる，つぎのような一連の視線行動があるとしている。まず，現在のターンを保持している話者が，発話の終了間際につぎの話者となる参加者に視線を向けることによりターン譲渡の信号を送る。一方，次話者は現話者に視線を向け，アイコンタクトをとることで，ターン譲渡信号を受け取る。その後，次話者は発話を開始する前に一瞬現話者から視線をそらし，その後に発話を開始する[†]。

表 5.1 フロアマネジメント行為

ターン保持	相手から視線をそらす
ターン譲渡	文法的な節の完了 (grammatical clause) 文末イントネーションの使用 次話者への顔向き ジェスチャの終了，手を基本位置に戻す
ターン取得	現話者に視線を向け，アイコンタクトを確立 発話の開始直前に視線をそらし，発話を開始

† ターンとフロアは類似した概念であり，ターン譲渡をフロア譲渡と言い換えることも可能である。より詳しくは 2.2.4 項を参照のこと。

これらのルールをバーチャルエージェントや対話ロボットの対話管理部に組み込むことにより，マルチモーダルな話者交替機構を実装することができる[34),56)]。これらのフロアマネジメント行為を行うか否か，またどの行為を選択するかは，ユーザの発話終了や視線方向などの入力情報，システム発話の意味内容，さらに対話の状態（どの参加者がターン保持者であるかなど）を参照することにより対話管理部で決定されなければならない。そのためには内部状態の更新頻度やマルチモーダル情報の粒度など，検討すべき課題は数多くある。

5.5.2　マルチパーティ対話システムにおけるフロアマネジメント

二者間の対面会話ではターンは二者間で順番に交替するが，マルチパーティ対話では次話者の候補者は複数である。そのため，現発話においてターンを保有している話者が，次話者を指定することで話者交替が行われることが多い。その際，前節で述べた視線によるターン譲渡のフロアマネジメント行為や次話者の方に手のひらを差し向けるようなジェスチャが有効な手段となる[23),108)]。

図 5.13 で示した対話例でも，話者交替時の一連の視線行動が観察される。参加者 A の発話において，A は発話終了まで，B を注視しつづけることにより B にターン譲渡信号を送っている。発話の途中から A と B は相互注視を確立しているため，B は A からのターン譲渡信号を受け取り，つぎのターンをとることになるが，その発話開始時には，一瞬 A から視線をそらしたのち，再び A を注視している。一方，傍参加者であった C は B を注視し続けているものの，ターン譲渡信号が送られる対象とはなっていないため，次話者にはなっていない。

このような特徴を持つマルチパーティ対話を人と計算機の間で実現するためには，前節で述べたマルチモーダルなフロアマネジメント，すなわち音声言語に加え，視線やジェスチャなどの視覚的情報を統合してフロアマネジメントを行う機構が必須となる。さらに，マルチパーティ対話システムでは，システムが傍参加者となる場合もあるため，マルチパーティ対話システムにおけるフロアマネジメント行為には，前節で示したターン保持，ターン取得，ターン譲渡のほかに，積極的にターンの取得を行わず，傍参加者として振る舞う行為（例えば話

し手や受話者 (2.5.2 項) に対して，対話に参加していることを伝える視線行動のみを行う）が追加されることになる。マルチパーティ対話を管理するには，これらのフロアマネジメント行為をシステムが適切に選択することが重要になる。

Bohus ら[34] は，上で述べたマルチモーダルなフロアマネジメント行為を行うことができる，マルチパーティ対話システムを実装している。同時に複数の参加者が受話者となったり，ターン譲渡対象となったりする場合も想定し，例えば，ターン保持の行為では，システムは受話者となる複数のユーザに，順番に視線を向け，アイコンタクトをとる行為などが追加されている。

このシステムでは，音声や視線を含むマルチモーダルな入力から，ターンを保有しているのはだれか，また，各参加者が現在どのようなフロアマネジメント行為を表出しているかなどを推定し，これら音声や視覚情報から推定される参加構造と，対話管理部から得られる対話の目標等の文脈情報からフロアマネジメント行為を決定する。決定された行為は出力部で処理され，ロボットの音声，視線，表情として表現される。

5.5.3 受話者推定

ユーザ対システムの二者間の対話を想定したシステムでは，ユーザの発話音声が入力されると，それはシステムに向けられたものであるとみなして処理され，システムが発話を出力しているときには，ユーザは受話者としてシステムの発話を理解しようとしていることを前提として設計されていた。しかし，ユーザが複数になると，ユーザの発話があったとき，その発話はだれに向けられていて，つぎに話すべきはだれであるのかをシステムが判断できなければ，適切なフロアマネジメントができない。システムが受話者である場合は，ユーザはシステムからの応答を期待しているので，システムからの応答は必須である。一方，システムが受話者ではない場合に誤って応答すると，割込み発話となり，会話を混乱させる可能性があり，避けなければならない。

前項で取り上げたマルチパーティ対話システムのフロアマネジメント機構においても，フロアマネジメント行為の決定には現発話における参加構造の情報が必要であり，音声や視覚的情報から参加構造を正確に推定することが，適切なフロアマネジメント行為の決定においても重要である。

ここで，受話者の推定について，掘り下げて議論する。受話者推定に有用な情報の一つは，発話者の視線情報である。マルチパーティ対話において，発話者は，当然のことながら，話しかけている相手，つまり受話者を頻繁に見ている[342]。したがって，ユーザがロボットやバーチャルエージェントの方を向いて話している場合は，受話者がシステムである可能性が高く，このような視覚的情報に基づき受話者推定を行うことができる[34),231]。しかし，発話者は受話者のみをつねに凝視しているわけではなく，ほかの対象に視線が移動することもある。ユーザがロボットを見ている時間の約35%は，実際にはロボットは発話対象ではなかったという報告もある[176]。そのため，受話者推定の精度を向上させるには，視覚的情報だけを利用するのではなく，マルチモーダルな処理が有効であると考えられ，韻律情報と顔向き情報を統合したマルチモーダルな受話者推定機構を搭載したバーチャルエージェントによるマルチパーティ対話システムが提案されている[21),262]。

また，対話システムへの実装は行われていないが，隣接対や対話行為による文脈情報と視線情報が人手で付与されたコーパスにベイジアンネットワークを適用することより，さらに高度な受話者推定モデルが提案されている[166]。しかし，現状では文脈情報の自動取得は難しく，また，視線検出の精度や音声認識の精度が十分でない場合もあるため，マルチパーティ対話システムのコンポーネントとして受話者推定機能を実装する際には，システムへの入力情報の精度が受話者推定にも影響することに注意すべきである。

5.5.4　共通基盤確立におけるマルチモダリティ

音声対話システムでは，ユーザ発話の言語情報をシステムが正しく理解できるか，システムの音声発話によって表現される言語情報がユーザに正しく理解されているかという点がユーザとシステムとのコミュニケーションが成立しているか否かについての議論の中心となる。それに対して，対面会話では，視覚的な情報が利用されるため，コミュニケーション成立に関するより基礎的なレベルが追加される。

言語情報のみを扱う対話システムでは，発話の意図が理解されているか否かに関する意図レベルと (2.3.1 項)，それに基づくより深い文脈的な推論が中心課題となる。それに対して非言語情報を導入したマルチモーダル対話システムでは，言語情報を伝達する基盤となる，通信路レベルでのコミュニケーションチャンネル (通信路) の確立や，信号レベルでのコミュニケーションシグナル (信号) の同定についても扱うべき対象となる。したがって，これらのレベルを対話管理に組み込むとともに，そこで中心的な役割を持つ非言語コミュニケーションシグナルを検出し，解釈する技術はマルチモーダル対話システムにおいて重要な研究課題である。

〔**1**〕 **非言語シグナルによるコミュニケーションチャンネルの確立** 通信路レベルのコミュニケーションチャンネルを確立するためには，**対話への参加** (engagement) が適切に行われていなければならない。対話への参加とは対話参加者間による知覚的なつながり (connection) が確立，維持，終結する過程である[320]。話者は，受話者が対話に注意を向け，適切に対話に参加していることを確認しながら発話を行っている。ここで，受話者が話者に視線を向けることは，受話者の注意が対話に向いていることを話者に伝える肯定的なフィードバックとなり，円滑な話者交替に寄与する。人とシステムとの対話においても，システムがユーザからのフィードバックを解釈し，ユーザが対話に適切に参加しているか，コミュニケーションのチャンネルが正しく確立されているかを判断することは重要である。ユーザからのフィードバックが不十分である場合は，対話への積極的な参加を促したり，話題を変えたりするなど，システムが適応的に振る舞うための有用な情報となりうるからである。

したがって，ユーザの対話への参加態度を推定するためには，複数のモダリティ情報を利用することが望ましく，ヘッドトラッカにより認識されたユーザの頭部姿勢情報を用いて，ユーザの対話参加態度を判断する対話ロボットや[320]，アイトラッカから得られる，ユーザの注視対象の遷移パターン，注視継続長，視線移動距離，瞳孔径などの情報からユーザの対話参加態度を判断するバーチャルエージェントの対話システム[150)]が提案されている。また，マルチパーティ対話システムでは，情報案内システムを利用する二人ペアのユーザを想定し，ユーザの立ち位置やシステムとの距離，顔領域の追跡を行ったフェイストラッキングデータから推定される注視方向，発話行動などから，現在対話に参加しているユーザはだれであるのか，対話参加者になっていないユーザについては，対話への参加意図があるか否か等を判断する機構が実現されている[32)]。

これらの対話システムでは，音声，立ち位置の追跡，フェイストラッカ，アイトラッカなどのマルチモーダルな入力情報を対話参加態度判定部が受け取り，理解部での処理の一部として，対話への参加状態の判定を行うとともに，その結果が対話管理部に送信される。対話管理部では，ユーザの対話参加状態に応じて，発話内容の決定や談話プランの更新を行う。その結果，エージェントが説明している対象に視線を向けないなど，非積極的な対話参加態度が検知された場合は,「何か質問はありますか」などの問いかけの発話内容を出力できる。

〔**2**〕 **マルチモーダル基盤化**　　**図 5.14** は地図を共有しながら道順を説明している対話の一部である。発話の上に話し手 (説明者) の視線を，発話の下に説明を受けている聞き手の視線を示す。このインタラクションでは，説明の受け手は音声言語による応答は一切行っていないが説明者はそのまま説明を進めており，対話の進行にも問題は起こっていない。説明者は発話途中で，聞き手

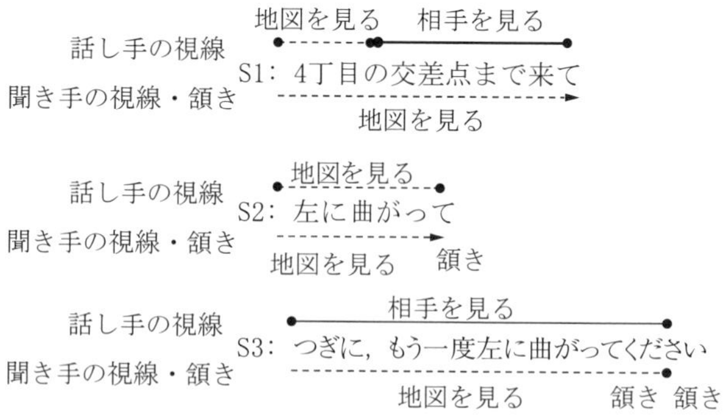

地図を見る　相手を見る
話し手の視線
S1：4丁目の交差点まで来て
聞き手の視線・頷き
地図を見る

地図を見る
話し手の視線
S2：左に曲がって
聞き手の視線・頷き
地図を見る　頷き

相手を見る
話し手の視線
S3：つぎに，もう一度左に曲がってください
聞き手の視線・頷き
地図を見る　頷き　頷き

図 5.14　マルチモーダル基盤化の例

の様子をうかがうように何度か視線を向け，その際，聞き手は，説明の対象物(例えば，説明者の指差しジェスチャなどで示される)に注意を向け，頷く行動を表出しており，これにより説明者は聞き手が説明を理解していること，つまり説明者の発話が基盤化されていることが確認できていると考えられる。

このように，何かの対象物についての対話を行う際には，話し手と聞き手の両者が，対象物に視線を向けることにより共同注意(2.5.1項)が頻繁に起こる。これは共有された対象物が対話において暗黙の共有知識として利用可能であり，意図レベルにおいて相互理解を構築する重要な基盤となっていることを示している[376]。

したがって，この例では，発話の基盤化は「ええ」,「はい」といった言語的な相づちだけでなく，共同注意や頷きといった非言語行動によっても達成可能であることを示している。つまり，対面会話においては，発話の基盤化は言語モダリティにおいてのみ達成されるわけではなく，複数モダリティの情報を用いて行われるマルチモーダルな基盤化もある。

マルチモーダル基盤化機能を有する対話システムの構成を図**5.15**に示す[261]。この例では，視覚的情報として，ヘッドトラッキングデータから認識されたユーザの頷きと大まかな視線方向を用いている。対話管理部内の基盤化判定部は，ユーザの視線情報と現在のシステム発話の対話行為タイプの情報から，ユーザからの非言語フィードバック行動が，システム発話に対する理解を示すもので

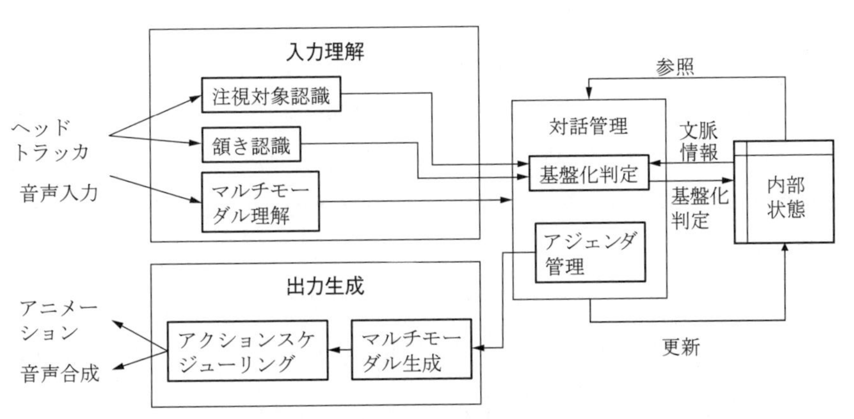

図**5.15** マルチモーダル基盤化機能を有する対話システムの構成

あるか否かを判定する。例えば，エージェントが地図上の対象物について説明しているときに，頷きや地図を見るなどの行動が検出された場合は，システムの発話内容が基盤化されたとみなし，つぎの説明に進む。また，基盤化された情報は共有情報として，内部状態に登録されていく。一方，期待した非言語フィードバックが得られなかった場合には，その発話は基盤化されなかったと判定され，説明を補足する確率を上げる。

5.6　人間と対話システムのインタラクション

5.6.1　システム表現の拡張

〔1〕 subtle expression　　人間が相手の発話から感情・態度を理解するときは言葉・声・表情をそれぞれ7%・38%・55%の割合で重視する，という有名な実験結果[238)]がある。この実験結果は論文内で設定されていた状況を超えて過大に解釈・誤用されることが多いので注意が必要[†]であるが，人間のコミュニケーションが言葉（文字内容）だけによらないことを示していることに変わりはない。エージェントから人への情報伝達においても，非言語情報が重要な役割を担うことは5.5節でも述べた。

人間は表情や微妙な言葉の使い分けでさまざまな情報を伝えることが知られており，これらをsubtle expression[337)]という。5.4.2項で微妙な使い分けをされることを説明した相づちもsubtle expressionの例である。Bartneckら[22)]は，漫画的に単純化した人の顔を使って，幾何的な変化としての表情の変化と知覚される感情の強度の関係を調べたうえで，ユーザにエージェントの感情を識別させるには最大強度を示す変化の20%程度の変化量で十分であることを実験的に示している。

このように人間のような表情を提示できる装置を用いて対話システムエージェントにsubtle expressionを表出させようとする研究がある一方で，より簡

† この実験結果を適用できるのは「好き–嫌い」のような感覚・態度の伝達・解釈を行う場合だけである。

便・機械的な表出方法で同様の効果を得ることもできる。感情の伝達のために Bartneck らが表情を使用したのに対し，Ariyoshi ら[14]は色を用いている。ロボットが感情を伴う発話をする際に，ロボットの頭部の色を感情にあった色に変化させることでユーザにより正確にロボットの感情を認識させていている。小松ら[198]は，システムがユーザにアドバイスをする場合に，アドバイスの後に平坦なビープ音と下降調のビープ音のどちらかを付加することで，アドバイスに対するシステムの確信度を伝達できることを示しており，このビープ音を artificial subtle expression と呼んでいる。同様な効果はロボットの動きのタイミングでも表現できる[340]。Hüttenrauch ら[144]は，ショッピングセンターやスーパーマーケットにあるカートに自動走行機能やディスプレイを装備したロボットカートを用いた実験で，カートがユーザ（買い物客）を先導して店内を移動しているときに，ユーザに薦めたい商品の手前で一時的な微減速をするだけで，より多くのユーザにその商品を手に取らせることに成功している†。

ユーザが親しみやすいようにエージェントやロボットを人間らしくしようとすると，あるところで不自然さが際立ってかえって不気味に感じられることが経験的に知られており，**不気味の谷** (uncanny valley) 現象[249),250]と呼ばれている。色やビープ音を用いた手法は，単にコストを下げるだけでなく，不気味の谷を回避する手段としても有効である。

〔**2**〕 **パーソナリティ**　対話システムは，人間と言語を用いてインタラクションを行うため，多くの場合に擬人化されているといってよい。このため，システムに対して，ユーザは何らかの性格，すなわち**パーソナリティ** (personality) を感じることが多い。ユーザが対話相手であるシステムに違和感を覚えないようにするには，システムが表出するパーソナリティとユーザの期待が一致していることが望ましい。

心理学では，パーソナリティを表すのに**ビッグファイブ** (big five) と呼ばれるモデルが広く使われている。ビッグファイブとは，性格を五つの要素で表すもので，外向性 (extraversion)，情緒安定性 (emotional stability)，協調性

† 手に取りやすいように商品の横で減速したのではない。

(agreeableness)，誠実性 (conscientiousness)，経験への開放性 (openness to experience) から成る。つまりこの理論に基づくと，パーソナリティはこの五つのパラメータで表現できると考えられる。

対話システムがユーザにパーソナリティを感じさせる要素として，まずシステムの応答文が挙げられる。ユーザに与える印象をコントロールしながら応答文生成を行うシステムとして，Mairesse と Walker による PERSONAGE がある[222)]。このシステムでは，上記のビッグファイブ理論のパラメータを入力として，表現したいパーソナリティに沿った応答文を生成する。具体的には，ビッグファイブ理論のパラメータと，それに対応して現れる表層文の特徴の関係を，過去の心理学的知見に基づき整理し，応答文生成システム内の内容生成や表層生成に関するルールを可能な場合に適用し，応答文を生成する。

このような応答文生成のルールは 40 種類以上用意されている。表層文計画における一要素に語用標識 (pragmatic markers) の使用に関するものの一例として「○○みたいな」「○○あたりに」のように，主張を柔らかくする表現 (softener hedges) を含めて応答文を生成するルールが用意されている。このような表現を多用した場合，外向性が低いという印象を相手に与えることが複数の心理分野での文献に示されており，ユーザに与える印象をコントロールできる。さらに，このような応答文生成を，ルールに基づいて行うのではなく，統計的文生成の枠組みに基づいて行う拡張も行われている[223)]。

ほかにも，音声対話システムでは，合成音声もパーソナリティを感じさせる要素である[100),306)]。マルチモーダル対話システムの場合だとシステムの見た目，しぐさ，姿勢なども影響があることが知られている。

〔3〕 メディアの等式　Reeves と Nass[292)] は Computers Are Social Actors (CASA) パラダイムを提唱し，人間は画像，映像，音声，コンピュータなどの「メディア」に社会性を見出してしまう性向を持つことを心理学実験を通して見事に実証している。その一例として，人はコンピュータシステムに対して，面と向かって失礼なことをいわないという社会的儀礼を適用してしまうことが実験的に明らかにされている。この性向により，人はメディアを社会

的存在として認識するため，人間どうしの間に社会的関係が構築されるように，人とメディアの間にも社会的関係が構築される，つまり，**現実** (real life) と**メディア** (media) との間に等式が成り立つという主張である。

システムの見かけをより人に近づけることにより，人間が持つこの性向をより積極的に利用しようとするのがヒューマノイド型のエージェントやロボットである。ヒューマノイドは身体的表現が人間と類似しており，ジェスチャや表情などを出力の表現形態とすることができるため，このようなシステムに対して，ユーザが社会性を見出す傾向が強くなると考えられる。

メディアの等式の考えは，人が，対話システムを機械ではなく，コミュニケーションの相手と認識する可能性を示すものである。対話システムは，単に数値計算や情報検索の結果を表示するのではなく，人とコミュニケーションすることを目的とするシステムである。正しい答を出力することももちろん重要であるが，ユーザとの社会的関係性の構築は，システムへの信頼度，満足度などにも影響する重要な問題である。ユーザが，対話システムをどのような社会的存在として認識しているのかを視野に入れた設計が必要である。

〔4〕 外見とのギャップ　外見を人間に近づければ，メディアの等式をより積極的に利用することができ，人工物に対する親近感もより向上するはずである。しかし，対話システムのような人工知能の場合，外見は人間に近づけても，ユーザの質問に適切に応答できないなど，知的な処理において，人間のコミュニケーション能力とはほど遠く，このような外見と中身の間に大きなギャップがあるシステムに対しては，ギャップの少ないシステムよりも低い評価がなされることがわかっている[385)]。ユーザは外見からその知的な能力に対する期待値を計算しており，期待したような応答が得られないと，システムに対する失望感が大きくなる。音声合成についても，外見のリアリティの高いキャラクタの音声が非常に人工的なものであると違和感が大きくなる。このような見かけのリアリティからユーザが期待する能力と実際のコミュニケーション能力との間にギャップがあることによる問題を「適応ギャップ」という。適応ギャップを最小限にとどめるように，キャラクタやロボットのデザインと対話管理部の

設計を注意深く行う必要がある。

5.6.2 ユーザとの関係性の構築

対話システムが，バーチャルエージェントやロボットなど身体的表現を有するインタフェースの形態をとるようになると，特定の目的で使用される対話システムではなく，ユーザとの間にコミュニケーションパートナーとしての関係を築けるシステムを目指す段階となる。

ユーザとの関係性の構築において，信頼関係 (rapport)，つまりコミュニケーションにおいてユーザがシステムに対して信頼できる相手であると感じることが重要であり，そのために，笑顔や頷きなどのフィードバックを返すことが有効であることがわかっている[112),142)]。適切なフィードバックを返すシステムでは，ユーザとのインタラクションがより長く継続し，ユーザからより多くの言葉が引き出される[113)]。また，システムが自己開示を求めるような対話においても，ユーザの反応に応じて適切なフィードバックを返すシステムに対して，ユーザはより多くの打ち明け話をするという報告もある[172)]。

さらに，ユーザが毎日のようにシステムと対話をし，システムが対話の履歴からそのユーザ特有の内容の対話ができるようになると，ユーザはシステムに対してより親近感，信頼感を持つようになるだろう。長期的な関係性を築けるシステムは，ユーザの行動を変容させる効果を持ち得る。例えば，健康のための日々の運動を支援するエージェントが，毎日ログインしたユーザに声をかけることにより，ユーザは運動をよりよく続けられることが実証されている[27)]。ユーザとの間に長期的な関係性を築くことができるシステムは，今後実用場面で重要性が増していくであろう。

5.7 今後の重要技術

本節では，対話システムに関した技術で，これまでに取り上げてこなかったもので，今後の発展が期待されるものに触れる。

5.7.1 対話システムの知識獲得

4.1 節で，対話システムにどのような知識が必要かをあげた。また，4.5 節で知識の構築のコスト削減について述べた。しかしながら，それでも対話システムの知識を構築するのは労力がかかる。そのため，対話知識を自動的に構築する方法について研究がすすめられている。

〔1〕 入力理解知識の自動獲得　入力理解部を構築するには，その対話システムに対して入力され得るユーザ入力（発話の書起し，またはテキスト入力）の集合があることが望まれる。そのようなデータから統計モデルを作ったり，データを参考にして理解規則（文法など）を作ったりする。

一番良い方法は，実際にシステムを作ってユーザテストを行ったり，wizard of Oz 法 (4.5.3 項) で入力を集めたりすることであるが，それにはコストがかかる。そこでユーザ入力に近いものを Web から自動的に取得する方法が提案されている[48),241),389)]。Web には大量の文があるが，その中で，構築しようとしている対話システムのドメインの単語が使われている文で，ユーザの発話のスタイルに近いものを取得する必要がある。そのためには，そのドメインの単語で Web を検索したあと，ユーザの発話のスタイルに近い文だけを残すようなフィルタリングすることが有効である。ユーザの発話のスタイルに近いかどうかを調べる尺度として，n-gram 確率[241)]（4.3.1 項）や，文の構造を考慮した意味的な類似度[389)] などが用いられている。

〔2〕 対話中の知識獲得　ここまでは，システムの起動前にあらかじめ対話知識を得る方法について述べた。しかし，人間は，本などの外部リソースからだけ知識を得るのではなく，対話の中で自然に知識を得ている。このような対話中の知識獲得が実現すれば，ユーザとの多くの対話の中でさまざまな知識を獲得することで高度な対話を行えるようなシステムが構築できるのではないかと考えられる。

そのような技術を目指した研究として，語彙知識の獲得の研究が行われている。語彙知識とは辞書のエントリーのことであり，発音や表記を含む言語表現と，その意味であるコンセプト（オントロジのノード）との対応である。語彙知識の獲得は，ロボティックスにおける幼児の言語発達のシミュレーションとしての研究（**認知発達ロボティックス** (developmental robotics)）が盛んであるが[300]，それらは，文法知識もまったくないところから獲得しようとする研究が主であり，実用的な対話システムにおいて知識獲得をしようとする研究とは目的を異にする。

対話システムが語彙知識を獲得しようとすれば，まず，未知語を発見しなくてはならない。ここで未知語という場合には，音声認識や形態素解析の辞書に入っていないという場合と，言語理解部や対話管理部が参照する辞書に入っていないという場合を区別しなくてはならないが，ここでは，どちらにも入っていない場合を考える。音声認識や形態素解析中の未知語の発見については，さまざまな研究がある[287),386]。未知語が発見されたら，その意味を獲得しなければ，対話では使えない。意味を獲得するとは，その語の意味をオントロジの既存のノードに結びつけるかまたは新たなノードを作ることである。例えば

　　ラマンチーナの営業時間を教えて

という発話があり，「ラマンチーナ」が未知語だとわかったとする。システムが前後の文脈から「ラマンチーナ」がレストラン名であることを推察できれば[240),338]，「ラマンチーナ」というレストランのコンセプトをオントロジの「レストラン」ノードの子ノードとして追加できる。さらに，ユーザと

U1:　ラマンチーナの営業時間を教えて
S1:　すみません。ラマンチーナは知りません。どんなレストランですか？
U2:　イタリアン

のような対話ができれば，「イタリア料理」ノードの子ノードに追加できる。このとき，「ラマンチーナ」のジャンルを推測することで

U1:　ラマンチーナの営業時間を教えて
S1:　すみません。ラマンチーナは知りません。イタリアンレストランですか？

といった対話が行えるような手法も提案されている[275]。

〔3〕 **対話後の知識獲得** ユーザテストを行うことができれば，ユーザの発話を収集することができるが，音声入力の場合，ユーザ音声を書き起こさなければ音声認識用言語モデルや言語理解モデルを構築することができない。このコストは非常に大きいので，なるべく減らす必要がある。その方法として，認識結果のうち音声認識の確信度の高いものだけを用いることで，人手による書起しをせずにすます方法が提案されている[356]。このとき，言語モデルの学習を行う際にはリアルタイムで確信度を推定する必要がないので，対話終了後に推定すればよいが，そのとき，対話終了後にしか得られない情報を用いることで精度をあげることができる[334]。例えば以下の対話を考えよう。

U1: 新宿のイタリアン (認識結果：渋谷のイタリアン)
S1: 渋谷のイタリアンですか？
U2: 新宿
S2: 新宿のイタリアンですね
U3: そう

この対話の終了後では，U1の認識結果は間違っていたということがわかる。この情報を使えば，U1の認識結果の確信度を下げることができる。結果として，誤りを含む認識結果を言語モデルの学習データから排除することができ，言語モデルの性能が上がる[334]。

上記の方法では，誤認識される発話は結局言語モデルの学習に用いられないので，どうしても認識されにくい。したがって，認識率をさらに向上させるためには，どうしても書起しが必要になる。書起し労力が限られているならば，一部の発話しか書き起こせないが，同じ量を書き起こすならば，なるべく言語モデルの向上に効果的な発話から順に書き起こすほうがよい。音声認識結果の確信度が低いものから順に書き起こすことで，少ない書起し量でより高い認識率が得られる[356]†。

† このように，なるべく少ないアノテーションでシステムの性能を高めようとする方法を一般に**能動学習** (active learning) と呼び，自然言語処理や音声処理のさまざまな問題に適用が試みられている。

5.7.2 ロボットの移動と対話管理

移動は，ロボットと一般的な対話システムとの大きな違いの一つである。これによって，単にロボットに車輪や足，センサーなどさまざまなハードウェアが必要となるだけでなく，空間や周辺状況を考慮した言語理解・対話の能力も求められる†。さまざまなものに対する参照表現(3.2.2 項参照) の理解と生成[88),98),184)]はその一つである。そこでは，曖昧性 (ambiguity) と漠然性 (vagueness) を考慮する必要がある。曖昧性とは離散的な不確定性（例えば「はし」の意味が「橋」か「端」か？）であり，漠然性は連続的な不確定性（例えば身長 165cm は「高い」か「低い」か？）である。曖昧性が文法と単語の両方に起因することが多いのに対し，漠然性はほとんどの場合単語に起因する[359)]。「右，右，もっと右，ストップ」というような，移動するロボットをユーザが監督するような場面での曖昧・漠然とした発話を理解するためには，空間内の障害物の配置などの状況情報の考慮が欠かせない[388)]。

これまで度々取り上げられてきた基盤化も移動を考慮する必要がある。ユーザの指示に従ってロボットが移動するとき，その移動はロボットによるユーザの意図の理解の「提示」(2.3.2 項) となる。ユーザはその提示に基づいた修復行為を行うので，ある時点において移動によって何が基盤化され何がまだ（十分）基盤化されていないかを把握しておく必要がある[99)]（4.4 節の基盤化の度合の解説も参照)。

また，ロボットを移動させるための物理レベルの地図と，ユーザが言語的に言及・指示する概念レベルの地図とを階層的に統合し，そのうえで部屋，廊下などの空間や，家具などの物体に関するオントロジに基づいて推論を行い，ユーザの意図理解とタスク遂行のためのプランニングを行う必要がある。各家庭やオフィスに配備されたロボットは，それぞれの環境中の家具や部屋の配置，名称などを事前にすべて把握しておくことはできない。しかし，例えば，コーヒー

† 画像認識やセンサで理解した状況に依存して対話を行うことを**状況依存対話** (situated dialogue) と呼ぶ。5.5 節で述べたマルチモーダル・マルチパーティ対話も状況依存対話である。

メーカーは普通はキッチンにあるなど，何がどこにあるかについて常識的な知識をオントロジとして持たせておくことで，ロボット自身による部分的な観測（画像による物体認識）と組み合わせて適切な言語理解・対話を行うことができるようになる。例えば，「コーヒーを持ってきて」といわれれば，コーヒーメーカーのあるであろうキッチンに行けばよいと判断できるし，逆に建物内を移動しながら観察していて電子レンジを見かけたら，その部屋はキッチンであろうと判断することができるので，ユーザにいちいちどの部屋が何かを教わらなくても賢く対応する（この場合，玄関から順に家の中を探しまわるのではなく，まず電子レンジを見かけた部屋にコーヒーメーカーを探しに行き，そこに見つからなければユーザに尋ねる）ことができる[200)]。このようなオントロジに基づく推論は，**記述論理** (description logic)[20)] と呼ばれる述語論理を拡張した枠組みを用いて行える。

文　献　案　内

☆ **統計的意図理解**　5.1 節で説明した統計的意図理解の発展については，381) が詳しい。この論文では，統計的意図理解の共有タスクである，Dialogue State Tracking Challenge に関する説明がされている。これは，カーネギーメロン大学で開発されたバス時刻表案内電話対話システム[288)] のデータを用いて意図理解の精度を競うコンテスト形式のものであり，その成果に関する論文が 2013 年の SIGDIAL でいくつか発表されている。また，タスクをケンブリッジのレストラン検索に変更した Dialog State Tracking Challenge 2 & 3 も引き続き行われ，2014 年の SIGDIAL でも発表が行われている[128)]。対話のタスクの構造を用いて意図理解を行う研究として94), 170) がある。

意図理解の精度をどう測定するかは単純ではない。なぜならある属性を一度間違えて理解してしまうと，その属性値が削除されたり別の属性値で上書きされたりしない限り，間違った属性値が保持されつづけ，その誤りをどう数えればよいかわからないからである。意図理解の評価法について論じた文献として130) がある。

☆ **適応的な対話管理・応答生成**　5.2 節で説明したような適応的なシステムに関する研究を集めた論文誌として，User Modeling and User-Adapted Interaction (UMUAI) 誌がある。これは対話システムに限らず，ユーザに適応的なシステム一般が収録されている。2005 年には，言語インタラクションに関する特集も組まれた[53)]。

5.2.3 項の強化学習については，教科書335) が定番である。185) には強化学習の概要が簡潔にまとめられている。音声対話システムにおける POMDP による対話管理については，391) でサーベイが行われている。教科書256) でも簡潔な説明が行われている。209), 298) などの書籍も有用である。Microsoft Research の Jason Williams の WWW ページからは，チュートリアルのスライドやビデオを入手できる。

☆ 話者交替　5.4 節で説明した柔軟な話者交替については，313) にも解説があるので，併せて読むとよいだろう。また，人間どうしの対話における柔軟な話者交替には，2.5.3 項で説明した同調も関係している。Campbell と Scherer の分析[51)]によれば，人間どうしの対話では，発話の長さを相手の発話の長さに応じて絶えず調整している。真に柔軟で自然な話者交替を実現するためには，システム側にもこのような調整機能が求められるだろう。

☆ マルチモーダル，マルチパーティ対話システム　5.5 節で説明したマルチモーダル，マルチパーティ対話システムについては，複数体のバーチャルエージェントを用いた対話システムの研究が，南カリフォルニア大の Institute of Creative Technology (ICT) で行われている[354)]。また，複数人ユーザに対応するロボットによる対話システムの研究は，早稲田大学[231)]や米国 Microsoft Research[34)]において積極的に進められている。マルチモーダルインタラクションの分析や非言語行動の認識手法などについての研究は，国際会議 ICMI において最新の研究成果が発表されている。コミュニケーションにおけるさまざまな非言語行動に関する書籍には，網羅的にまとめられている191) や，一般向けではあるが，より工学的なアプローチで書かれた281) がある。

☆ 人間と対話システムのインタラクション　5.6 節で説明したメディアの等式については，292) に実験例を交えながらわかりやすく説明されている。同一著者による音声に関する研究をまとめた著書もある[263)]。また，外見とのギャップについては，385) において，適応ギャップなどを中心に議論されている。

付　　　　録

A.1　対話システムのための機械学習

機械学習は対話システムのさまざまな部分で用いられる。実用システムで使われているものもあれば，まだ研究段階のものもある。ここでは機械学習が適用される問題のクラスごとにそのあらましを説明する。より詳しくは，節末の「文献案内」に挙げた教科書を参照されたい。なお，強化学習については 5.2 節で述べたので，ここでの説明は割愛する。

A.1.1　分　　類

分類 (classification) とは，あるデータ d が有限個のクラス $C = c_1, c_2, \ldots, c_n$ のどれにあてはまるかを推測する問題である。例えば，観光案内対話システムで，ユーザの発話がホテルに関する質問なのか，レストランに関する質問なのか，電車の時刻表に関する質問なのかを推測するような問題が分類問題である。推定クラスを一つ返す場合と，d が各クラスに入る確率 $P(c_i|d)(i = 1, 2, \ldots, n)$ を調べる場合がある。d はデータそのままでは扱えないので，属性 (素性，特徴量とも呼ぶ。feature) のリスト（属性ベクトル，feature vector）

$$\boldsymbol{f} = (f_1 \;\; f_2 \;\; \ldots \;\; f_m)$$

を用いて表す。属性値は数値でも記号でもよいが，属性ごとにどのような値を取り得るかが決まっている。

分類を行うプログラムを分類器と呼ぶ。推定クラスを一つ返す場合には

$$c = g(\boldsymbol{f}) \; c \in \{c_1, c_2, \ldots, c_n\}$$

という関数 g が，確率を求める場合には

$$P(c_i|\boldsymbol{f}) = h_i(\boldsymbol{f})$$

という関数群 h_i が**分類器** (classifier) となる。これは**判別器**とも呼ばれる。

分類器にはさまざまなタイプの関数が用いられる。よく用いられるものに，k 近傍法，線形判別関数，決定木，サポートベクトルマシン，ロジスティック回帰式（最大エントロピー法）などがある。これらには一長一短があり，場合によって使い分ける必要があるが，詳細は節末の「文献案内」に挙げた教科書を参考されたい。

分類器はデータから学習することができる。このデータを**学習データ**（または**訓練データ**）(training data) と呼ぶ。学習データは**表 A.1** に示すような属性ベクトルと人手で付与した正解クラスである（これを教師信号，正解ラベルなどと呼ぶ）。これらから関数 g, h_i を学習する。一般に，未知のデータ（学習データにないデータ）に対して分類精度がよくなるように学習する。学習がうまくいったかどうかは，正解クラスがわかっている訓練データと異なるデータの集合（**テストデータ** (test data)）に分類器を適用し，出力を正解クラスと比べることで行う。

表 A.1　分類器の学習データの形式

サンプル ID	属性 1	属性 2		属性 m	正解ラベル
1	$f_{1,1}$	$f_{2,1}$		$f_{m,1}$	正解ラベル 1
2	$f_{1,2}$	$f_{2,2}$		$f_{m,2}$	正解ラベル 2
⋮	⋮	⋮	⋮	⋮	⋮
k	$f_{1,k}$	$f_{2,k}$		$f_{m,k}$	正解ラベル k

さまざまな分類器の実装が含まれているツールキットとして，Weka[383), Mallet, NLTK[328) などがある。また，プログラミング言語 R を用いた学習プログラムのアーカイブ CRAN にもさまざまなものがある。個別の分類器の実装として libSVM(サポートベクトルマシン), libLinear(線形 SVM，ロジスティック回帰), c4.5(決定木) などが知られている。

A.1.2　系列ラベリング

入力が記号の系列であった場合に，その各記号にラベルを振る問題を系列ラベリングと呼ぶ。自然言語処理のさまざまな部分で現れる問題である。英語の文が入力されたときに各単語の品詞を推定する問題が，典型的な系列ラベリング問題である。

系列ラベリングの学習データの一つ一つのサンプルは，**表 A.2** のような形をしている。ここで，l_i は i 番目の入力の長さである。属性の一つは入力そのもの（品詞タグ付であれば単語そのもの）でもよい。

このような学習データを用いてモデルを学習しておけば，正解ラベル系列のついていないサンプルに対して，正解ラベル系列を推定することができる。系列ラベリングのモデルとして，**隠れマルコフモデル** (hidden Markov model, **HMM**) に基づくもの

表 **A.2** 系列ラベリングの学習データの形式

学習データサンプル 1

属性 1	属性 2		属性 m	正解ラベル
$f_{1,1,1}$	$f_{1,2,1}$		$f_{1,m,1}$	正解ラベル $_{1,1}$
$f_{1,1,2}$	$f_{1,2,2}$		$f_{1,m,2}$	正解ラベル $_{1,2}$
$\vdots$	$\vdots$	$\vdots$	$\vdots$	$\vdots$
$f_{1,1,l_1}$	$f_{1,2,l_1}$		f_{1,m,l_1}	正解ラベル $_{1,l_1}$

学習データサンプル 2

属性 1	属性 2		属性 m	正解ラベル
$f_{2,1,1}$	$f_{2,2,1}$		$f_{2,m,1}$	正解ラベル $_{2,1}$
$f_{2,1,2}$	$f_{2,2,2}$		$f_{2,m,2}$	正解ラベル $_{2,2}$
$\vdots$	$\vdots$	$\vdots$	$\vdots$	$\vdots$
$f_{2,1,l_2}$	$f_{2,2,l_2}$		f_{2,m,l_2}	正解ラベル $_{2,l_2}$

と**条件付き確率場** (conditional random fields, **CRF**) がよく用いられている。CRF のツールとして，crf++，CRFsuite，Mallet に含まれるものなどがある。

文　献　案　内

本節で述べたような機械学習の手法は，機械学習，パターン認識，データマイニングの教科書で解説されている。これらはもともと別々の分野であるが，共通の手法を用いることが多いことから，教科書にも同じ手法が解説されている。初学者にもわかりやすく説明した本として9),11),149),251),339),383) がある。339) は自然言語処理を，9) は音声処理を題材にしており，対話システムの研究開発を行っている方には，よりわかりやすいと思われる。より上級者向けの本として29),80) などがある。

A.2 ベイジアンネットワークの基礎

ベイジアンネットワークとは，複数の要因によって捉えられる事象を確率的にモデル化する手法の一つで，要因（確率変数）間の関係を**図 A.1** のように非循環有向グラフ (directed acyclic graph) として表現したものを指す。要因間の関係を，直接的に

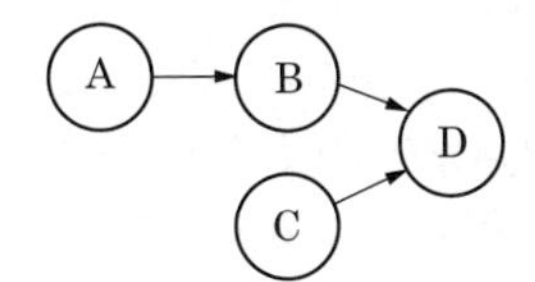

図 **A.1** ベイジアンネットワーク
$P(A)P(B|A)P(C)P(D|B,C)$

影響しあう少数の要因の集合に分解して条件付き確率で表現することで，問題を扱いやすくするものである。

例えば，A, B, C, D という 4 要因が関係する確率事象 $P(A, B, C, D)$ を考える。それぞれの要因を Yes/No/Unknown のような 3 値で表現できるとすると，この確率事象には $3\times3\times3\times3$ で 81 通りの場合があることになる。これを直接的に表現しようとすると，この 81 通りの場合を網羅する確率表を用意しなければならない。ここで，B は A に依存して，D は B と C に依存して決まり，A と C は特に依存するものがないと仮定できるとすると，$P(A, B, C, D)$ は条件付き確率の積 $P(A)P(B|A)P(C)P(D|B, C)$ と表現できる。これに対応するベイジアンネットワークが図 A.1 である。こうすると，$P(A), P(C)$ はそれぞれ 3 通り，$P(B|A)$ は 3×3 の 9 通り，$P(D|B, C)$ は $3 \times 3 \times 3$ の 27 通りの確率表になるので，現象全体をモデル化するのに，$3 + 9 + 3 + 27$ の 42 通りの場合の確率値を与えればよいことになる。先ほどの 81 通りの約半分である。この差は確率変数の数とそれらの変数の取り得る値の数（定義域の大きさ）が増すほど大きくなる。

ベイジアンネットワークは，一部の確率変数の値がわかっているときに，ほかの変数の値を推測する（最も高い確率値を持つ変数値を得る）目的で利用される。先ほどの説明で，$P(B|A)$ の意味を「B の値が A の値に依存して決まる」としたが，B の値がわかる（確定する）と逆向きに A の値の確率分布も変化する。これを A の事後確率といい，この場合 $P(A|B)$ で表現される（先に与えられている $P(A)$ は事前確率である）。

極単純な例として，**表 A.3** のような確率表を持つ 2 値 (1/0) の 2 変数 A, B で表される問題について考えてみる。

表 A.3　2 変数からなるベイジアンネットワークの確率表の例

A	$P(A)$
1	0.5
0	0.5

B	A	$P(B\|A)$
1	1	0.3
0	1	0.2
1	0	0.5
0	0	0.0

このとき B の値が 0 だとわかったとする。表からわかるように $P(B = 0|A = 0)$ の確率は 0 だから，$B = 0$ となり得るのは，$A = 1$ のときだけである。ということは，$P(A = 0|B = 0) = 0$，$P(A = 1|B = 0) = 1$ のはずであることが直感的にすぐわかるだろう。$P(A|B)$ はベイズ則により $P(B|A)P(A)/P(B)$ となるので，実際に計算して確認することができる。$P(B)$ の確率表は直接は与えられていないが

$$\sum_{a \in \mathcal{D}(A)} P(B|A=a)P(A=a)$$

という計算によって $P(A)$ と $P(B|A)$ の確率表から求められる。ここで $\mathcal{D}(A)$ は確率変数 A が取り得る値の集合（定義域）を表す（この場合は $\{0,1\}$）。このように特定の確率変数に関して総和を求めて確率変数を消去する操作を周辺化 (marginalization) と呼ぶ。$P(A=0|B=0)$ の確率値の計算を示す。

$$\begin{aligned} P(A=0|B=0) &= \frac{P(B=0|A=0)P(A=0)}{P(B=0|A=0)P(A=0)+P(B=0|A=1)P(A=1)} \\ &= 0.0*0.5/(0.0*0.5+0.2*0.5)=0 \end{aligned}$$

同様に，図 A.1 の 4 変数の場合でも，C や D の値を知ることで，A の値のより正確な確率分布（事後確率）を知る（推論する）ことができる。しかしながら，ネットワークの複雑さが増すと，分布を単純に計算しようとすると計算量が膨大になる。そこで，確率分布を効率的に推定するさまざまな手法が提案されている。これらの手法についてはベイジアンネットワークに関する文献を参照されたい。

ベイジアンネットワーク中の確率変数に離散的な時間依存性を持ち込み（時刻 t のときの変数値，時間 $t+1$ のときの変数値，$\cdots$ というように時刻によって変数の値が変わると考える），その確率変数の中のいくつかの変数が，別の変数の直前の時刻のときの値に依存するようにしたモデルを**動的ベイジアンネットワーク**と呼ぶ。確率変数の値が時間（履歴）によって変動するモデルで，その変動がネットワーク構造の中に明示的に組み込まれているベイジアンネットワークのことである。動的とはいっても，ネットワークの構造が動的に変わるわけではなく，確率表についても普通は時間不変（静的）であると考える。

A.3　対話システム構築のためのツール

4.5.2 項〔1〕で対話システム全体や対話管理部の構築のためのツールについて触れた。ここでは，対話システムの一部を構築するのに役立つツールのうち，日本語の対話システムに役立つものを**表 A.4** にまとめる。

表 **A.4**　日本語の対話システム構築に役立つツール

分　類	ツール名	説　明
形態素解析	Mecab	CRF に基づいた形態素解析ツール。辞書を自分で構築できる。
	Juman	コスト最小法に基づく形態素解析ツール。
	Chasen	HMM に基づく確率の最大化を行う形態素解析ツール。
	KyTea	点予測に基づいた単語分割ツール。形態素解析も行える。
構文解析	KNP	並列構造解析・格構造解析・照応解析などを統一的に行う構文解析ツール。
	Cabocha	SVM に基づく構文解析ツール。
FST	OpenFst	FST の合成などの演算が実装されている。
音声認識デコーダ	Julius	日本で最もよく使われているフリーの音声認識デコーダ。日本語の音響モデルや大語彙統計的言語モデルを含むディクテーションキットも配布されている。
	Sphinx	カーネギーメロン大学で開発された音声認識デコーダ。C で実装されたバージョンや Java で実装されたバージョンがある。音響モデルの学習ツールも配布されている。
言語モデル構築ツール	palmkit	日本でよく用いられている言語モデル構築ツール。
音声合成	OpenJtalk	日本語の text-to-speech
音声特徴抽出	openSMILE	汎用音声特徴抽出ソフトウェア。韻律抽出も行える。
画像認識	OpenCV	物体認識・人認識をはじめとして様々な画像認識やそのためのモデル学習を行うツールキット。
	Kinect SDK	距離画像を基に人間の検出およびその 3 次元骨格情報の抽出を行うツール。ユーザの顔画像の取得や，音源の方向や特定方向からの音声データだけの取得もできる。
エージェント	Unity	統合型ゲーム開発環境。
	Second Life	インターネット上の仮想世界の構築，およびアバターの作成。
ロボットシミュレータ	SIGVerse	エージェントの身体性とコミュニケーションを同時にシミュレーションするシミュレータ。

A.4 対話システム研究開発のための対話コーパス

4.5 節で，対話システムの構築には人間と対話システムの対話のデータが必要であることを述べた。しかしながら，対話システムを実際に作って人間－システム対話データを収集するのは容易ではない。入力理解や意図理解の手法を評価するには，既存の人間－システム対話コーパスを用いるのも一つの手である。

ここでは，一般に利用可能な人間－システム対話コーパスを挙げる。残念ながら日本語のものはなく，英語のコーパスのみになる。

① Communicator Evaluation Corpus

フライト予約を共有タスクとした DARPA の電話対話システムの研究プロジェクトである Communicator に参加したシステムと実際のユーザとの対話を収録したデータである[367]。発話音声データと書起しが含まれている。Linguistic Data Consortium (LDC) から配布されている。

② Let's Go 対話コーパス

カーネギメロン大学で開発されたバス時刻表案内システム Let's Go[288] と一般ユーザのデータである†。これも音声データと書起しが含まれている。

③ Dialog State Tracing Challenge Corpus

意図理解 (5.1 節) の共有タスクコンテストである Dialog State Tracking Challenge (DSTC)[128), 381] で用いられているコーパスである。DSTC1 では，上記の Let's Go の対話のコーパスが用いられた。DSTC2 は，ケンブリッジ大学によって収録されたレストラン案内対話と旅行者案内対話のコーパスである。

† 入手方法はカーネギメロン大学の The Dialog Research Center のホームページを参照されたい。

A.5 文献調査案内

本書では対話システムの基本的な技術や概念を説明した。対話システム研究の最新の成果を調べるには，論文誌や会議の文献を調べる必要がある。しかしながら，対話システムは学際的な分野であるがゆえに，関連する研究分野の論文誌や会議に発表が分散している。以下に，対話システムに関連する論文誌と国際会議のリストを表 **A.5** と表 **A.6** に示す。

表 **A.5**　対話システムに関連する論文誌

論文誌名	おもなトピック・備考
Dialogue and Discourse	対話システム・談話分析研究
Computational Linguistics	自然言語処理
Natural Language Engineering	自然言語処理
Speech Communication	音声処理
Computer Speech and Language	音声処理
ACM Transactions on Asian Language Information Processing	アジア言語の言語処理
IEEE Transactions on Audio, Speech and Language Processing[a)]	音声・音響処理
ACM Transactions on Speech and Language Processing[b)]	音声言語処理
ACM Transactions on Computer-Human Interaction	ヒューマン・コンピュータ・インタラクション
International Journal of Human-Computer Studies	ヒューマン・コンピュータ・インタラクション
Artificial Intelligence	人工知能
Journal of Artificial Intelligence Research	人工知能
Knowledge-based Systems	人工知能
Autonomous Agents and Multi-Agent Systems	人工知能・エージェント
Robotics and Autonomous Systems	知能ロボティクス
Advanced Robotics	ロボティクス
IEICE Transactions on Information and Systems	電子情報通信学会情報システムソサエティの英文論文誌
人工知能学会論文誌	
自然言語処理	言語処理学会の論文誌
情報処理学会論文誌	
電子情報通信学会論文誌	
ヒューマンインタフェース学会論文誌	
知能と情報	知能情報ファジィ学会の学会誌兼論文誌
日本ロボット学会誌	原著論文も掲載される

a),b) は 2014 年から統合。

表 A.6 対話システムに関連する国際会議

略称 *	正式名称	おもなトピック
SIGDIAL	Annual SIGDIAL Meeting on Discourse and Dialogue	対話システムと対話・談話分析
IWSDS	International Workshop on Spoken Dialogue Systems	音声対話システム
SEMDIAL	Workshop Series on the Semantics and Pragmatics of Dialogue	対話の理論，対話システム
KRPDS	Workshop on Knowledge and Reasoning in Practical Dialogue Systems	人工知能系の対話システム研究
ACL	Annual Meeting of the Association for Computational Linguistics	自然言語処理
NAACL	Annual Conference of the North American Chapter of the Association for Computational Linguistics	自然言語処理
EACL	Conference of the European Chapter of the Association for Computational Linguistics	自然言語処理
IJCNLP	International Joint Conference on Natural Language Processing	自然言語処理
COLING	International Conference on Computational Linguistics	自然言語処理
ENLG	European Workshop on Natural Language Generation	言語生成
INLG	International Conference on Natural Language Generation	言語生成
Interspeech (ICSLP, Eurospeech)	Annual Conference of the International Speech Communication Association	音声処理全般
ICASSP	IEEE International Conference on Acoustics, Speech and Signal Processing	音声・音響・信号処理
ASRU	IEEE Workshop on Automatic Speech Recognition and Understanding	音声認識・理解
SLT	IEEE Workshop on Spoken Language Technology	音声言語処理全般
CHI	ACM CHI Conference on Human Factors in Computing Systems	ヒューマンコンピュータインタラクション
IUI	International Conference on Intelligent User Interfaces	人工知能とヒューマンコンピュータインタラクションの接点
ICMI	International Conference on Multimodal Interaction	マルチモーダルインタラクション
HRI	ACM/IEEE International Conference on Human-Robot Interaction	ヒューマンロボットインタラクション
RO-MAN	IEEE International Symposium on Robot and Human Interactive Communication	ヒューマンロボットインタラクション
IROS	IEEE/RSJ International Conference on Intelligent Robots and Systems	知能ロボット工学全般
IVA	International Conference on Intelligent Virtual Agents	バーチャルエージェント
AAAI	Conference on Artificial Intelligence	人工知能
IJCAI	International Joint Conferences on Artificial Intelligence	人工知能
AAMAS	International Conference on Autonomous Agents and Multiagent Systems	人工知能・エージェント工学

* 本書の参考文献でも用いている。

引用・参考文献

1) H. Ai, A. Raux, D. Bohus, M. Eskenazi, and D. Litman: Comparing spoken dialog corpora collected with recruited subjects versus real users. In *Proc. SIGDIAL*, pp. 124〜131 (2007).
2) J. F. Allen: *Natural Language Understanding (2nd ed.)*, Benjamin/Cummings (1995).
3) J. F. Allen: Mixed-initiative interaction, *IEEE Intelligent Systems*, **14**(5), pp. 14〜16 (1999).
4) J. F. Allen, B. W. Miller, E. K. Ringger, and T. Sikorski: A robust system for natural spoken dialogue. In *Proc. ACL*, pp. 62〜70 (1996).
5) J. F. Allen and C. R. Perrault: Analyzing intention in utterances, *Artificial Intelligence*, **15**(3), pp. 143〜178 (1980).
6) J. F. Allen, L. K. Schubert, G. Ferguson, P. Heeman, C. H. Hwang, T. Kato, M. Light, N. G. Martin, B. W. Miller, M. Poesio, and D. R. Traum: The TRAINS project: A case study in building a conversational planning agent, *Journal of Experimental and Theoretical Artificial Intelligence*, **7**(1), pp. 7〜48 (1995).
7) J. Allen, G. Ferguson, and A. Stent: An architecture for more realistic conversational systems. In *Proc. IUI*, pp. 1〜8 (2001).
8) H. Alshawi: Effective utterance classification with unsupervised phonotactic models. In *Proc. NAACL*, pp. 1〜7 (2003).
9) 荒木: フリーソフトでつくる音声認識システム - パターン認識・機械学習の初歩から対話システムまで, 森北出版 (2007).
10) 荒木: フリーソフトで学ぶセマンティック Web とインタラクション, 森北出版 (2010).
11) 荒木: フリーソフトではじめる機械学習入門, 森北出版 (2014).
12) M. Araki and S. Doshita: Automatic evaluation environment for spoken dialogue systems. In E. Maier, M. Mast, and S. LuperFoy eds., *Dialogue Processing in Spoken Language Systems*, pp. 183〜194. Springer (1997).

13) M. Araki, K. Komatani, T. Hirata, and S. Doshita: A dialogue library for task-oriented spoken dialogue systems. In *Proc. IJCAI Workshop on Knowledge and Reasoning in Practical Dialogue Systems*, pp. 1∼7 (1999).

14) T. Ariyoshi, K. Nakadai, and H. Tsujino: Effect of facial colors on humanoids in emotion recognition using speech. In *Proc. RO-MAN*, pp. 59∼64 (2004).

15) 浅田, 國吉: ロボットインテリジェンス, 岩波書店 (2005).

16) N. Asher and A. Lascarides: *Logics of Conversation*, Cambridge University Press (2003).

17) H. Asoh, Y. Motomura, F. Asano, I. Hara, S. Hayamizu, K. Itou, T. Kurita, T. Matsui, N. Vlassis, R. Bunschoten, and B. Kröse: Jijo-2: An office robot that communicates and learns, *IEEE Intelligent Systems*, **16** (5), pp. 46∼55 (2001).

18) H. Aust, M. Oerder, F. Seide, and V. Steinbiss: The Philips automatic train timetable information system, *Speech Communication*, **17**(3), pp. 249∼262 (1995).

19) J. L. Austin: *How to do things with words*, Oxford University Press (1962) (坂本 訳『言語と行為』大修館書店 (1978)).

20) F. Baader, D. Calvanese, D. McGuiness, D. Nardi, and P. Patel-Schneider eds: *The Description Logic Handbook*, Cambridge University Press (2003).

21) 馬場, 黄, 中野: 人対会話エージェントとの多人数会話における頭部方向と音声情報を用いた受話者推定機構, 人工知能学会論文誌, **28**(2), pp. 149∼159 (2013).

22) C. Bartneck and J. Reichenbach: Subtle emotional expressions of synthetic characters, *International Journal of Human-Computer Studies*, **62**(2), pp. 179∼192 (2005).

23) J. B. Bavelas, C. Nicole, L. Coates, and L. Roe: Gestures specialized for dialogue, *Personality and Social Psychology Bulletin*, **21**(4), pp. 394∼405 (1995).

24) J. R. Bellegarda: Spoken language understanding for natural interaction the Siri experience. In *Proc. IWSDS*, pp. 3∼14 (2012).

25) A. Belz: Statistical generation: Three methods compared and evaluated. In *Proc. ENLG*, pp. 15∼23 (2005).

26) N. O. Bernsen: On-line user modelling in a mobile spoken dialogue system. In *Proc. Eurospeech*, pp. 737∼740 (2003).

27) T. Bickmore and R. W. Picard: Establishing and maintaining long-term human-computer relationships, *ACM Trans. on Computer-Human Interaction*, **12**(2), pp. 293∼327 (2005).

28) L. Le Bigot, P. Bretier, and P. Terrier: Detecting and exploiting user familiarity in natural language human-computer dialogue. In K. Asai ed., *Human Computer Interaction: New Developments*, chapter 20, pp. 369∼382. InTech Education and Publishing (2008).

29) C. M. Bishop: *Pattern Recognition and Machine Learning*, Springer (2006). (元田, 栗田, 樋口, 松本, 村田 監訳『パターン認識と機械学習（上，下）』，丸善出版 (2007) (上)， (2008) (下)).

30) D. G. Bobrow, R. M. Kaplan, M. Kay, D. A. Norman, H. Thompson, and T. Winograd: GUS, a frame driven dialog system, *Artificial Intelligence*, **8**(2), pp. 155∼173 (1977).

31) G. Boella, R. Damiano, and L. Lesmo: Socail goals in conversational cooperation. In *Proc. SIGDIAL*, pp. 84∼93 (2000).

32) D. Bohus and E. Horvitz: Learning to predict engagement with a spoken dialog system in open-world settings. In *Proc. SIGDIAL*, pp. 244∼252 (2009).

33) D. Bohus and E. Horvitz: Models for multiparty engagement in open-world dialog. In *Proc. SIGDIAL*, pp. 225∼234 (2009).

34) D. Bohus and E. Horvitz: Facilitating multiparty dialog with gaze, gesture, and speech. In *Proc. ICMI-MLMI*, article no. 5 (2010).

35) D. Bohus, A. Raux, T. K. Harris, M. Eskenazi, and A. I. Rudnicky: Olympus: An open-source framework for conversational spoken language interface research. In *Proc. NAACL-HLT Workshop on Bridging the Gap: Academic and Industrial Research in Dialog Technologies*, pp. 32∼39 (2007).

36) D. Bohus and A. Rudnicky: A “K Hypotheses + Other” belief updating model. In *Proc. AAAI Workshop on Statistical and Empirical Approaches to Spoken Dialogue Systems* (2006).

37) D. Bohus and A. I. Rudnicky: A principled approach for rejection threshold optimization in spoken dialog systems. In *Proc. Interspeech*, pp. 2781∼2784 (2005).

38) D. Bohus and A. I. Rudnicky: Sorry, I didn’t catch that! - an investigation of non-understanding errors and recovery strategies. In *Proc. SIGDIAL*,

pp. 128～143 (2005).

39) D. Bohus and A. I. Rudnicky: The Ravenclaw dialog management framework: Architecture and systems, *Computer Speech and Language*, **23**(3), pp. 332～361 (2009).

40) R. Bolt: Put-that-there: Voice and gesture at the graphics interface. In *Proc. SIGGRAPH*, pp. 262～270 (1980).

41) J. Bos, E. Klein, O. Lemon, and T. Oka: DIPPER: Description and formalisation of an information-state update dialogue system architecture. In *Proc. SIGDIAL*, pp. 115～124 (2003).

42) G. Bouwman, J. Sturm, and L. Boves: Incorporating confidence measures in the Dutch train timetable information system developed in the ARISE project. In *Proc. ICASSP*, pp. 493～496 (1999).

43) M. E. Bratman: *Intention, Plan, and Practical Reasoning*, Harvard University Press (1987) (門脇, 高橋 訳『意図と行為』産業図書 (1994)).

44) S. E. Brennan: Lexical entrainment in spontaneous dialog. In *Proc. International Symposium on Spoken Dialogue* (1996).

45) S. E. Brennan and H. H. Clark: Conceptual pacts and lexical choice in conversation, *Journal of Experimental Psychology: Learning, Memory, and Cognition*, **22**(6), pp. 1482～1493 (1996).

46) R. A. Brooks: A robust layered control system for a mobile robot, *IEEE Journal of Robotics and Automation*, pp. 14～23 (1986).

47) I. Bulyko, K. Kirchhoff, M. Ostendorf, and J. Goldberg: Error-correction detection and response generation in a spoken dialogue system, *Speech Communication*, **45**(3), pp. 271～288 (2005).

48) I. Bulyko, M. Ostendorf, M. Siu, T. Ng, A. Stolcke, and Ö. Çetin: Web resources for language modeling in conversational speech recognition, *ACM Trans. on Speech and Language Processing*, **5**(1), article no. 1 (2007).

49) H. Bunt: The DIT++ taxonomy for functional dialogue markup. In *Proc. AAMAS 2009. Workshop "Towards a Standard Markup Language for Embodied Dialogue Acts"*, pp. 13～23 (2009).

50) H. Bunt, J. Alexandersson, J.-W. Choe, A. C. Fang, K. Hasida, A. P.-B. Volha Petukhova, and D. Traum: ISO 24617-2: A semantically-based standard for dialogue annotation. In *Proc. LREC*, pp. 430～437 (2012).

51) N. Campbell and S. Scherer: Comparing measures of synchrony and align-

ment in dialogue speech timing with respect to turn-taking activity. In *Proc. Interspeech*, pp. 2546∼2549 (2010).

52) S. Carberry: *Plan Recognition in Natural Language Dialogue*, MIT Press (1990).

53) S. Carberry and I. Zukerman: Preface to the special issue on language-based interaction, *User Modeling and User-Adapted Interaction*, **15**(1-2), pp. 1∼3 (2005).

54) J. Carletta: Assessing agreement on classification tasks: The kappa statistic, *Computational Linguistics*, **22**(2), pp. 249∼254 (1996).

55) R. Carlson, J. Hirschberg, and M. Swerts: Error handling in spoken dialogue systems, *Speech Communication*, **45**(3), pp. 207∼209 (2005).

56) J. Cassell, T. Bickmore, L. Campbell, H. Vilhjalmsson, and H. Yan: Conversation as a system framework: Designing embodied conversational agents. In J. Cassell, J. Sullivan, S. Prevost, and E. F. Churchill eds., *Embodied Conversational Agents*. MIT Press (2000).

57) J. Cassell, J. Sullivan, S. Prevost, and E. Churchill eds: *Embodied Conversational Agents*, MIT Press (2000).

58) J. Cassell, H. Vilhjalmsson, and T. Bickmore: BEAT: The behavior expression animation toolkit. In *Proc. SIGGRAPH*, pp. 477∼486 (2001).

59) A. Cawsey: *Explanation and Interaction: The Computer Generation of Explanatory Dialogues*, MIT Press (1992).

60) W. Chafe: *Discourse, Consciousness, and Time*, Chicago University Press (1994).

61) J. Chu-Carroll: MIMIC: An adaptive mixed initiative spoken dialogue system for information queries. In *Proc. ANLP*, pp. 97∼104 (2000).

62) J. Chu-Carroll and M. K. Brown: Tracking initiative in collaborative dialogue interactions. In *Proc. ACL/EACL*, pp. 262∼270 (1997).

63) J. Chu-Carroll and B. Carpenter: Vector-based natural language call routing, *Computational Linguistics*, **25**(3), pp. 361∼388 (1999).

64) H. H. Clark: *Using Language*, Cambridge University Press (1996).

65) H. H. Clark and E. F. Schaefer: Contributing to discourse, *Cognitive Science*, **13**(2), pp. 259∼294 (1986).

66) P. R. Cohen and C. R. Perrault: Elements of a plan-based theory of speech acts, *Cognitive Science*, **3**(3), pp. 177∼212 (1979).

67) P. R. Cohen, C. R. Perrault, and J. F. Allen: Beyond question answering. In W. Lehnert and M. Ringle eds., *Strategies for Natural Language Processing*, pp. 245～274. Lawrence Erlbaum Associates (1981).

68) M. G. Core and J. F. Allen: Coding dialogs with the DAMSL annotation scheme. In *Working Notes of AAAI Fall Symposium on Communicative Action in Humans and Machines* (1997).

69) S. Cox and B. Shahshahani: A comparison of some different techniques for vector based call-routing. In *Proc. Eurospeech*, pp. (2337).～(2340). (2001).

70) D. Davis and J. Gwatkin: robo-CAMAL: A BDI motivational robot, *Paladyn*, **1**(2), pp. 116～129 (2010).

71) R. L.-C. Delgado and M. Araki: *Spoken, Multilingual and Multimodal Dialogue Systems: Development and Assessment*, Wiley (2005).

72) 伝, 石崎, 深代: 会話における音声・身体動作の同調傾向：遅延条件下での姿勢の揺れの分析, 日本認知科学会大会発表論文集, pp. 426～429 (2007).

73) Y. Den, H. Koiso, T. Maruyama, K. Maekawa, K. Takanashi, M. Enomoto, and N. Yoshida: Two-level annotation of utterance-units in Japanese dialogs: An empirically emerged scheme. In *Proc. LREC*　pp. 1483～1486 (2010).

74) 伝, 小磯, 丸山, 前川, 高梨, 榎本, 吉田: 対話研究にふさわしい発話単位の提案とその評価 (1)～短い単位～, 人工知能学会研究会資料, SIG-SLUD-A803, pp. 75～80 (2009).

75) 伝, 小磯, 丸山, 前川, 高梨, 榎本, 吉田: 対話研究にふさわしい発話単位の提案とその評価 (2)～長い単位～, 人工知能学会研究会資料, SIG-SLUD-A903, pp. 13～18 (2010).

76) M. Denecke: Rapid prototyping for spoken dialogue systems. In *Proc. COLING* (2002).

77) H. Diessel: Demonstratives, joint attention, and the emergence of grammar, *Cognitive Linguistics*, **17**(4), pp. 463～489 (2006).

78) 堂坂, 島津: タスク指向型対話における漸次的発話生成モデル, 情報処理学会論文誌, **37**(12), pp. 2190～2200 (1996).

79) 堂坂, 安田, 相川: システム知識制限下での効率的音声対話制御法, 自然言語処理, **9**(1), pp. 43～63 (2002).

80) R. O. Duda, P. E. Hart, and D. G. Stork: *Pattern Classification*, Wiley (2000) (尾上 監訳『パターン識別』アドコム・メディア (2001)).

81) S. Duncan: Some signals and rules for taking speaking turns in conversations, *Journal of Personality and Social Psychology*, **23**(2), pp. 283～292 (1972).

82) S. Duncan: On the structure of speaker-auditor interaction during speaking turns, *Language in Society*, **3**(2), pp. 161～180 (1974).

83) W. Eckert, E. Levin, and R. Pieraccini: User modeling for spoken dialogue system evaluation. In *Proc. ASRU*, pp. 80～87 (1997).

84) M. El Ayadi, M. S. Kamel, and F. Karray: Survey on speech emotion recognition: Features, classification schemes, and databases, *Pattern Recognition*, **44**(3), pp. 572～587 (2011).

85) S. Elzer, J. Chu-Carroll, and S. Carberry: Recognizing and utilizing user preferences in collaborative consultation dialogues. In *Proc. the 4th International Conference on User Modeling*, pp. 19～24 (1994).

86) L. D. Erman, F. Hayes-Roth, V. R. Lesser, and D. R. Reddy: The Hearsay-II speech-understanding system: Integrating knowledge to resolve uncertainty, *ACM Computing Surveys*, **12**(2), pp. 213～253 (1980).

87) A. Fandrianto and M. Eskenazi: Prosodic entrainment in an information-driven dialog system. In *Proc. Interspeech*, pp. 342～345 (2012).

88) R. Fang, C. Liu, L. She, and J. Y. Chai: Towards situated dialogue: Revisiting referring expression generation. In *Proc. EMNLP*, pp. 392～402 (2013).

89) G. Ferguson and J. F. Allen: TRIPS: An intelligent integrated problem-solving assistant. In *Proc. AAAI/IAAI*, pp. 567～572 (1998).

90) R. Fernández, D. Schlangen, and T. Lucht: Push-to-talk ain't always bad! comparing different interactivity settings in task-oriented dialogue. In *Proc. SEMDIAL*, pp. 25～31 (2007).

91) R. E. Fikes and N. J. Nilsson: STRIPS: A new approach to the application of theorem proving to problem solving, *Artificial Intelligence*, **2**(3–4), pp. 189～208 (1971).

92) 藤江, 江尻, 菊池, 小林: 肯定的/否定的発話態度の認識とその音声対話システムへの応用, 電子情報通信学会論文誌, **J88-D-II**(3), pp. 489～498 (2005).

93) 藤江, 松山, 谷山, 小林: 人同士のコミュニケーションに参加し活性化する会話ロボット, 電子情報通信学会論文誌, **J95-A**(1), pp. 37～45 (2012).

94) 藤原, 伊藤, 荒木, 甲斐, 小西, 伊東: 認識信頼度と対話履歴を用いた音声言語理

解手法, 電子情報通信学会論文誌, **J89-D**(7), pp. 1493〜1503 (2006).

95) 福林, 駒谷, 中野, 船越, 辻野, 尾形, 奥乃: 音声対話システムにおけるラピッドプロトタイピングを指向した WFST に基づく言語理解, 情報処理学会論文誌, **49**(8), pp. 2762〜2772 (2008).

96) Y. Fukubayashi, K. Komatani, T. Ogata, and H. G. Okuno: Dynamic help generation by estimating user's mental model in spoken dialogue systems. In *Proc. Interspeech (ICSLP)*, pp. 1946〜1949 (2006).

97) K. Funakoshi, M. Nakano, K. Kobayashi, T. Komatsu, and S. Yamada: Non-humanlike spoken dialogue: A design perspective. In *Proc. SIGDIAL*, pp. 176〜184 (2010).

98) K. Funakoshi, M. Nakano, T. Tokunaga, and R. Iida: A unified probabilistic approach to referring expressions. In *Proc. SIGDIAL*, pp. 237〜246 (2012).

99) K. Funakoshi and T. Tokunaga: Identifying repair targets in action control dialogue. In *Proc. EACL*, pp. 177〜184 (2006).

100) A. Furnham: Language and personality. In H. Giles and W. Robinson eds., *Handbook of Language and Social Psychology*. Wiley (1990).

101) H. Furo: *Turn-Taking in English and Japanese: Projectability in Grammar, Intonation, and Semantics*, Routledge (2001).

102) 古井: 人と対話するコンピュータを創っています——音声認識の最前線——, 角川学芸出版 (2009).

103) S. Garrod and A. Anderson: Saying what you mean in dialog: A study in conceptual and semantic co-ordination, *Cognition*, **27**(2), pp. 181〜218 (1987).

104) S. Garrod and M. J. Pickering: Why is conversation so easy? *Trends in Cognitive Sciences*, **8**(1), pp. 8〜11 (2004).

105) J. Glass, G. Flammia, D. Goodine, M. Phillips, J. Polifroni, S. Sakai, S. Seneff and V. Zue: Multilingual spoken-language understanding in the MIT Voyager system. Speech communication, **17**(1), pp. 1〜18 (1995).

106) S. Seneff, E. Hurley, R. Lau, C. Pao, P. Schmid, and V. Zue: GALAXY-II: A reference architecture for conversational system development. In *Proc. ICSLP*, pp. 931〜934 (1998).

107) E. Goffman: Replies and responses, *Language in Society*, **5**(3), pp. 257〜313 (1976).

108) C. Goodwin: Achieving mutual orientation at turn beginning. In *Conversa-*

tional Organization: Interaction between speakers and hearers, pp. 55∼94. Academic Press (1981).

109) A. L. Gorin, G. Riccardi, and J. H. Wright: How may I help you? *Speech Communication*, **23**(1-2), pp. 113∼127 (1997).

110) G. Gorrell, I. Lewin, and M. Rayner: Adding intelligent help to mixed-initiative spoken dialogue systems. In *Proc. ICSLP*, pp. 2065∼2068 (2002).

111) S. Gottifredi, M. Tucat, D. Corbatta, A. J. Garćla, and G. R. Simari: A BDI architecture for high level robot deliberation, *Inteligencia Artificial*, **14**(46), pp. 74∼83 (2010).

112) J. Gratch, A. Okhmatovskaia, F. Lamothe, S. Marsella, M. Morales, R. J. van der Werf, and L.-P. Morency: Virtual rapport. In *Proc. IVA*, pp. 14∼27 (2006).

113) J. Gratch, N. Wang, J. Gerten, E. Fast, and R. Duffy: Creating rapport with virtual agents. In *Proc. IVA*, pp. 125∼138 (2007).

114) B. F. Green, Jr., A. K. Wolf, C. Chomsky, and K. Laughery: Baseball: An automatic question-answerer. In *Proc. the Western Joint IRE-AIEE-ACM Computer Conference*, pp. 219∼224 (1961).

115) H. P. Grice: *Studies in the Way of Words*, Harvard University Press (1989) (清塚 訳『論理と会話』勁草書房 (1998)).

116) B. J. Grosz and S. Kraus: Collaborative plans for complex group action, *Artificial Intelligence*, **86**(2), pp. 269∼357 (1996).

117) B. J. Grosz and C. Sidner: Plans for discourse. In P. R. Cohen, J. Morgan, and M. E. Plooack eds., *Intentions in Communications*, chapter 20, pp. 417∼444. MIT Press (1990).

118) B. J. Grosz and C. Sidner: A reply to Hobbs. In P. R. Cohen, J. Morgan, and M. E. Plooack eds., *Intentions in Communications*, chapter 22, pp. 461∼462. MIT Press (1990).

119) B. J. Grosz and C. L. Sidner: Attention, intentions, and the structure of discourse, *Computational Linguistics*, **12**(3), pp. 175∼204 (1986).

120) B. J. Grosz, D. E. Appelt, P. A. Martin, and F. C. N. Pereira: TEAM: An experiment in the design of transportable natural-language interfaces, *Artificial Intelligence*, **32**(2), pp. 173∼243 (1987).

121) A. Gruenstein and S. Seneff: Releasing a multimodal dialogue system into the wild: User support mechanisms. In *Proc. SIGDIAL*, pp. 111∼119

(2007).

122) J. Gustafson and L. Bell: Speech technology on trial: Experiences from the August system, *Natural Language Engineering*, **6**(3–4), pp. 273∼286 (2000).

123) S. Hahn, M. Dinarelli, C. Raymond, F. Lefévre, P. Lehnen, R. De Mori, A. Moschitti, H. Ney, and G. Riccardi: Comparing stochastic approaches to spoken language understanding in multiple languages, *IEEE Trans. on Audio, Speech and Language Processing*, **19**(6), pp. 1569∼1583 (2011).

124) M. A. K. Halliday and H. Rugaiya: *Cohesion in English*, Longman (1976) (安藤, 多田, 永田, 中川, 高口 訳『テクストはどのように構成されるか』ひつじ書房 (1997)).

125) 橋田, 伝, 長尾, 柏岡, 酒井, 島津, 中野: DiaLeague: 自然言語処理システムの総合評価, 人工知能学会誌, **12**(3), pp. 390∼399 (1997).

126) T. J. Hazen, S. Seneff, and J. Polifroni: Recognition confidence scoring and its use in speech understanding systems, *Computer Speech and Language*, **16**(1), pp. 49∼67 (2002).

127) P. A. Heeman, M. Johnston, J. Denney, and E. Kaiser: Beyond structured dialogues: Factoring out grounding. In *Proc. ICSLP*, pp. 863∼866 (1998).

128) M. Henderson, B. Thomson, and J. D. Williams: The second dialog state tracking challenge. In *Proc. SIGDIAL*, pp. 263∼272 (2014).

129) R. Higashinaka, K. Dohsaka, S. Amano, and H. Isozaki: Effects of quiz-style information presentation on user understanding. In *Proc. Interspeech*, pp. 2725∼2728 (2007).

130) R. Higashinaka, N. Miyazaki, M. Nakano, and K. Aikawa: Evaluating discourse understanding in spoken dialogue systems, *ACM Trans. on Speech and Language Processing*, **1**(1), pp. 1∼20 (2004).

131) R. Higashinaka, M. Nakano, and K. Aikawa: Corpus-based discourse understanding in spoken dialogue systems. In *Proc. ACL*, pp. 240∼247 (2003).

132) R. Higashinaka, K. Sudoh, and M. Nakano: Incorporating discourse features into confidence scoring of intention recognition results in spoken dialogue systems, *Speech Communication*, **48**(3-4), pp. 417∼436 (2006).

133) 東中: 雑談対話システムに向けた取り組み, 人工知能学会研究会資料 SIG-SLUD-70, pp. 65∼70 (2014).

134) S. G. Hill, H. P. Iavecchia, A. C. Bittner, Jr., J. C. Byers, A. L. Zaklad,

and R. E. Christ: Comparison of four subjective workload rating scales, *Human Factors*, **34**(4), pp. 429～439 (1992).

135) J. Hirasawa, M. Nakano, T. Kawabata, and K. Aikawa: Effects of system barge-in responses on user impressions. In *Proc. Eurospeech*, pp. 1391～1394 (1999).

136) J. Hirschberg, D. Litman, and M. Swerts: Prosodic and other cues to speech recognition failures, *Speech Communication*, **43**(1-2), pp. 155～175 (2004).

137) J. R. Hobbs, M. Stickel, and P. Martin: Interpretation as abduction, *Artificial Intelligence*, **63**(1–2), pp. 69～142 (1993).

138) B. A. Hockey, O. Lemon, E. Campana, L. Hiatt, G. Aist, J. Hieronymus, A. Gruenstein, and J. Dowding: Targeted help for spoken dialogue systems: Intelligent feedback improves naive users' performance. In *Proc. EACL*, pp. 147～154 (2003).

139) K. S. Hone and R. Graham: Towards a tool for the subjective assessment of speech system interfaces (SASSI), *Natural Language Engineering*, **6**(3-4), pp. 287～303 (2000).

140) C. Hori, T. Hori, H. Isozaki, E. Maeda, S. Katagiri, and S. Furui: Deriving disambiguous queries in a spoken interactive ODQA system. In *Proc. ICASSP*, pp. 624～627 (2003).

141) 堀: 意図を理解する音声認識技術, 電子情報通信学会誌, **96**(11), pp. 856～864 (2013).

142) L. Huang, L.-P. Morency, and J. Gratch: Virtual rapport 2.0. In *Proc. IVA*, pp. 68～79 (2011).

143) X. Huang, A. Acero, and H.-W. Hon: *Spoken Language Processing*, Prentice-Hall (2001).

144) H. Hüttenrauch, C. Bogdan, A. Green, K. S. Eklundh, D. Ertl, J. Falb, H. Kaindl, and M. Göller: Evaluation of robot body movements supporting communication. In *Proc. Second International Symposium on New Frontiers in Human-Robot Interaction*, pp. 42～49 (2010).

145) T. Iio, M. Shiomi, K. Shinozawa, T. Miyashita, T. Akimoto, and N. Hagita: Lexical entrainment in human-robot interaction: - Can robots entrain human vocabulary? In *Proc. IROS*, pp. 3727～3734 (2009).

146) 池田, 駒谷, 尾形, 奥乃: マルチドメイン音声対話システムにおけるトピック推定と対話履歴の統合によるドメイン選択手法. 情報処理学会論文誌, **50**(2), pp.

488∼500 (2009).

147) 井ノ上, 今井, 橋本, 米山: 誤認識訂正のための繰返し音声検出手法, 電子情報通信学会論文誌, **J84-D-II**(9), pp. 1950∼1959 (2001).

148) 石黒, 宮下, 神田: コミュニケーションロボット, オーム社 (2005).

149) 石井, 前田, 上田, 村瀬: わかりやすいパターン認識, オーム社 (1998).

150) R. Ishii, Y. I. Nakano, and T. Nishida: Gaze awareness in conversational agents: Estimating a user's conversational engagement from eye gaze, *ACM Trans. on Interactive Intelligent Systems*, **3**(2), article no. 11 (2013).

151) 石崎, 伝: 談話と対話, 東京大学出版会 (2001).

152) 磯, 颯々野: 「音声アシスト」の音声認識と自然言語処理の開発, 情報処理学会研究報告 2013-SLP-98(4), pp. 1∼6 (2012).

153) T. Isobe, S. Hayakawa, H. Murao, T. Mizutani, K. Takeda, and F. Itakura: A study on domain recognition of spoken dialogue systems. In *Proc. Eurospeech*, pp. 1889∼1892 (2003).

154) 磯村, 鳥海, 石井: HMM による非タスク指向型対話システムの評価, 電子情報通信学会論文誌, **J92-D**(4), pp. 542∼551 (2009).

155) 磯崎, 東中, 永田, 加藤: 質問応答システム, コロナ社 (2009).

156) 伊藤, 駒谷, 河原: 機器操作マニュアルの知識と構造を利用した音声対話ヘルプシステム. 情報処理学会論文誌, **43**(7), pp. 2147∼2154 (2002).

157) S. Iwasaki: The Northridge earthquake conversations: The floor structure and the 'loop' sequence in Japanese conversation, *Journal of Pragmatics*, **28**(6), pp. 661∼693 (1997).

158) A. Jameson and F. Wittig: Leveraging data about users in general in the learning of individual user models. In *Proc. IJCAI*, pp. 1185∼1194 (2001).

159) M. Jeong and G. G. Lee: Practical use of non-local features for statistical spoken language understanding, *Computer Speech and Language*, **22**(2), pp. 148∼170 (2008).

160) H. Jiang: Confidence measures for speech recognition: A survey, *Speech Communication*, **45**(4), pp. 455∼470 (2005).

161) 人工知能学会 編: 人工知能学事典, 共立出版 (2005).

162) M. Johnston and S. Bangalore: Finite-state multimodal parsing and understanding. In *Proc. COLING*, pp. 369∼375 (2000).

163) M. Johnston, S. Bangalore, G. Vasireddy, A. Stent, P. Ehlen, M. Walker, S. Whittaker, and P. Maloor. MATCH: An architecture for multimodal

dialogue systems. In *Proc. ACL*, pp. 376～383 (2002).

164) K. Jokinen, K. Kanto, A. Kerminen, and J. Rissanen: Evaluation of adaptivity and user expertise in a speech-based e-mail system. In *Proc. COLING 2004 Satellite Workshop: Robust and adaptive information processing for mobile speech interfaces*, pp. 44～52 (2004).

165) K. Jokinen and M. McTear: *Spoken Dialogue Systems*, Morgan and Claypool Publishers (2009).

166) N. Jovanovic, R. op den Akker, and A. Nijholt: Addressee identification in face-to-face meetings. In *Proc. EACL*, pp. 169～176 (2006).

167) D. Jurafsky and J. H. Martin: *Speech and Language Processing (2nd ed.)*, Prentice-Hall (2008).

168) C. A. Kamm, D. J. Litman, and M. A. Walker: From novice to expert: The effect of tutorials on user expertise with spoken dialogue systems. In *Proc. ICSLP*, pp. 1211～1214 (1998).

169) H. Kamp and U. Reyle: *From Discourse to Logic*, Kluwer (1993).

170) 神田, 駒谷, 尾形, 奥乃: データベース検索タスクにおける対話文脈を利用した音声言語理解, 情報処理学会論文誌, **47**(6), pp. 1802～1811 (2006).

171) 神田, 駒谷, 中野, 中臺, 辻野, 尾形, 奥乃: マルチドメイン音声対話システムにおける対話履歴を利用したドメイン選択, 情報処理学会論文誌, **48**(5), pp. 1980～1989 (2007).

172) S.-H. Kang and J. Gratch: The effect of avatar realism of virtual humans on self-disclosure in anonymous social interactions. In *CHI Extended Abstracts*, pp. 3781～3786 (2010).

173) R. Kass and T. Finin: Modeling the user in natural language systems, *Computational Linguistics*, **14**(3), pp. 5～22 (1988).

174) 勝丸, 中野, 駒谷, 船越, 辻野, 尾形, 奥乃: 複数の言語モデルと言語理解モデルによる音声理解の高精度化, 電子情報通信学会論文誌, **J93-D**(6), pp. 879～888 (2010).

175) 桂田, 中村, 山田, 山田, 小林, 新田: MMI 記述言語 XISL の提案, 情報処理学会論文誌, **44**(11), pp. 2681～2689 (2003).

176) M. Katzenmaier, R. Stiefelhagen, and T. Schultz: Identifying the addressee in human-human-robot interactions based on head pose and speech. In *Proc. ICMI*, pp. 144～151 (2004).

177) 河原, 石塚, 堂下: 発話検証に基づく音声操作プロジェクタとそれによる講演の自動ハイパーテキスト化, 情報処理学会論文誌, **40**(4), pp. 1491∼1498 (1999).

178) 河原: 音声でスライド画面を操作する, bit 4 月号, 共立出版 (2000).

179) 河原: 音声対話システムの進化と淘汰：歴史と最近の技術動向, 人工知能学会誌, **28**(1), pp. 45∼51 (2013).

180) 河原, 荒木: 音声対話システム, オーム社 (2006).

181) T. Kawahara, C.-H. Lee, and B.-H. Juang: Flexible speech understanding based on combined key-phrase detection and verification, *IEEE Trans. on Speech and Audio Processing*, **6**(6), pp. 558∼568 (1998).

182) 川本, 下平, 新田, 西本, 中村, 伊藤, 森島, 四倉, 甲斐, 李, 山下, 小林, 徳田, 広瀬, 峯松, 山田, 伝, 宇津呂, 嵯峨山: カスタマイズ性を考慮した擬人化音声対話ソフトウェアツールキットの設計, 情報処理学会論文誌, **43**(7), pp. 2249∼2263 (2002).

183) A. Kendon: Some functions of gaze direction in social interaction, *Acta Psychologica*, **26**, pp. 22∼63 (1967).

184) C. Kennington and D. Schlangen: Markov logic networks for situated incremental natural language understanding. In *Proc. SIGDIAL*, pp. 314∼323 (2012).

185) 木村, 宮崎, 小林: 強化学習システムの設計指針, 計測と制御, **38**(10), pp. 618∼623 (1999).

186) 喜多: ジェスチャー——考えるからだ——, 金子書房 (2002).

187) 北岡, 角谷, 中川: 音声対話システムの誤認識に対するユーザの繰り返し訂正発話の検出と認識, 電子情報通信学会論文誌, **J87-D-II**(7), pp. 1441∼1450 (2004).

188) N. Kitaoka, M. Takeuchi, R. Nishimura, and S. Nakagawa: Response timing detection using prosodic and linguistic information for human-friendly spoken dialog systems, 人工知能学会論文誌, **20**(3), pp. 220∼228 (2005).

189) 北岡, 矢野, 杉本, 山本, 中川: 複数理解候補の保持と効率性・自然性を考慮した応答生成による誤認識に頑健な音声対話戦略とその評価, 電子情報通信学会論文誌, **J95-D**(4), pp. 982∼994 (2012).

190) 清田, 黒橋, 木戸: 大規模テキスト知識ベースに基づく自動質問応答——ダイアログナビ——, 自然言語処理, **10**(4), pp. 145∼175 (2003).

191) M. L. Knapp and J. A. Hall: *Nonverbal Communication in Human Interaction*, Wadsworth (2010).

192) J. Kolář, Y. Liu, and E. Shriberg: Speaker adaptation of language and prosodic models for automatic dialog act segmentation of speech, *Speech*

Communication, **52**(3), pp. 236～245 (2010).

193) K. Komatani, M. Katsumaru, M. Nakano, K. Funakoshi, T. Ogata, and H. G. Okuno: Automatic allocation of training data for rapid prototyping of speech understanding based on multiple model combination. In *Proc. COLING (poster volume)*, pp. 579～587 (2010).

194) 駒谷, 河原: 音声認識結果の信頼度を用いた効率的な確認・誘導を行う対話管理, 情報処理学会論文誌, **43**(10), pp. 3078～3086 (2002).

195) K. Komatani, T. Kawahara, and H. G. Okuno: A model of temporally changing user behaviors in a deployed spoken dialogue system. In *Proc. UMAP*, pp. 409～414 (2009).

196) K. Komatani and A. I. Rudnicky: Predicting barge-in utterance errors by using implicitly-supervised ASR accuracy and barge-in rate per user. In *Proc. ACL-IJCNLP*, pp. 89～92 (2009).

197) K. Komatani, S. Ueno, T. Kawahara, and H. G. Okuno: User modeling in spoken dialogue systems to generate flexible guidance, *User Modeling and User-Adapted Interaction*, **15**(1), pp. 169～183 (2005).

198) 小松, 山田, 小林, 船越, 中野: Artificial subtle expressions: エージェントの内部状態を直感的に伝達する手法の提案, 人工知能学会論文誌, **25**(6), pp. 733～741 (2010).

199) S. Kopp, B. Krenn, S. Marsella, A. N. Marshall, C. Pelachaud, H. Pirker, K. R. Thórisson, and H. Vilhjálmsson: Towards a common framework for multimodal generation: The behavior markup language. In *Proc. IVA*, pp. 205～217 (2006).

200) G.-J. M. Kruijff, H. Zender, P. Jensfelt, and H. I. Christensen: Situated dialogue and understanding spatial organization: Knowing what is where and what you can do there. In *Proc. RO-MAN*, pp. 328～333 (2006).

201) J. L. Lakin and T. L. Chartrand: Using non-conscious behavioral mimicry to create affiliation and rapport, *Psychological Science*, **14**(4), pp. 334～339 (2003).

202) I. R. Lane, T. Kawahara, T. Matsui, and S. Nakamura: Out-of-domain utterance detection using classification confidences of multiple topics, *IEEE Trans. on Audio, Speech and Language Processing*, **15**(1) pp. 150～161 (2007)

203) S. Larsson: Questions under discussion and dialogue moves. In *Proc.*

Twendial, pp. 209~247 (1998).

204) S. Larsson and D. Traum: Information state and dialogue management in the TRINDI dialogue move engine toolkit, *Natural Language Engineering*, **6**(3–4), pp. 323~340 (2000).

205) 李, 河原, 鹿野: 2 パス探索アルゴリズムにおける高速な単語事後確率に基づく信頼度算出法, 情報処理学会研究報告, 2003-SLP-49, pp. 281~286 (2003).

206) A. Lee, K. Nakamura, R. Nisimura, H. Saruwatari, and K. Shikano: Noise robust real world spoken dialogue system using GMM based rejection of unintended inputs. In *Proc. Interspeech (ICSLP)*, pp. 173~176 (2004).

207) C. Lee, S. Jung, S. Kim, and G. G. Lee: Example-based dialog modeling for practical multi-domain dialog system, *Speech Communication*, **51**(5), pp. 466~484 (2009).

208) O. Lemon, L. Cavedon, and B. Kelly: Managing dialogue interacton: A multi-layered approach. In *Proc. SIGDIAL*, pp. 168~177 (2003).

209) O. Lemon and O. Pietquin: *Data-Driven Methods for Adaptive Spoken Dialogue Systems: Computational Learning for Conversational Interfaces*, Springer (2012).

210) E. Levin, R. Pieraccini, and W. Eckert: A stochastic model of human-machine interaction for learning dialogue strategies, *IEEE Trans. on Speech and Audio Processing*, **8**(1), pp. 11~23 (2000).

211) G.-A. Levow: Characterizing and recognizing spoken corrections in human-computer dialogue. In *Proc. COLING-ACL*, pp. 736~742 (1998).

212) G.-A. Levow: Learning to speak to a spoken language system: Vocabulary convergence in novice users. In *Proc. SIGDIAL*, pp. 149~153 (2003).

213) B. Lin, H. Wang, and L. Lee: A distributed agent architecture for intelligent multi-domain spoken dialogue systems, *IEICE Trans. on Information and Systems*, **E84-D**(9), pp. 1217~1230 (2001).

214) P. Lison: Probabilistic dialogue models with prior domain knowledge. In *Proc. SIGDIAL*, pp. 179~188 (2012).

215) D. J. Litman and J. F. Allen: A plan recognition model for subdialogues in conversations, *Cognitive Science*, **11**(2), pp. 163~200 (1987).

216) D. J. Litman and S. Pan: Predicting and adapting to poor speech recognition in a spoken dialogue system. In *Proc. AAAI*, pp. 722~728 (2000).

217) D. J. Litman, M. A. Walker, and M. S. Kearns: Automatic detection of

poor speech recognition at the dialogue level. In *Proc. ACL*, pp. 309∼316 (1999).

218) D. Litman, J. Hirschberg, and M. Swerts: Predicting user reactions to system error. In *Proc. ACL*, pp. 370∼377 (2001).

219) D. Litman, J. Hirschberg, and M. Swerts: Characterizing and predicting corrections in spoken dialogue systems, *Computational Linguistics*, **32**(3), pp. 417∼438 (2006).

220) D. Litman and S. Silliman: ITSPOKE: An intelligent tutoring spoken dialog system. In *Demonstration Papers at HLT-NAACL*, pp. 5∼8 (2004).

221) K. E. Lochbaum: A collaborative planning model of intentional structure, *Computational Linguistics*, **24**(4), pp. 525∼572 (1998).

222) F. Mairesse and M. A. Walker: Towards personality-based user adaptation: Psychologically informed stylistic language generation, *User Modeling and User-Adapted Interaction*, **20**(3), pp. 227∼278 (2010).

223) F. Mairesse and M. A. Walker: Controlling user perceptions of linguistic style: Trainable generation of personality traits, *Computational Linguististics*, **37**(3), pp. 455∼488 (2011).

224) W. C. Mann and S. A. Thompson: Relational propositions in discourse, *Discourse Processes*, **9**, pp. 57∼90 (1986).

225) C. Manning and H. Schütze: *Foundations of statistical natural language processing*, MIT Press (1999).

226) A. Merin: Information, relevance, and social decisionmaking: Some principles and results of decision-theoretic semantics. In L. Moss, J. Ginzburg, and M. de Rijke eds., *Logic, Language, and Computation*, **2**, pp. 179∼221. Stanford CSLI Publications (1999).

227) D. L. Martin, A. J. Cheyer, and D. B. Moran: The open agent architecture: A framework for building distributed software systems, *Applied Artificial Intelligence*, **13**(1-2), pp. 91∼128 (1999).

228) 丸山, 高梨, 内元: 「節単位情報」日本語話し言葉コーパスの構築法, 国立国語研究所報告 124, pp. 255∼322 (2006).

229) 松原: チューリングテストとは何か (<特集>チューリングテストを再び考える), 人工知能学会誌, **26**(1), pp. 42∼44 (2011).

230) 松井: 計算論的関連性理論に基づく反事実条件文の解釈, *Theoretical and Applied Linguistics at Kobe Shoin*, **7**, pp. 83∼101 (2004).

231) 松坂, 東條, 小林: グループ会話に参与する対話ロボットの構築, 電子情報通信学会論文誌, **J84-D-II**(6), pp. 898〜908 (2001).

232) M. T. Maybury ed: *Intelligent Multimedia Interfaces*, AAAI Press (1993).

233) E. Z. McClave: Linguistic functions of head movements in the context of speech, *Journal of Pragmatics*, **32**(7), pp. 855〜878 (2000).

234) S. J. McHardy and M. Coulthard: *Towards an Analysis of Discourse: The English Used by Teachers and Pupils*, Oxford University Press (1975).

235) M. F. McTear: *Spoken Dialogue Technology: Towards the Conversational User Interface*, Springer (2004).

236) 目黒, 東中, 堂坂, 南: 聞き役対話の分析および分析に基づいた対話制御部の構築, 情報処理学会論文誌, **53**(12), pp. 2787〜2801 (2012).

237) T. Meguro, Y. Minami, R. Higashinaka, and K. Dohsaka: Learning to control listening-oriented dialogue using partially observable Markov decision processes, *ACM Trans. on Speech and Language Processing*, **10**(4), article no. 15 (2013).

238) A. Mehrabian: Communication without words, *Psychology Today*, **2**(4), pp. 53〜56 (1968).

239) N. Mehta, R. Gupta, A. Raux, D. Ramachandran, and S. Krawczyk: Probabilistic ontology trees for belief tracking in dialog systems. In *Proc. SIGDIAL*, pp. 37〜46 (2010).

240) H. M. Meng, P. C. Ching, S. F. Chan, Y. F. Wong, and C. C. Chan: ISIS: An adaptive, trilingual conversational system with interleaving interaction and delegation dialogs, *ACM Trans. on Computer-Human Interaction*, **11**(3), pp. 268〜299 (2004).

241) 翠, 河原: ドメインとスタイルを考慮したWebテキストの選択による音声対話システム用言語モデルの構築, 電子情報通信学会論文誌, **J90-D**(11), pp. 3024〜3032 (2007).

242) 翠, 河原, 正司, 美濃: 質問応答・情報推薦機能を備えた音声による情報案内システム, 情報処理学会論文誌, **48**(12), pp. 3602〜3611 (2007).

243) T. Misu and T. Kawahara: Bayes risk-based dialogue management for document retrieval system with speech interface, *Speech Communication*, **52**(1), pp. 61〜71 (2010).

244) T. Misu, K. Sugiura, T. Kawahara, K. Ohtake, C. Hori, H. Kashioka, H. Kawai, and S. Nakamura: Modeling spoken decision support dialogue

and optimization of its dialogue strategy, *ACM Trans. on Speech and Language Processing*, **7**(3), article no. 10 (2011).

245) 宮崎, 中野, 相川: 逐次発話理解法による対話音声理解, 電子情報通信学会論文誌, **J87-D-II**(2), pp. 456～463 (2004).

246) J. D. Moore: *Participating in Explanatory Dialogues*, MIT Press (1995).

247) L.-P. Morency, I. de Kok, and J. Gratch: Predicting listener backchannels: A probabilistic multimodal approach, In *Proc. IVA*, pp. 176～190 (2008).

248) L.-P. Morency, C. Sidner, C. Lee, and T. Darrell: Head gestures for perceptual interfaces: The role of context in improving recognition, *Artificial Intelligence*, **171**(8-9), pp. 568～585 (2007).

249) 森: 不気味の谷, *Energy*, **7**(4), pp. 33～35 (1970).

250) M. Mori: The uncanny valley, *IEEE Robotics and Automation Magazine*, **19**(2), pp. 98～100 (2012). (訳: K. F. MacDorman & N. Kageki)

251) 元田, 山口, 津本, 沼尾: データマイニングの基礎, オーム社 (2006).

252) K. Nagao and A. Takeuchi: Social interaction: Multimodal conversation with social agents. In *Proc. AAAI*, pp. 22～28 (1994).

253) 長尾 編: 自然言語処理, 岩波書店 (1996).

254) 長岡, 小森, 中村: 自由対話における話者交替の潜時と呼吸の関連, ヒューマンインタフェースシンポジウム, pp. 311～314 (2000).

255) M. Nagata and T. Morimoto: First steps towards statistical modeling of dialogue to predict the speech act type of the next utterance, *Speech Communication*, **15**(3–4), pp. 193～203 (1994).

256) 中川 編著: 音声言語処理と自然言語処理, コロナ社 (2013).

257) 中野: 実用的な対話ロボットの構築に向けて–物理世界での言語インタラクションのモデルと技術課題–, メディア教育研究, **9**(1), pp. S29～S41 (2012).

258) M. Nakano, Y. Hasegawa, K. Funakoshi, J. Takeuchi, T. Torii, K. Nakadai, N. Kanda, K. Komatani, H. G. Okuno, and H. Tsujino: A multi-expert model for dialogue and behavior control of conversational robots and agents, *Knowledge-Based Systems*, **24**(2), pp. 248～256 (2011).

259) M. Nakano, N. Miyazaki, J. Hirasawa, K. Dohsaka, and T. Kawabata: Understanding unsegmented user utterances in real-time spoken dialogue systems. In *Proc. ACL*, pp. 200～207 (1999).

260) M. Nakano, S. Sato, K. Komatani, K. Matsuyama, K. Funakoshi, and H. G. Okuno: A two-stage domain selection framework for extensible multi-

domain spoken dialogue systems. In *Proc. SIGDIAL*, pp. 18～29 (2011).

261) Y. I. Nakano, G. Reinstein, T. Stocky, and J. Cassell: Towards a model of face-to-face grounding. In *Proc. ACL*, pp. 553～561 (2003).

262) 中野, 馬場, 黄, 林: 非言語情報に基づく受話者推定機構を用いた多人数会話システム, 人工知能学会論文誌, **29**(1), pp. 69～79 (2014).

263) C. Nass and S. Brave: *Wired for Speech: How Voice Activates and Advances the Human-Computer Relationship*, MIT Press (2007).

264) A. Nguyen and W. Wobcke: An agent-based approach to dialogue management in personal assistants. In *Proc. IUI*, pp. 137～144 (2005).

265) Y. Niimi and Y. Kobayashi: A dialog control strategy based on the reliability of speech recognition. In *Proc. ICSLP*, pp. 534～537 (1996).

266) T. Nishida ed: *Conversational Informatics: An Engineering Approach*, Wiley (2007).

267) 西田, 木下, 北村, 間瀬: エージェント工学, オーム社 (2002).

268) 西村, 西原, 鶴身, 李, 猿渡, 鹿野: 実環境研究プラットホームとしての音声情報案内システムの運用, 電子情報通信学会論文誌, **J87-D-II**(3), pp. 789～798 (2004).

269) D. A. Norman: *The Psychology of Everyday Things*, Basic Books (1988). (野島訳『誰のためのデザイン？—認知科学者のデザイン原論』新曜社 (1990)).

270) A. Oh and A. Rudnicky: Stochastic natural language generation for spoken dialog systems, *Computer Speech and Language*, **16**(3–4), pp. 387～407 (2002).

271) 大森, 東田: 効率的な音声対話制御方式に関する一考案, 情報処理学会研究報告, 2000-SLP-10, pp. 45～50 (2000).

272) 奥村: 自然言語処理の基礎, コロナ社 (2010).

273) I. M. O'Neill and M. F. McTear: Object-oriented modelling of spoken language dialogue systems, *Natural Language Engineering*, **6**(3–4), pp. 341～362 (2001).

274) I. O'Neill, P. Hanna, X. Liu, and M. McTear: Cross domain dialogue modelling: an object-based approach. In *Proc. Interspeech (ICSLP)*, pp. 205～208 (2004).

275) T. Otsuka, K. Komatani, S. Sato, and M. Nakano: Generating more specific questions for acquiring attributes of unknown concepts from users. In *Proc. SIGDIAL*, pp. 70～77 (2013).

276) T. Paek and D. M. Chickering: Improving command and control speech recognition on mobile devices: Using predictive user models for language modeling, *User Modeling and User-Adapted Interaction*, **17**(1-2), pp. 93～117 (2007).

277) T. Paek and E. Horvitz: Conversation as action under uncertainty. In *Proc. UAI*, pp. 455～464 (2000).

278) G. Parent and M. Eskenazi: Lexical entrainment of real users in the Let's Go spoken dialog system. In *Proc. Interspeech*, pp. 3018～3021 (2010).

279) C. L. Paris: Tailoring object descriptions to a user's level of expertise, *Computational Linguistics*, **14**(3), pp. 64～78 (1988).

280) A. Pauzié and G. Pachiaudi: Subjective evaluation of the mental workload in the driving context. In T. Rothengatter and E. Carbonell Vaya eds., *Traffic and Transport Psychology: Theory and Application*, pp. 173～182. Pergamon (1997).

281) A. Pentland: *Honest Signals: How They Shape Our World*, MIT Press (2010).

282) J. B. Pierrehumbert and M. E. Beckman: *Japanese Tone Structure*, MIT Press (1988).

283) M. Poesio and D. Traum: Towards an axiomatization of dialogue acts. In *Proc. 13th Twente Workshop on Language Technology*, pp. 207～222 (1998).

284) M. E. Pollack: A model of plan inference that distinguishes between the beliefs of actors and observers. In *Proc. ACL*, pp. 207～214 (1986).

285) A. S. Rao and M. P. Georgeff: Modeling rational agents within a BDI-architecture. In *Proc. KR*, pp. 473～484 (1991).

286) A. S. Rao and M. P. Georgeff: BDI agents: From theory to practice. In *Proc. ICMAS*, pp. 312～319 (1995).

287) A. Rastrow, A. Sethy, and B. Ramabhadran: A new method for OOV detection using hybrid word/fragment system. In *Proc. ICASSP*, pp. 3953～3956 (2009).

288) A. Raux, D. Bohus, B. Langner, A. W. Black, and M. Eskenazi: Doing research on a deployed spoken dialogue system: One year of Let's Go! experience. In *Proc. Interspeech (ICSLP)*, (2006).

289) A. Raux and M. Eskenazi: A multi-layer architecture for semi-synchronous event-driven dialogue management. In *Proc. ASRU*, pp. 514～519 (2007).

290) A. Raux and M. Eskenazi: Optimizing endpointing thresholds using dialogue features in a spoken dialogue system. In *Proc. SIGDIAL*, pp. 1∼10 (2008).

291) A. Raux and M. Eskenazi: A finite-state turn-taking model for spoken dialog systems. In *Proc. NAACL-HLT*, pp. 629∼637 (2009).

292) B. Reeves and C. Nass: *The Media Equation: How People Treat Computers, Televisions and New Media Like Real People and Places*, CSLI Publications (1996) (細馬 訳『人はなぜコンピューターを人間として扱うか―「メディアの等式」の心理学』翔泳社 (2001)).

293) E. Reiter and R. Dale: *Building Natural Language Generation Systems*, Cambridge University Press (2000).

294) N. Reithinger and E. Maier: Utilizing statistical dialogue act processing in Verbmobil. In *Proc. ACL*, pp. 116∼121 (1995).

295) C. Rich and C. L. Sidner: COLLAGEN: A collaboration manager for software interface agents, *User Modeling and User-Adapted Interaction*, **8**(3), pp. 315∼350 (1998).

296) D. Richardson and R. Dale: Grounding dialogue: Eye movements reveal the coordination of attention during conversation and the effects of common ground. In *Proc. CogSci*, pp. 691∼696 (2006).

297) J. Rickel and W. L. Johnson: Animated agents for procedural training in virtual reality: Perception, cognition and motor control, *Applied Artificial Intelligence*, **13**(4-5), pp. 343∼382 (1999).

298) V. Rieser and O. Lemon: *Reinforcement Learning for Adaptive Dialogue Systems: A Data-Driven Methodology for Dialogue Management and Natural Language Generation*, Springer (2011).

299) A. Roque and D. Traum: Degrees of grounding based on evidence of understanding. In *Proc. SIGDIAL*, pp. 54∼63 (2008).

300) D. Roy: Grounding words in perception and action: Computational insights, *Trends in Cognitive Sciences*, **9**(8), pp. 389∼396 (2005).

301) S. Russell and P. Norvig: *Artificial Intelligence: A Modern Approach (3rd ed.)*, Prentice Hall (2009) (2nd ed. の訳：古川 監訳『エージェントアプローチ 人工知能 第 2 版』共立出版 (2008)).

302) H. Sacks, E. A. Schegloff, and G. Jefferson: A simplest systematics for the organization of turn-taking for conversation, *Language*, **50**(4), pp. 696∼735

(1974).

303) J. Schatzmann, K. Weilhammer, M. Stuttle, and S. Young: A survey of statistical user simulation techniques for reinforcement-learning of dialogue management strategies, *The Knowledge Engineering Review*, **21**(2), pp. 97∼126 (2006).

304) E. A. Schegloff: Discourse as an interactional achievement: Some uses of ‘uh huh’ and other things that come between sentences. In D. Tannen ed., *Analyzing Discourse: Text and Talk*, pp. 71∼93. Georgetown University Press (1982).

305) E. Schegloff and H. Sacks: Opening up closings, *Semiotica*, pp. 289∼327 (1973).

306) K. R. Scherer: Personality markers in speech. In K. Scherer and H. Giles eds., *Social markers in speech*, pp. 147∼209. Cambridge University Press (1979).

307) J. R. Searle: *Speech Acts*, Cambridge University Press (1969) (坂本, 土屋 訳『言語行為』勁草書房 (1986)).

308) J. R. Searle: *Expressions and Meaning*, Cambridge University Press (1979).

309) J. R. Searle: Minds, brains, and programs, *Behavioral and Brain Sciences*, **3**(3), pp. 417∼424 (1980).

310) F. Sebastiani: Machine learning in automated text categorization, *ACM Computing Surveys*, **34**(1), pp. 1∼47 (2002).

311) S. Seneff: Response planning and generation in the MERCURY flight reservation system, *Computer Speech and Language*, **16**(3-4), pp. 283∼312 (2002).

312) 鹿野, 伊藤, 河原, 武田, 山本: 音声認識システム, オーム社 (2001).

313) 島津, 中野, 堂坂, 川森: 話し言葉対話の計算モデル, 電子情報通信学会 (2013).

314) 白井: 音声によるロボットとの対話, 日本ロボット学会誌, **2**(1), pp. 4∼6 (1984).

315) 白井 編著: 音声言語処理の潮流, コロナ社 (2010).

316) 白井, 小林, 岩田, 深沢: ロボットとの柔軟な対話を目的とした音声入出力システム, 日本ロボット学会誌, **3**(4), pp. 362∼372 (1985).

317) E. Shriberg, A. Stolcke, D. Jurafsky, N. Coccaro, M. Meteer, R. Bates, P. Taylor, K. Ries, R. Martin, and C. van Ess-Dykema: Can prosody aid the automatic classification of dialog acts in conversational speech? *Language and Speech*, **41**(3-4), pp. 443∼492 (1998).

318) J. J. Shultz, S. Florio, and F. Erickson: Where's the floor? Aspects of the cultural organization of social relationships in communication at home and in school: In *Children in and out of School*, pp. 88∼123. Center for Applied Linguistics (1982).

319) J. Sidnell and T. Stivers eds: *The Handbook of Conversation Analysis*, Wiley-Blackwell (2013).

320) C. L. Sidner, C. Lee, C. Kidd, N. Lesh, and C. Rich: Explorations in engagement for humans and robots, *Artificial Intelligence*, **166**(1-2), pp. 140∼164 (2005).

321) G. Skantze: Exploring human error recovery strategies: Implications for spoken dialogue systems, *Speech Communication*, **45**(3), pp. 325∼341 (2005).

322) G. Skantze: *Error Handling in Spoken Dialogue Systems*, PhD thesis, KTH Royal Institute of Technology (2007).

323) D. Sperber and D. Wilson: *Relevance*, Blackwll Publishing (1986) (内田, 中達, 宗, 田中 訳『関連性理論』研究社出版 (1999)).

324) A. J. Stent and S. Bangalore: Statistical shared plan-based dialog management. In *Proc. Interspeech (ICSLP)*, pp. 459∼462 (2008).

325) A. J. Stent, M. K. Huffman, and S. E. Brennan: Adapting speaking after evidence of misrecognition: Local and global hyperarticulation, *Speech Communication*, **50**(3), pp. 163∼178 (2008).

326) A. Stent, J. Dowding, J. M. Gawron, E. O. Bratt, and R. Moore: The CommandTalk spoken dialogue system. In *Proc. ACL*, pp. 183∼190 (1999).

327) A. Stent, R. Prasad, and M. Walker: Trainable sentence planning for complex information presentation in spoken dialog systems. In *Proc. ACL* (2004).

328) S. Bird, E. Klein, and E. Loper: *Natural Language Processing with Python*, Oreilly & Associates Inc. (2009) (萩原, 中山, 水野 訳,『入門自然言語処理』オライリージャパン (2010)).

329) S. Stoyanchev and A. Stent: Concept form adaptation in human-computer dialog. In *Proc. SIGDIAL*, pp. 144∼147 (2009).

330) S. Stoyanchev and A. Stent: Lexical and syntactic priming and their impact in deployed spoken dialog systems. In *Proc. NAACL-HLT: Short Papers*, pp. 189∼192 (2009).

331) S. Stoyanchev and A. Stent: Concept type prediction and responsive adaptation in a dialogue system, *Dialogue and Discourse*, **3**(1), pp. 1∼31 (2012).

332) J. Sturm, E. den Os, and L. Boves: Issues in spoken dialogue systems: Experiences with the Dutch ARISE system. In *Proc. ESCA Workshop on Interactive Dialogue in Multi-Modal Systems*, pp. 1∼4 (1999).

333) L. A. Suchman: *Plans and Situated Actions: The Problem of Human-Machine Communication*, Cambridge University Press (1987).

334) K. Sudoh and M. Nakano: Post-dialogue confidence scoring for unsupervised statistical language model training, *Speech Communication*, **45**(4), pp. 387∼400 (2005).

335) R. S. Sutton and A. G. Barto: *Reinforcement Learning: An Introduction*, MIT Press (1998) (三上, 皆川 訳『強化学習』森北出版 (2000)).

336) S. Sutton and R. Cole: The CSLU toolkit: rapid prototyping of spoken language systems. In *Proc. UIST*, pp. 85∼86 (1997).

337) N. Suzuki and C. Bartneck eds: *Proc. CHI2003 Workshop on Subtle Expressivity of Characters and Robots* (2003).

338) Y. Takahashi, K. Dohsaka, and K. Aikawa: An efficient dialogue control method using decision tree-based estimation of out-of-vocabulary word attributes. In *Proc. ICSLP*, pp. 813∼816 (2002).

339) 高村: 言語処理のための機械学習入門, コロナ社 (2010).

340) 寺田, 山田, 小松, 小林, 船越, 中野, 伊藤: 移動ロボットによる artificial subtle expressions を用いた確信度表出, 人工知能学会論文誌, **29**(3), pp. 311∼319 (2013).

341) 辻野, 栄藤, 礒田, 飯塚: 実サービスにおける音声認識と自然言語インタフェース技術, 人工知能学会誌, **28**(1), pp. 75∼81, (2013),

342) J. Terken, I. Joris, and L. de Valk: Multimodal cues for addressee-hood in triadic communication with a human information retrieval agent. In *Proc. ICMI*, pp. 94∼101 (2007).

343) B. Thomson and S. Young: Bayesian update of dialogue state: A POMDP framework for spoken dialogue systems, *Computer Speech and Language*, **24**(4), pp. 562∼588 (2010).

344) K. R. Thórisson: Layered, modular action control for communicative humanoids. In *Proc. CA*, pp. 134∼143 (1997).

345) 東条: 言語・知識・信念の論理, オーム社 (2006).

346) 徳田, 北村, 小林: エージェントとの話速可変文字対話における引き込み現象, HAI シンポジウム (2008).

347) 徳永: 言語生成の研究動向, 言語処理学会 第 17 回年次大会 チュートリアル資料 (2011).

348) Y. Todo, R. Nishimura, K. Yamamoto, and S. Nakagawa: Development and evaluation of spoken dialog systems with one or two agents. In *Proc. Interspeech*, pp. 1896∼1900 (2013).

349) M. Tomasello: *The Cultural Origins of Human Cognition*, Harvard University Press (1999) (大堀, 中澤, 西村, 本多 訳『心とことばの起源を探る』勁草書房 (2006)).

350) S. Tomko, T. K. Harris, A. Toth, J. Sanders, A. Rudnicky, and R. Rosenfeld: Towards efficient human machine speech communication: The Speech Graffiti project, *ACM Trans. on Speech and Language Processing*, **2**(1), article no. 2 (2005).

351) D. R. Traum: *A Computational Theory of Grounding in Natural Language Conversation*, PhD thesis, University of Rochester (1994).

352) D. R. Traum, S. Robinson, and J. Stephan: Evaluation of multi-party virtual reality dialogue interaction. In *Proc. LREC*, pp. 1699∼1702 (2004).

353) D. Traum and J. F. Allen: Discourse obligations in dialogue processing. In *Proc. ACL*, pp. 1∼8 (1994).

354) D. Traum, S. Marsella, J. Gratch, J. Lee, and A. Hartholt: Multi-party, multi-issue, multi-strategy negotiation for multi-modal virtual agents. In *Proc. IVA*, pp. 117∼130 (2008).

355) W. Tsukahara and N. Ward: Responding to subtle, fleeting changes in the user's internal state. In *Proc. CHI*, pp. 77∼84 (2001).

356) G. Riccardi and D. Hakkani-Tür: Active and unsupervised learning for automatic speech recognition. In *Proc. Eurospeech*, pp. 1825∼1828 (2003).

357) G. Tur and R. De Mori eds: *Spoken Language Understanding: Systems for Extracting Semantic Information from Speech*, Wiley (2011).

358) A. Turing: Computing machinery and intelligence, *Mind*, **LIX**(236), pp. 433∼460 (1950) (坂本 監訳『マインズ・アイ』阪急コミュニケーションズ (1992) に再録).

359) K. van Deemter: *Not Exactly*, Oxford University Press (2010).

360) J. van Oijen, W. van Doesburg, and F. Dignum: Goal-based communica-

tion using BDI agents as virtual humans in training: An ontology driven dialogue system. In F. Dignum ed., *Agents for Games and Simulations II*, pp. 38~52. Springer-Verlag (2011).

361) W3C: Voice Extensible Markup Language (VoiceXML) version 2.0, W3C Recommendation (2004).

362) M. A. Walker: An application of reinforcement learning to dialogue strategy selection in a spoken dialogue system for email, *Journal of Artificial Intelligence Research*, **12**, pp. 387~416 (2000).

363) M. A. Walker, J. Fromer, G. D. Fabbrizio, C. Mestel, and D. Hindle: What can I say?: Evaluating a spoken language interface to email. In *Proc. CHI*, pp. 582~589 (1998).

364) M. A. Walker, D. J. Litman, C. A. Kamm, and A. Abella: PARADISE: A framework for evaluating spoken dialogue agents. In *Proc. ACL/EACL*, pp. 271~280 (1997).

365) M. A. Walker, O. Rambow, and M. Rogati: SPoT: A trainable sentence planner. In *Proc. NAACL* (2001).

366) M. Walker, I. Langkilde, J. Wright, A. Gorin, and D. Litman: Learning to predict problematic situations in a spoken dialogue system: Experiments with "How May I Help You"? In *Proc. NAACL*, pp. 210~217 (2000).

367) M. Walker, A. Rudnicky, J. Aberdeen, E. Bratt, J. Garofolo, H. Hastie, A. Le, B. Pellom, A. Potamianos, R. Passonneau, R. Prasad, S. Roukos, G. Sanders, S. Seneff, and D. Stallard: DARPA Communicator: Cross-system results for the 2001 evaluation. In *Proc. ICSLP* (2002).

368) R. S. Wallace: The Anatomy of A.L.I.C.E., In R. Epstein, G. Roberts, and G. Beber eds., *Parsing the Turing Test: Philosophical and Methodological Issues in the Quest for the Thinking Computer*, Springer (2008).

369) D. H. Warren and F. C. Pereira: An efficient easily adaptable system for interpreting natural language queries, *Computational Linguistics*, **8**(3-4), pp. 110~122 (1982).

370) 渡辺: コミュニケーションにおける身体性, ヒューマンインタフェース学会誌, **1**(2), pp. 14~18 (1999).

371) T. Watanabe, M. Araki, and S. Doshita: Evaluating dialogue strategies under communication errors using computer-to-computer simulation, *IEICE Trans. on Information and Systems*, **E81-D**(9), pp. 1025~1033 (1998).

372) 渡辺, 大久保: コミュニケーションにおける引き込み現象の生理的側面からの分析評価, 情報処理学会論文誌, **39**(5), pp. 1225～1231 (1998).

373) 渡辺, 塚田: 音節認識を用いたゆう度補正による未知発話のリジェクション, 電子情報通信学会論文誌, **J75-D-II**(12), pp. 2002～2009 (1992).

374) M. Weegels: User's conceptions of voice-operated information services, *International Journal of Speech Technology*, **3**(2), pp. 75～82 (2000).

375) J. Weizenbaum: ELIZA-A computer program for the study of natural language communication between man and machine, *Communications of the ACM*, **9**(1), pp. 36～45 (1966).

376) S. Whittaker: Theories and methods in mediated communication. In A. Graesser, M. Gernsbacher, and S. Goldman eds., *The Handbook of Discourse Processes*, pp. 243～286. Erlbaum, NJ (2003).

377) Y. Wilks, R. Catizone, S. Worgan, A. Dingli, R. Moore, D. Field, and W. Cheng: A prototype for a conversational companion for reminiscing about images, *Computer Speech and Language*, **25**(2), pp. 140～157 (2011).

378) J. D. Williams: Using particle filters to track dialogue state. In *Proc. ASRU*, pp. 502～507 (2007).

379) J. D. Williams: Incremental partition recombination for efficient tracking of multiple dialog states. In *Proc. ICASSP*, pp. 5382～5385 (2010).

380) J. D. Williams and S. Young: Partially observable Markov decision processes for spoken dialog systems, *Computer Speech and Language*, **21**(2), pp. 393～422 (2007).

381) J. Williams, A. Raux, D. Ramachadran, and A. Black: The dialog state tracking challenge. In *Proc. SIGDIAL*, pp. 404～413 (2013).

382) T. Winograd: *Understanding Natural Language*, Academic Press (1972) (淵, 田村, 白井 訳,『言語理解の構造』産業図書 (1976)).

383) I. H. Witten and E. Frank: *Data Mining: Practical Machine Learning Tools and Techniques, 3rd Edition*, Morgan Kaufmann, San Francisco (2011).

384) W. A. Woods, R. M. Kaplan, B. Nash-Webber, and M. S. Center: The LUNAR sciences natural language information system: Final report, Technical Report 2378, Bolt Beranek and Newman Inc. (1972).

385) 山田 編: 人とロボットの“間”をデザインする, 東京電機大学出版局 (2007).

386) 山本, 小窪, 菊井, 小川, 匂坂: 複数のマルコフモデルを用いた階層化言語モデルによる未登録語認識, 電子情報通信学会論文誌, **J87-D-II**(12), pp. 2104～2111

(2004).

387) N. Yamashita and T. Ishida: Effects of machine translation on collaborative work. In *Proc. CSCW*, pp. 515～524 (2006).

388) T. Yamauchi, M. Nakano, and K. Funakoshi: A robotic agent in a virtual environment that performs situated incremental understanding of navigational utterances. In *Proc. SIGDIAL*, pp. 369～371 (2013).

389) 吉野, 森, 河原: 述語項構造を介した文の選択に基づく音声対話用言語モデルの構築, 人工知能学会論文誌, **29**(1), pp. 53～59 (2014).

390) R. F. Young and J. Lee: Identifying units in interaction: Reactive tokens in Korean and English conversations, *Journal of Sociolinguistics*, **8**(3), pp. 380～407 (2004).

391) S. Young, M. Gašić, B. Thomson, and J. Williams: POMDP-based statistical spoken dialog systems: A review, *Proc. IEEE*, **101**(5), pp. 1160～1179 (2013).

392) S. Young, M. Gašić, S. Keizer, F. Mairesse, J. Schatzmann, B. Thomson, and K. Yu: The hidden information state model: A practical framework for POMDP-based spoken dialogue management, *Computer Speech and Language*, **24**(2), pp. 150～174 (2010).

393) S. Young and C. Proctor: The design and implementation of dialogue control in voice operated database inquiry systems, *Computer Speech and Language*, **3**(4), pp. 329～353 (1989).

394) V. W. Zue and J. R. Glass: Conversational interfaces: Advances and challenges, *Proc. IEEE*, **88**(8), pp. 1166～1180 (2000).

395) V. Zue, S. Seneff, J. Glass, J. Polifroni, C. Pao, T. J. Hazen, and L. Hetherington: *JUPITER*: A telephone-based conversational interface for weather information, *IEEE Trans. on Speech and Audio Processing*, **8**(1), pp. 85～96 (2000).

396) V. Zue, S. Seneff, J. Polifroni, M. Phillips, C. Pao, D. Goodine, D. Goddeau, and J. Glass: PEGASUS: A spoken dialogue interface for on-line air travel planning, *Speech Communication*, **15**(3–4), pp. 331～340 (1994).

397) A. Lee, K. Oura, and K. Tokuda: MMDAgent–A fully open-source toolkit for voice interaction systems. In *Proc. ICASSP*, pp. 8382～8385 (2013).

索　　引

―― 監修者・著者略歴 ――

奥村　　学（おくむら　まなぶ）

1984年　東京工業大学工学部情報工学科卒業
1989年　東京工業大学大学院博士課程修了
　　　　（情報工学専攻），工学博士
1989年　東京工業大学助手
1992年　北陸先端科学技術大学院大学助教授
2000年　東京工業大学助教授
2007年　東京工業大学准教授
2009年　東京工業大学教授
　　　　現在に至る

中野　幹生（なかの　みきお）

1988年　東京大学教養学部基礎科学科第一卒業
1990年　東京大学大学院理学系研究科修士課程修了（相関理化学専攻）
1990年　日本電信電話株式会社
1998年　博士（理学）（東京大学）
2004年　株式会社ホンダ・リサーチ・インスティチュート・ジャパン
　　　　現在に至る
2011年　早稲田大学客員教授（兼務）
～16年

船越　孝太郎（ふなこし　こうたろう）

2000年　東京工業大学工学部情報工学科卒業
2002年　東京工業大学大学院情報理工学研究科修士課程修了（計算工学専攻）
2005年　東京工業大学大学院情報理工学研究科博士課程修了（計算工学専攻），博士（工学）
2006年　株式会社ホンダ・リサーチ・インスティチュート・ジャパン
2016年　早稲田大学客員准教授（兼務）
　　　　現在に至る

駒谷　和範（こまたに　かずのり）

1998年　京都大学工学部情報工学科卒業
2000年　京都大学大学院情報学研究科修士課程修了（知能情報学専攻）
2002年　京都大学大学院情報学研究科博士後期課程修了（知能情報学専攻），博士（情報学）
2002年　京都大学助手
2010年　名古屋大学准教授
2014年　大阪大学教授
　　　　現在に至る

中野　有紀子（なかの　ゆきこ）

1988年　東京女子大学文理学部心理学科卒業
1990年　東京大学大学院教育学研究科修士課程修了（教育心理学専攻）
1990年　日本電信電話株式会社
2002年　マサチューセッツ工科大学大学院修士課程修了（Media Arts & Sciences 専攻）
2005年　博士（情報理工学）（東京大学）
2005年　東京農工大学特任助教授
2008年　成蹊大学准教授
2013年　成蹊大学教授
　　　　現在に至る

対話システム
Dialogue Systems

2015年2月13日　初版第1刷発行
2017年7月5日　初版第3刷発行

検印省略

監修者　奥村　学
著　者　中野　幹生
　　　　駒谷　和範
　　　　船越　孝太郎
　　　　中野　有紀子
発行者　株式会社　コロナ社
　　　　代表者　牛来真也
印刷所　三美印刷株式会社
製本所　有限会社　愛千製本所

112-0011　東京都文京区千石 4-46-10
発行所　株式会社　コロナ社
CORONA PUBLISHING CO., LTD.
Tokyo Japan
振替 0014-8-14844・電話(03)3941-3131(代)
ホームページ　http://www.coronasha.co.jp

ISBN978-4-339-02757-0　C3355　Printed in Japan　（新宅）